L'Intelligenza Artificiale spiegata alle Nonne

*"Nell'era digitale,
il sapere è potere,
ma la saggezza è libertà"*

Copyright © 2024 (V1.3c) Valerio La Scalia

Tutti i diritti riservati

I personaggi e gli eventi descritti in questo libro sono puramente immaginari. Qualsiasi somiglianza con persone reali, vive o morte, è casuale e non voluta dall'autore.

Nessuna parte di questo libro può essere riprodotta, o memorizzata in un sistema di recupero, o trasmessa in qualsiasi forma o con qualsiasi mezzo, elettronico, meccanico, fotocopia, registrazione o altro, senza l'espressa autorizzazione scritta dell'autore.

Codice ISBN: 9798325184734

Casa Editrice: Independently published

Supporto IA: **ChatGPT 3.5** (OpenAI), **Gemini** (Google)

Copertina: **Fooocus** (*based to* **Gradio**), **Pixabay.com** (*no royalty*)

Illustrazioni: **OpenArt.ai**, **NightCafè**, **Pixabay.com** (*no royalty*)

Dedico questo libro a due care nonne:

A Enza Lodato, affettuosamente conosciuta come "nonna Cecia", per aiutarla a comprendere un po' di più l'innovazione tecnologica che la circonda, anche se penso che per lei resterà una incantevole magia.

A Mariella Ostillio, amata e rimpianta "nonna Lella", che avrebbe apprezzato e imparato tutto il possibile, sempre attenta a colmare con studio e perseveranza l'enorme divario generazionale e tecnologico che la separava dal vortice innovativo in cui vivono a loro agio le nuove generazioni.

PREFAZIONE

A cura dell'Ing. Maurizio Schirò

L'Intelligenza artificiale, o più brevemente IA, è secondo una delle molte definizioni disponibili l'abilità di una macchina di mostrare capacità umane quale il ragionamento, l'apprendimento, la pianificazione e la creatività.

Questa nuova, potentissima tecnologia si è diffusa rapidamente nel mondo, e sta rivoluzionando il modo in cui ragioniamo, viviamo e interagiamo con il mondo stesso.

L'IA, come validamente mostrato dall'illustre e attento Autore, offre straordinarie opportunità ma anche rischi da non sottovalutare.

Siamo stati incuriositi, e anche non poco spaventati dall'IA, perché comprendere non è facile, avevamo bisogno di Valerio La Scalia, illustre e attento Autore di questo studio eccellente, che ha tentato, ed è riuscito, nella difficile impresa di spiegare e renderci più esperti in materia.

Consiglio vivamente, prima di iniziare la lettura di questo testo prezioso, di dare una rapida ma non distratta occhiata al Sommario: ogni titolo o sottotitolo apre momenti della vita inaspettati, che ci fanno riflettere significativamente, invenzioni rilevanti nel tempo con i mestieri scomparsi e quelli nuovi emersi, sino all'origine dell'IA e relative problematiche, quali le opportunità e i rischi.

Con ironia, l'Autore ci fa sorridere sul fatto che l'IA potrebbe anche offrire soluzioni ai problemi che essa stessa crea!

Tutta la materia trattata viene analizzata con la massima cura, anche come trarre vantaggio dalle opportunità offerte e come mitigare i rischi incombenti.

Disciplina e regole precise dovranno assoggettare l'IA al servizio dell'umanità. Come sempre, Il futuro è incerto e il modo in cui la tecnologia si evolverà dipenderà dalle scelte e dalle azioni che faremo oggi.

Ci auguriamo sempre un mondo in cui l'innovazione tecnologica sia guidata da princìpi etici e da una visione responsabile del progresso. Su questo punto, un intero ed esauriente capitolo legato alle sfide e opportunità per l'Unione europea che ha riconosciuto l'importanza di questa nuova tecnologia emergente. Finalmente, dopo un lungo percorso di analisi e discussioni, il 13 marzo 2024 il Parlamento europeo ha approvato l'Artificial Intelligence Act (AI Act), il primo regolamento europeo sull'Intelligenza Artificiale. Si tratta di un quadro normativo solido, basato sui principi dei diritti umani e dei valori fondamentali dell'Unione europea che mira a garantire che l'IA sia sviluppata e utilizzata in modo sicuro e responsabile, per il beneficio dei cittadini e delle imprese.

Questo imprevedibile trattato sull'Intelligenza artificiale, pur essendo dedicato alle Nonne, scritto ad hoc in maniera chiara e accessibile, come raramente accade, sa suscitare grandissimo interesse anche in un pubblico ben qualificato.

Mi congratulo vivamente con l'Autore!

Ingegner Maurizio Schirò
già Direttore di Società multinazionali dell'Energia

SOMMARIO

PREFAZIONE 5

SOMMARIO 7

INTRODUZIONE - UNA NUOVA FRONTIERA PER TUTTI 13

CAPITOLO 1 - VIAGGIO NEL TEMPO: LE INVENZIONE CHE HANNO CAMBIATO IL MONDO 17

    INTRODUZIONE 17

    LE INNOVAZIONI EPOCALI NELLA STORIA DELL'UOMO 18

    RIFLESSIONI 37

CAPITOLO 2 - DALLA NASCITA ALLA SUA EVOLUZIONE: L'INTELLIGENZA ARTIFICIALE, OGGI 39

CAPITOLO 3 - I MESTIERI SCOMPARSI 47

    PROFESSIONI DELL'ARTIGIANATO 48

    PROFESSIONI AGRICOLE 51

    PROFESSIONI DELL'INDUSTRIA E DEL COMMERCIO 52

    PROFESSIONI LEGATE AI TRASPORTI 55

    PROFESSIONI LEGATE ALLA COMUNICAZIONE 56

    PROFESSIONI LEGATE ALL'INTRATTENIMENTO 57

    ALTRI MESTIERI 58

CAPITOLO 4 - COS'È L'INTELLIGENZA ARTIFICIALE? 61

    APPRENDIMENTO DELLE MACCHINE (*MACHINE LEARNING*) 62

    APPRENDIMENTO NON SUPERVISIONATO (*UNSUPERVISED LEARNING*) 64

    APPRENDIMENTO PER RINFORZO (*REINFORCEMENT LEARNING*) 65

    APPRENDIMENTO PROFONDO (*DEEP LEARNING*) 67

    ALLINEAMENTO 68

CAPITOLO 5 - COME FUNZIONANO LE MACCHINE CHE "PENSANO" 71

CAPITOLO 6 - LA MAGIA DEI NUMERI: BIG DATA E ALGORITMI 81

CAPITOLO 7 - IL FUTURO CON L'INTELLIGENZA ARTIFICIALE AL SERVIZIO DELL'UMANITÀ 87

    IMPATTO SULL'OCCUPAZIONE 89

    PRIVACY E SORVEGLIANZA 91

    DISPARITÀ SOCIO-ECONOMICHE 92

    ETICA E RESPONSABILITÀ 94

    AUTONOMIA DELLE MACCHINE 95

    INNOVAZIONE E PROGRESSO 97

    CONTROLLO E REGOLAMENTAZIONE 99

    SVILUPPO SOSTENIBILE 101

    PARTECIPAZIONE DEMOCRATICA 102

    VISIONI ALTERNATIVE DEL FUTURO 104

CAPITOLO 8 - IL GENIO CREATIVO DELL'IA 107

    LA PITTURA 107

    LA MUSICA 109

    LA LETTERATURA 110

    LA FOTOGRAFIA 111

    LA SCULTURA 112

    L'ARCHITETTURA 114

    IL TEATRO 116

    LA DANZA 118

    IL CINEMA E I VIDEO 119

    I VIDEOGIOCHI 123

    LE ARTI PERFORMATIVE 124

    L'ARTE DIGITALE E I MEDIA INTERATTIVI 126

    ALCUNE RIFLESSIONI 128

CAPITOLO 9 – L'ALTRA FACCIA DELL'IA: DALLA CREATIVITÀ ALLE SCIENZA . 133

    TRADUZIONE DI LINGUE STRANIERE 133

    STAMPA 3D 134

    LINGUAGGI DI PROGRAMMAZIONE 136

    INDUSTRIA MANIFATTURIERA 137

    TRASPORTI 138

    ISTRUZIONE 139

    RICERCA SCIENTIFICA 140

    SANITÀ 142

    SPAZIO 144

    TURISMO 145

    CYBERSECURITY 146

    FINANZA 148

    AGRICOLTURA 149

    RIFLESSIONI 151

CAPITOLO 10 – MITIGARE I RISCHI E LE SFIDE DELL'IA 153

CAPITOLO 11 – LA MAGIA DEI PROMPT: L'ARTE DI "SUSSURRARE" ALLE MACCHINE 159

    1 - CHIAREZZA E SPECIFICITÀ 162

    2 - COERENZA 162

    3 - LUNGHEZZA ADEGUATA 162

    4 - TONALITÀ E STILE APPROPRIATI 163

    5 - CONSAPEVOLEZZA DEI BIAS 163

    6 - EVITARE LE ALLUCINAZIONI 164

    7 - REVISIONE E RAFFINAMENTO 166

CAPITOLO 12 - TRARRE VANTAGGIO DALL'IA NELLE PICCOLE COSE DELLA VITA QUOTIDIANA 167

ALCUNE IDEE 168

A COSA FARE ATTENZIONE 170

CAPITOLO 13 – APPLICAZIONI E STRUMENTI IA PER LA VITA QUOTIDIANA 173

IAG PER IL TESTO 173

IAG PER LE IMMAGINI 177

IAG PER I VIDEO 181

IAG PER LA MUSICA 186

IAG PER GENERARE VOCI 191

IAG PER FARE ALTRO 198

CAPITOLO 14 - IA, IL FUTURISMO DEL XXI SECOLO - UN NUOVO CAPITOLO PER L'UMANITÀ 209

IL FUTURISMO DEL XXI SECOLO 209

COSTI ENERGETICI E L'AMBIENTE 211

EVOLUZIONE HARDWARE DEI DATA CENTER 213

CHIP SPECIALIZZATI PER IL LINGUAGGIO NATURALE 214

LA RIVOLUZIONE NEURALE: IL FUTURO DELLA COMPUTAZIONE BIOLOGICA ... 215

APPLICAZIONE IA E I COMPUTER QUANTISTICI 218

ABILITÀ EMERGENTI NEL FUTURO DELL'IAG 219

CAPITOLO 15 – LE GRANDI SFIDE DEL FUTURO: L'AI AL SERVIZIO DELL'UMANITÀ 225

1. CAMBIAMENTO CLIMATICO 227

2. POVERTÀ E DISUGUAGLIANZA ECONOMICA 235

3. SALUTE E MEDICINA 242

4. CRISI AMBIENTALE 249

5. FAME E SICUREZZA ALIMENTARE 256

6. TECNOLOGIE DIROMPENTI 263

7. MIGRAZIONI FORZATE 269

    8. Diritti Umani, Giustizia Sociale e Crisi delle Democrazie 278

    Conclusione 287

CAPITOLO 16 – AI ACT: SFIDE E OPPORTUNITÀ PER L'EUROPA 289

    I Requisiti.. 290

    Livelli di Rischio 291

    Divieti e Direttive 292

    Potenzialità e Sviluppo 294

    Fuori dall'Unione Europea 295

CAPITOLO 17 - L'INTELLIGENZA ARTIFICIALE SALVERÀ L'UMANITÀ O LA PORTERÀ ANCOR PIÙ VICINO ALL'ESTINZIONE?..299

CONCLUSIONE - SINGOLARITÀ TECNOLOGICA 303

POSTFAZIONE..307

APPENDICE...309

GLOSSARIO 315

ALTRI LIBRI DELL'AUTORE..325

INTRODUZIONE - UNA NUOVA FRONTIERA PER TUTTI

Siamo di fronte a un nuovo capitolo della storia umana, in cui l'Intelligenza Artificiale emerge come una forza trasformativa destinata a plasmare le nostre vite e le nostre società in modi mai visti prima d'ora

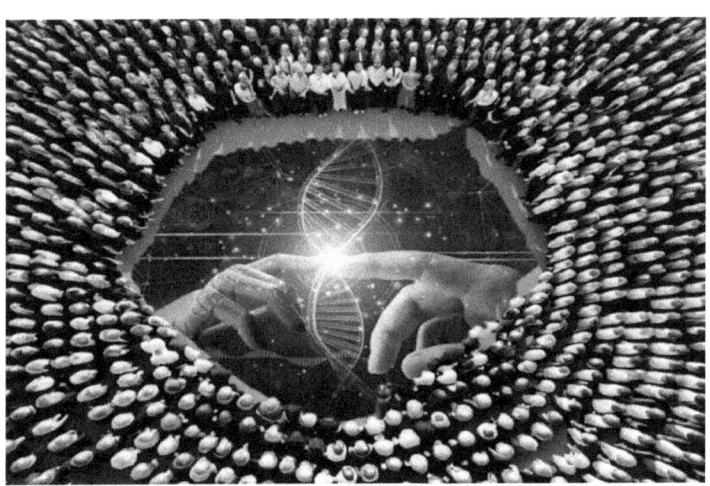

Benvenuto in un viaggio affascinante attraverso una delle frontiere più stimolanti e sorprendenti del nostro tempo: l'Intelligenza Artificiale a cui faremo spesso riferimento con l'acronimo "IA".

L'IA, una volta relegata alla fantascienza e ai racconti futuristici, è ora una realtà tangibile che sta trasformando radicalmente il mondo sotto i nostri occhi. È come se ci trovassimo sulla soglia di una nuova era, dove la tecnologia e l'ingegno umano stanno per fondersi in modi mai visti prima.

Questa nuova frontiera non è riservata agli scienziati: è per tutti noi. Ogni giorno, senza neanche rendercene conto, interagiamo con l'IA attraverso i nostri *smartphone*, i motori di ricerca *online*, i *social media* e molto altro ancora. Sta diventando parte integrante della nostra vita quotidiana, plasmando le nostre interazioni, influenzando le nostre decisioni e aprendo nuove opportunità di esplorazione e scoperta.

Ma questa nuova frontiera non è solo un terreno fertile per l'innovazione tecnologica: è anche un campo di battaglia per le grandi questioni etiche, sociali e filosofiche che definiranno il nostro futuro comune. Come affronteremo le sfide legate alla privacy e alla sicurezza dei dati? Quali saranno gli impatti dell'IA sul lavoro e sull'occupazione? Come cambierà il concetto stesso di intelligenza e di creatività umana?

In questo libro, cercherò di rispondere a queste domande e a molte altre, affrontando argomenti complessi con un linguaggio semplice e accessibile, proprio come se stessi raccontando tutto alla mia nonna. L'obiettivo di questo libro è quello di diffondere la cultura e la comprensione di questa nuova evoluzione tecnologica, preparandoci a navigare in un mondo in cui l'IA sarà sempre più presente nella nostra vita quotidiana.

Stiamo per intraprendere un viaggio affascinante, pieno di nuove opportunità e scoperte incredibili. Sono felice di accompagnarti in questo viaggio alla scoperta dell'Intelligenza Artificiale, nel quale ne esploreremo le evoluzioni, le potenzialità, i rischi e le opportunità. So che per molti l'IA può sembrare un concetto misterioso e intimidatorio, così come per altri, che ne sono affascinati, è fonte di grande entusiasmo. Indipendentemente da quale sia il tuo punto di partenza, sono qui per accompagnarti attraverso il mondo dell'Intelligenza Artificiale, spiegandola come, forse, non hai mai visto fare prima d'ora.

Immagina l'IA come un compagno di viaggio digitale, un alleato che può aiutarci a comprendere meglio il mondo intorno a noi e a prendere decisioni più informate. Ma cosa significa veramente "Intelligenza Artificiale"? Come vedremo, si tratta di un insieme di tecnologie e algoritmi che consentono ai computer di imparare dai dati, trarre conclusioni, riconoscere elementi ricorrenti e prendere decisioni simili a quelle umane. Questo può sembrare qualcosa tratto da un film di fantascienza, ma l'IA è già parte integrante della nostra vita quotidiana, anche se spesso non ce ne rendiamo conto.

Pensa ai suggerimenti di ricerca di Google, alle raccomandazioni di prodotti su Amazon o alle previsioni del tempo sul tuo smartphone: tutti questi sono esempi di come l'IA viene già utilizzata per migliorare la nostra esperienza online e rendere più efficienti molti aspetti della nostra vita. Ma l'IA va oltre la semplice facilitazione delle attività quotidiane. È anche uno strumento potente per affrontare sfide complesse e urgenti che affliggono la nostra società, come la lotta contro le malattie, la povertà e persino la crisi ambientale.

Quando parliamo di Intelligenza Artificiale, è importante anche affrontare le preoccupazioni e le paure che molte persone possono avere. Sì, l'IA solleva interrogativi su privacy, sicurezza e persino sull'occupazione, ma è fondamentale comprendere che l'IA è uno strumento che può essere plasmato e guidato dagli esseri umani per il bene comune. Lavorando insieme, possiamo sviluppare e implementare l'IA in modo etico e responsabile, garantendo che i suoi benefici superino i rischi.

Quindi, mentre ci addentreremo in questo viaggio attraverso l'IA, esploreremo insieme le sue applicazioni, le sue sfide e le sue promesse. Scopriremo come l'IA può migliorare la nostra vita quotidiana, trasformare le nostre industrie e persino plasmare il futuro della nostra società e, soprattutto, affronteremo questa avventura con curiosità, apertura mentale e impegno per un utilizzo responsabile ed etico dell'Intelligenza Artificiale.

Siamo pronti per iniziare questo percorso?

Bene, allora, buon viaggio!

Valerio La Scalia

CAPITOLO 1 - VIAGGIO NEL TEMPO: LE INVENZIONE CHE HANNO CAMBIATO IL MONDO

Esplorando il fascinoso viaggio nella storia del progresso tecnologico e scopriamo come l'umanità ha già affrontato e superato le sfide derivanti dall'incessante susseguirsi delle innovazioni tecnologiche

Introduzione

Inizieremo il nostro "viaggio nel tempo", ritornando agli albori dell'umanità, quando i nostri antenati lottavano contro le forze della natura per sopravvivere in un mondo ostile e imprevedibile. Tuttavia, anche in quei tempi remoti, l'ingegno umano brillava, portando alla luce invenzioni straordinarie che avrebbero cambiato il corso della storia dell'umanità, per il bene e per il male. Ogni nuova scoperta, ogni invenzione, ha portato con sé grandi opportunità e miglioramenti significativi nei livelli di efficienza ed efficacia delle attività umane, nella qualità della vita e molto altro ancora. Ma ciò ha comportato anche grandi difficoltà per coloro che erano rimasti ancorati alle tradizioni, ai metodi abituali di svolgere compiti.

Nel corso dei secoli, molte professioni sono scomparse o sono state trasformate radicalmente dalle innovazioni. Pensate a quante nuove tecnologie hanno rivoluzionato l'agricoltura, rendendo obsolete le più antiche pratiche agricole tradizionali, cambiando il volto delle comunità rurali. L'avvento della macchina a vapore e della rivoluzione industriale ha portato alla nascita di nuove industrie e alla scomparsa di mestieri artigianali che erano stati al centro dell'economia per secoli. Le scoperte nel campo della medicina hanno portato a una migliore comprensione delle malattie e alla creazione di nuovi trattamenti, ma hanno anche reso obsoleti molti metodi di guarigione tradizionali. In ogni epoca, il progresso ha comportato una trasformazione delle nostre vite e delle nostre società, con l'apertura di nuove opportunità ma anche con nuove sfide da affrontare.

Questo ci insegna che guardare alla storia può fornirci preziosi insegnamenti su come affrontare il futuro prossimo, adattandoci e abbracciando il cambiamento invece di porre resistenza.

E così, torniamo indietro di circa 10.000 anni, dove l'umanità visse forse la prima tra le più grandi trasformazioni che ha posto le basi per il mondo moderno in cui viviamo oggi.

Le Innovazioni epocali nella storia dell'uomo

Agricoltura e Allevamento

Ti racconto di un tempo molto antico, quando gli uomini e le donne vivevano in modo molto diverso da come facciamo ora. Prima, non c'erano città o villaggi come li conosciamo oggi. La gente viveva sparsa in piccoli gruppi, e il loro lavoro principale era cacciare animali e raccogliere frutti e piante selvatiche per mangiare. Quando le risorse scarseggiavano in una determinata area, le popolazioni antiche erano spinte a migrare verso altre regioni. Di conseguenza, la maggior parte delle società antiche era nomade, spostandosi costantemente alla ricerca di cibo e acqua.

Ma poi qualcosa di straordinario è successo. In un periodo tra circa l'8000 e i 5000 a.C., alcune persone hanno avuto un'idea che ha cambiato tutto: hanno imparato a coltivare la terra e ad allevare animali. Questo è ciò che chiamiamo agricoltura e pastorizia!

Immagina un campo verde pieno di grano, o un orto pieno di verdure. Con l'agricoltura, le persone hanno imparato a piantare semi nella terra, ad accudire le piante e ad aspettare che crescessero. Hanno anche iniziato ad allevare animali come mucche, pecore e maiali per avere latte, carne e lana.

Questo ha cambiato tutto per loro. Non dovevano più viaggiare per cercare cibo, ma potevano rimanere nello stesso posto e far crescere ciò di cui avevano bisogno. Hanno costruito case più solide e hanno iniziato a formare villaggi e città. La popolazione è cresciuta perché c'era abbastanza cibo per tutti, e la vita è diventata più organizzata e prevedibile.

L'Aratro

L'introduzione dell'aratro, una specie di grande attrezzo tirato dagli animali, che avvenne intorno al 5000 a.C., ha reso più facile coltivare la terra. Prima di questo, le persone dovevano lavorare molto più duramente con bastoni e zappe per scavare la terra, ma l'aratro ha reso il lavoro più veloce e più efficace.

È stato davvero un momento importante nella storia dell'umanità, perché ha segnato l'inizio di un modo di vivere completamente nuovo, basato sull'agricoltura e sulla vita in comunità.

Fu una rivoluzione sociale di vasta portata, che richiese un notevole lasso di tempo, dando alle varie generazioni l'opportunità di adattarsi ai profondi cambiamenti che questo nuovo stile di vita portava con sé. Anche se alcuni gruppi resistettero al cambiamento, mantenendosi fedeli alle loro tradizioni di cacciatori-raccoglitori nomadi, la storia ci insegna che, pian piano, si estinsero quasi totalmente.

La Ruota

Ma il tempo passa, e con esso, l'ingegno umano continua a cercare modi per migliorare la propria esistenza. Intorno al 3500 a.C., qualcuno ebbe un'idea straordinariamente brillante: inventò la ruota! Si ritiene che questo sia accaduto nelle regioni mesopotamiche dell'attuale Iraq. Alcuni studiosi ipotizzano che la ruota possa essere nata dall'osservazione di tronchi d'albero rotolanti. In ogni caso, un'intuizione straordinaria che ha cambiato il mondo.

Immagina di avere un carretto pieno di frutta e verdura da portare al mercato. Prima della ruota, avresti dovuto camminare per chilometri e chilometri con un carico pesante sulle spalle. Ma con la ruota, tutto è diventato più facile! Basta attaccare il carretto alla ruota e spingere o tirare, e il carico diventa leggero come una piuma!

La ruota ha fatto sì che il trasporto diventasse molto più veloce e meno faticoso. Ha permesso alle persone di spostarsi più facilmente da un posto all'altro, di trasportare merci da un villaggio all'altro e persino di viaggiare per lunghe distanze! È come se avessimo avuto una specie di superpotere che ci permetteva di esplorare nuovi luoghi e incontrare nuove persone.

Grazie alla ruota, che oggi diamo per scontato, il mondo si è fatto più piccolo e le persone si sono sentite più vicine. Ha aiutato le comunità a connettersi tra loro, a scambiarsi beni e a condividere le loro storie e le loro culture. È davvero incredibile pensare a quanto una semplice invenzione possa aver cambiato così tanto le nostre vite!

La Scrittura

Immagina di trovarti in una caverna, circondata dalle pitture rupestri dei nostri antenati. Questi dipinti non erano solo espressioni artistiche, ma anche una forma primitiva di comunicazione, che ci ha permesso di tramandare storie e conoscenze attraverso le generazioni. Questo è stato il primo passo verso la scrittura, una delle invenzioni più rivoluzionarie nella storia dell'umanità.

Con l'avvento della scrittura, intorno a circa il 3200-3100 a.C., si è aperto un nuovo capitolo per l'umanità. Gli uomini poterono registrare i propri pensieri, le proprie storie e le proprie scoperte, consentendo una trasmissione più affidabile e duratura della conoscenza. Questo ha portato alla creazione di leggende epiche, trattati filosofici e leggi codificate, plasmando le basi dell'attuale civiltà umana.

Dopo che le persone hanno imparato a scrivere, hanno cercato modi migliori e più facili per farlo. Sai, prima scrivevano su pietra, ma era una pratica un po' complicata e richiedeva molto tempo. Poi, qualcuno ha avuto un'idea brillante, iniziando a scrivere su tavolette di argilla!

Immagina delle piccole tavolette fatte di argilla, come fango secco. Le persone potevano scrivere su queste tavolette con uno strumento speciale chiamato stilo, lasciando segni e simboli che rappresentavano le parole. Era un po' come scrivere su un foglio di carta, ma un po' più duro.

Questo è stato un grande passo avanti perché le tavolette di argilla erano più facili da trasportare e conservare rispetto alle grandi pietre. Le persone potevano scrivere storie, leggi e ricette su queste tavolette e tenerle al sicuro per molto tempo.

Ma poi, ci troviamo intorno all'anno 3000 a.C., qualcuno ha trovato un altro tipo di materiale perfetto per scrivere: il papiro! Il papiro era fatto da una pianta che cresceva lungo il fiume Nilo, in Egitto. Le persone potevano prendere le foglie di questa pianta, schiacciarle e farne dei fogli sottili e piatti, perfetti per scrivervi sopra.

Con il papiro, le persone potevano scrivere testi più lunghi e dettagliati rispetto alle tavolette di argilla. Era un po' come avere un libro, solo che era fatto di lunghi fogli di papiro arrotolati su se stessi! È incredibile pensare a quanto possa essere cambiato il modo in cui scriviamo nel corso del tempo, vero?

La Matematica

Oltre alla scrittura delle parole, c'è stata un'altra cosa molto importante che, da circa il 3000 a.C., ha aiutato le persone a capire meglio il mondo intorno a loro: la matematica!

Immagina di dover suddividere un cesto di mele tra te e i tuoi amici. Grazie alla matematica, puoi farlo in modo equo! Utilizzando i numeri e le operazioni matematiche, puoi determinare quanti pezzi di frutta devi dare a ciascuno, assicurandoti che tutti ricevano la loro giusta parte. La matematica ci aiuta a risolvere problemi di divisione, come questo, in modo rapido e preciso, consentendoci di gestire le risorse in modo equo ed efficiente.

Ma la matematica non servì solo a contare le mele. Aiutò l'uomo a risolvere problemi più complicati, come calcolare di quanta terra avesse bisogno per piantare il raccolto o quanta stoffa gli servisse per fare un vestito. Con l'aiuto della matematica, fu in grado di misurare e costruire oggetti, come case e ponti, in modo che risultassero sicuri e stabili.

Inoltre, la matematica consentì di iniziare a capire meglio il mondo naturale. L'uomo poteva usare la matematica per studiare i movimenti delle stelle nel cielo, o per calcolare la velocità di un fiume che scorre. Conoscere la matematica gli permise di fare domande e trovare risposte su come funzionavano le cose intorno a lui.

Quindi, la matematica è davvero una cosa meravigliosa, che ancora oggi ci aiuta a risolvere problemi pratici, a misurare e costruire, e a capire meglio il mondo che ci circonda. È come avere una chiave magica che apre le porte alla conoscenza!

Lavorazione del ferro

Immagina di essere nel tuo giardino e di avere bisogno di tagliare un ramo di albero. Prima che venisse inventato il ferro lavorato, questo sarebbe stato un compito molto difficile! Ma poi, intorno al 2000 a.C., qualcuno ha avuto una grande idea: lavorare il ferro!

Il ferro è un tipo di metallo che veniva riscaldato e modellato per diventare forte e resistente. Grazie a questa invenzione, le persone hanno potuto creare utensili e armi molto più efficaci di quelli che avevano prima. Per esempio, le persone potevano fare coltelli e asce che erano molto più taglienti e duraturi, e che rendevano più facile tagliare legno e costruire cose.

Ma non è tutto! L'introduzione del ferro lavorato ha anche aiutato a migliorare la produzione e la qualità della vita umana. Le persone potevano ora lavorare la terra più facilmente, usando aratri e attrezzi agricoli fatti di ferro. Questo ha portato a una maggiore produzione di cibo e a una vita migliore per molte persone.

Inoltre, il ferro lavorato è stato utilizzato anche per creare armi più efficaci, che hanno aiutato le persone a difendersi dagli attacchi nemici e a proteggere le loro terre e le loro famiglie, ma anche dotare gli eserciti di armi d'offesa più letali.

Quindi, grazie alla lavorazione del ferro, le persone hanno potuto fare più cose, in modo più facile e più sicuro. È davvero incredibile vedere come una semplice invenzione possa fare così tanta differenza nella vita delle persone!

La Ruota Idraulica

Immagina di vivere in un mondo dove ci sono fiumi e ruscelli che scorrono veloci, portando con sé una grande forza. Bene, intorno al 200 a.C., qualcuno ha avuto un'idea brillante per sfruttare questa forza: la ruota idraulica!

La ruota idraulica è come una grande ruota che galleggia sull'acqua. Quando l'acqua scorre sotto di essa, fa girare la ruota, trasformando la sua energia in movimento. E sai cosa succede quando la ruota gira? Può muovere altre cose insieme a essa!

Grazie alla ruota idraulica, le persone hanno potuto sfruttare l'energia dell'acqua per alimentare mulini, macchine e altri dispositivi. Per esempio, i mulini ad acqua utilizzavano la ruota idraulica per macinare il grano e produrre farina. Questo ha reso più facile e veloce il processo di macinazione del grano, aiutando le persone a ottenere più cibo in meno tempo.

Ma non è tutto! La ruota idraulica ha anche contribuito alla crescita dell'industria e dell'economia umana. Le persone hanno potuto utilizzare l'energia idraulica per alimentare fabbriche e altre attività industriali, rendendo possibile la produzione su larga scala di merci e prodotti.

Quindi, grazie alla ruota idraulica, l'energia dell'acqua è stata sfruttata in modo intelligente per migliorare la vita degli esseri umani e far crescere l'economia. È davvero sorprendente vedere come un'altra semplice invenzione possa aver fatto così tanto bene per il mondo!

La Stampa

Sai, anche se la scrittura prima sul papiro o poi sui fogli di carta era diventata abbastanza comune, scrivere un libro richiedeva ancora molto tempo e molta fatica. Immagina quanto sarebbe stato difficile scrivere ogni singola pagina di un libro a mano, con un pennino e dell'inchiostro! Era un lavoro davvero impegnativo che esigeva molta attenzione ai dettagli.

Inoltre, una volta che un libro veniva scritto, non era così facile farne copie per altre persone. Non c'erano le stampanti come le conosciamo oggi, quindi se volevi avere più copie dello stesso libro, dovevi scriverle tutte a mano, una per una! Questo significava che solo pochi potevano permettersi di avere libri, e spesso i testi importanti erano custoditi gelosamente dalle persone ricche o nei monasteri.

Tutto questo ha reso difficile la diffusione della conoscenza e delle idee. Anche chi sapeva leggere e scrivere, non sempre aveva accesso ai libri o agli scritti che desiderava leggere. Quindi, anche se la scrittura era diventata un mezzo importante per comunicare e condividere idee, c'erano ancora molte persone che non potevano accedere a questa conoscenza.

Ma, fortunatamente, tutto questo un giorno cambiò!

Dovettero passare 5.000 anni dopo l'invenzione della scrittura, prima che si verificasse un'altra rivoluzione tecnologica: l'invenzione della "stampa a caratteri mobili" avvenuta nel 1450 d.C. da parte di Gutenberg. Questo innovativo processo ha permesso la produzione di libri su larga scala, democratizzando l'accesso alla conoscenza e aprendo le porte all'era della Riforma e dell'Illuminismo.

Immagina una grande macchina, un po' come una grande pressa, che premendo con forza su un foglio di carta, lascia sopra delle parole e delle immagini. Questo è quello che faceva la stampa! Grazie a questa invenzione, le persone potevano produrre libri su grande scala, in modo molto più veloce di quanto fosse mai stato possibile fare prima.

Con la stampa, finalmente i libri sono diventati più accessibili a tutti. Con la stampa, i libri sono diventati più economici e più facili da trovare. Le persone potevano imparare a leggere e a scrivere, e scoprire nuove idee e nuove storie, anche se non erano ricche o famose.

Questa è stata una vera rivoluzione perché ha permesso alle persone di accedere alla conoscenza in modi mai visti prima. Ha aperto le porte a un periodo molto importante della storia chiamato "Illuminismo". Questi erano momenti in cui si iniziò a pensare in modo diverso, a chiedersi perché le cose fossero come erano e a cercare nuove risposte. La stampa ha davvero cambiato il mondo, e siamo così fortunati ad averne ereditato i benefici!

Il Telescopio

Immagina di essere seduto sotto un cielo stellato, avvolto dal buio della notte e dallo splendore delle stelle. In quei momenti di quiete, hai mai sognato di avvicinarti di più alle meraviglie del firmamento, di scoprire i segreti nascosti tra gli astri che punteggiano il cielo sopra di te?

Ogni notte stellata, mentre guardavano il cielo con meraviglia, gli uomini si sono da sempre chiesti cosa nascondessero le stelle lontane, cosa accadesse tra i pianeti e le galassie che punteggiano l'infinito firmamento. Fu solo intorno al 1608 che, in un momento di illuminazione, qualcuno ideò una delle invenzioni più straordinarie della storia: il telescopio!

Il telescopio, come uno strumento magico, ci ha permesso di avvicinarci ai segreti del cielo notturno, di esplorare l'universo in modo più intimo e dettagliato. Questa invenzione ha risposto al desiderio profondo dell'uomo di esplorare l'ignoto, di affacciarsi all'infinito e di scoprire le meraviglie celate tra le stelle. E così, grazie al telescopio, abbiamo potuto dare un'occhiata più da vicino agli enigmi cosmici che ci circondano, schiudendo la porta a nuove scoperte, aprendo la via verso un'infinita avventura nell'universo.

La magia del telescopio ci permette di vedere cose molto lontane, come le stelle e i pianeti, più da vicino e con maggiore chiarezza. Grazie a questa invenzione, gli scienziati hanno potuto osservare il cielo in modo più dettagliato e preciso, aprendo la strada a nuove scoperte incredibili sull'universo.

Il telescopio ha portato nuove conoscenze sull'universo che hanno rivoluzionato il modo di pensare degli uomini. L'invenzione del telescopio ha, infatti, permesso loro di osservare gli oggetti celesti con maggiore dettaglio e precisione, aprendo nuovi orizzonti nella nostra comprensione dell'universo. Grazie al telescopio, gli astronomi hanno potuto osservare i movimenti dei pianeti, le fasi della Luna, le stelle e le galassie lontane, rivelando dettagli sorprendenti e modelli precedentemente sconosciuti. Queste osservazioni hanno contribuito alla formulazione di nuove teorie astronomiche e hanno ampliato la nostra visione dell'universo, portando a una vera e propria rivoluzione nel modo in cui comprendiamo il cosmo e il nostro posto al suo interno.

È davvero incredibile pensare a quante cose sia stato possibile scoprire guardando attraverso un semplice tubo con una lente di vetro!

La Macchina a Vapore

Immagina di vivere in un mondo dove ogni lavoro è fatto a mano, dove i mulini macinano il grano con la forza del vento e dell'acqua, e le strade sono solcate da carrozze trainate da cavalli sudati. Ma un giorno, intorno al 1712, è accaduto qualcosa di straordinario: è stata inventata la macchina a vapore!

La macchina a vapore rappresentava un magico incantesimo che ha cambiato il volto del mondo, portando con sé una nuova era di progresso e innovazione. Con questa sorprendente invenzione, l'uomo ha imparato a sfruttare il potere del vapore per azionare macchine e motori, trasformando il lavoro manuale in lavoro meccanico e aprendo le porte alla "Rivoluzione Industriale".

È incredibile pensare come all'inizio non si comprendesse appieno il funzionamento della macchina a vapore, ma l'ingegno umano ha trovato il modo di utilizzarla con successo, costruendo macchine sempre più complesse e rivoluzionando il modo in cui si producevano beni e consumando energia. E così, grazie alla macchina a vapore, l'umanità ha fatto un passo avanti nel cammino verso un futuro di progresso e innovazione senza fine, usando questa invenzione per creare qualcosa di davvero speciale.

La Locomotiva a Vapore

L'invenzione del treno a vapore è stata una naturale evoluzione delle macchine a vapore. Un ingegnere britannico, di nome Stephenson, ha sviluppato la locomotiva a vapore nel 1814, progettando una macchina in grado di muoversi su rotaie grazie alla forza generata dal vapore. Questo innovativo mezzo di trasporto ha rivoluzionato i viaggi e il trasporto delle merci, consentendo spostamenti più veloci e efficienti su lunghe distanze. Il treno a vapore ha contribuito allo sviluppo dell'industrializzazione e alla crescita economica, aprendo nuove opportunità commerciali e sociali.

Immagina un grande, pesante treno che scorre sui binari come una gigantesca carrozza di ferro. Prima del treno a vapore, spostarsi da un posto all'altro richiedeva molto tempo e tanta fatica. Ma con l'arrivo di questi magnifici treni, tutto è cambiato!

I viaggi erano più veloci, ma anche più sicuri e più economici per tutti. Non era più necessario aspettare giorni o settimane per raggiungere le destinazioni: ora era possibile farlo in poche ore!

Grazie al treno a vapore, abbiamo aperto nuove e più sicure vie di comunicazione e commercio, collegando città lontane, facendo crescere le economie locali. È stato davvero un grande passo avanti nel mondo dei trasporti, e tutto grazie alla meravigliosa invenzione della macchina a vapore!

Il telegrafo

Ti racconto di un'altra incredibile invenzione che ha cambiato il mondo: il telegrafo!

Immagina di dover mandare un messaggio a una persona che vive dall'altra parte del paese. Prima del telegrafo, avresti dovuto aspettare giorni, se non settimane, affinché il tuo messaggio fosse fisicamente portato a destinazione. Ma con l'invenzione del telegrafo, dopo 1837, tutto è cambiato!

Il telegrafo ha reso possibile comunicare a lunga distanza in modo rapido ed efficiente. Grazie a questo straordinario apparecchio, i messaggi potevano essere trasmessi attraverso fili elettrici da una città all'altra in pochi istanti. È stato davvero un miracolo della tecnologia!

Immagina di dover inviare un importante messaggio a un amico o un parente che vive dall'altra parte del paese e di dover ricevere da lui una risposta. Prima del 1837 avresti dovuto farlo scrivendo una lettera: scrivi con cura il messaggio, lo pieghi con attenzione e lo metti in una busta e poi lo spedisci usando il servizio postale del tuo paese, sperando che arrivi a destinazione il prima possibile. Poi inizi ad aspettare... e aspettare... e aspettare. Potrebbero passare giorni, settimane o addirittura mesi prima di ricevere una risposta. La comunicazione è lenta e incerta, e ti senti isolato dal parente lontano.

Ma ora immagina di poter trasmettere lo stesso messaggio attraverso il telegrafo. Basterà portare il messaggio alla stazione telegrafica del tuo paese, che provvederà a inviarlo subito attraverso il filo elettrico e, in pochi istanti, il tuo amico lo riceverà all'altro capo della linea. Il messaggio viene trasmesso utilizzando il codice *Morse*, un sistema di punti e linee che rappresentava le lettere dell'alfabeto, i numeri e altri simboli. Un sistema ingegnoso ed efficace.

Ma non finisce qui: il tuo amico potrà fornirti una risposta quasi immediatamente. Grazie al telegrafo, la distanza tra te e il tuo amico si riduce improvvisamente, e vi sentite più vicini che mai. La comunicazione diventa rapida, efficace e senza ostacoli, aprendo la porta a un mondo di possibilità e connessioni.

Grazie al telegrafo, siamo stati in grado di ridurre notevolmente i tempi di trasmissione delle informazioni, aprendo la strada a una comunicazione più efficiente e immediata. È davvero una tra le invenzioni più straordinarie della storia sino a quel momento!

C'è da dire che questa rivoluzionaria invenzione ebbe le sue radici in un'altra scoperta altrettanto eclatante: **l'elettricità**. Già nel secolo precedente, venivano condotti esperimenti sull'elettricità atmosferica (pensa, utilizzando un aquilone durante i temporali). Questi esperimenti contribuirono notevolmente alla comprensione della natura dell'elettricità, preparando il terreno per la sua prima applicazione innovativa.

Il Telefono

Ora ti racconterò di un'altra grande invenzione che ha cambiato per sempre la vita delle persone. Immagina di essere nell'800 e di dover comunicare con tua figlia che vive dall'altra parte della città.

In quell'epoca era già possibile farlo attraverso il telegrafo. Tuttavia, anche se più rapido rispetto alla posta tradizionale, soprattutto se la stazione telegrafica più vicina non era proprio prossima a casa tua, l'uso del telegrafo richiedeva comunque del tempo per essere trasmesso e ricevuto.

Anche se più efficace rispetto alla posta tradizionale, la comunicazione tramite telegrafo manteneva un senso di distacco e una differenza temporale. Mancava ancora dell'immediatezza e della sensazione di vicinanza che si ha durante una conversazione di persona.

Ma poi, nel 1876, è successa una cosa straordinaria: è stato inventato il telefono! Questo strumento magico ci ha permesso di parlare con chiunque, ovunque, in tempo reale, come se stessimo vicini al nostro interlocutore! Bastava sollevare la cornetta, comporre il numero ed ecco, stai parlando con tua figlia, senti la sua voce, proprio come se fosse lì accanto a te. È stato come un miracolo! Non dovevi più aspettare tanto tempo per comunicare con le persone care. Hai potuto sentire la loro voce, condividere notizie e parlare dei bei ricordi, tutto senza muoverti da casa tua!

Immagina quanto sia stato meraviglioso per le persone poter ascoltare la voce dei loro cari, anche se erano lontani! Grazie al telefono, le distanze sono diventate più piccole, e il mondo sembrava improvvisamente più vicino e più unito. È stato un grande passo avanti per la nostra vita quotidiana, perché ci ha permesso di essere sempre in contatto con le persone a noi care, come mai prima d'ora!

L'Automobile

Potresti pensare che dopo l'invenzione del telefono non ci sia stata un'altra invenzione così potente nel far avvicinare le persone l'una all'altra. Ebbene, allora immagina di dover fare una visita a un parente che vive molto lontano da te. Siamo nel 1885 e prima di allora, avresti dovuto fare un lungo viaggio in carrozza trainata da cavalli. Questo significava giorni, talvolta settimane di viaggio, con molte soste lungo il percorso e spesso con disagi dovuti alle condizioni stradali e al clima.

Ma poi, nel 1885, è arrivata un'idea fantastica: l'automobile! Questo mezzo di trasporto innovativo ha cambiato tutto. Grazie all'automobile, man mano le persone hanno potuto viaggiare più velocemente, più comodamente e più lontano di prima. Non hai più dovuto preoccuparti delle condizioni delle strade, della sicurezza del percorso o della stanchezza dei cavalli. Con l'automobile, hai potuto viaggiare da un posto all'altro in poche ore, con tutta la tua famiglia al seguito e senza faticare troppo.

Immagina quanto sia stato meraviglioso poter esplorare nuovi posti, fare gite fuori porta e visitare amici e parenti in tempi molto più brevi! L'automobile ha aperto nuove possibilità di viaggio e trasporto, rendendo la vita delle persone più facile e più divertente. Hai potuto goderti la libertà di guidare ovunque tu voglia, in qualsiasi momento, senza dover dipendere da nessuno.

Grazie all'automobile, il mondo è diventato più piccolo e più accessibile. Le distanze sembravano improvvisamente più brevi, e hai potuto esplorare luoghi che prima apparivano lontani e irraggiungibili. È stata davvero una rivoluzione che ha cambiato la vita delle persone in meglio, portando con sé nuove avventure e nuove opportunità.

Il Trattore agricolo

Ti racconterò del trattore, un'invenzione che potresti sottovalutare ma che ha avuto un impatto enorme sulla vita delle persone. Immagina di vivere in una piccola fattoria, circondata da campi di grano e frutteti. Ogni giorno, per far crescere le piante e raccogliere i frutti, bisogna lavorare duramente sotto il sole cocente o la pioggia. Ma nel 1889, qualcuno ha avuto un'idea geniale: il trattore! Anche se i primi modelli erano poco maneggevoli e molto pesanti, questo veicolo, inizialmente chiamato "centrale mobile di potenza", ha rivoluzionato l'agricoltura, permettendo di aumentare l'efficienza e la produttività nelle operazioni di campo. Questa macchina meravigliosa, utilizzata per trainare un rimorchio o agganciare delle attrezzature specifiche per i lavori agricoli, ha cambiato completamente il modo in cui veniva coltivata la terra.

Grazie al trattore, ora possiamo seminare i campi, arare la terra e raccogliere i frutti in modo molto più veloce e con meno fatica. Pensaci: prima, per seminare un campo di grano, ci volevano giorni e giorni di duro lavoro, ma ora il trattore può farlo in poche ore! Questo significa che possiamo produrre più cibo per nutrire le persone di tutto il mondo, e dovendo lavorare meno duramente.

Inoltre, il trattore ci ha aiutato a risparmiare tempo e denaro. Prima, dovevamo assumere molte persone per lavorare nei campi, ma ora il trattore può fare il lavoro di molte persone in poco tempo. Questo ci permette di investire il nostro tempo in altre attività, migliorando la qualità della nostra vita.

Grazie al trattore, la nostra piccola fattoria è diventata più efficiente ed è in grado di produrre più cibo per la nostra comunità. E non si tratta solo di un cambiamento per noi agricoltori, ma di un cambiamento che ha un impatto su tutta la società.

I trattore ha introdotto un cambiamento radicale che va ben oltre il campo agricolo. Grazie alla sua capacità di aumentare la produttività e ridurre il lavoro manuale, ha influenzato profondamente l'intera società. Per esempio, l'efficienza nell'agricoltura ha portato a una maggiore disponibilità di cibo a livello globale, migliorando la sicurezza alimentare e contribuendo a ridurre la fame in molte parti del mondo. Questo ha avuto un impatto positivo sulla salute e sul benessere delle persone.

Inoltre, la meccanizzazione delle operazioni agricole ha liberato tempo e risorse umane, consentendo alle persone di dedicarsi ad altre attività economiche. Ciò ha favorito lo sviluppo di nuovi settori e opportunità di lavoro, stimolando la crescita economica e l'innovazione in settori correlati, come l'industria manifatturiera e dei trasporti.

In termini sociali, l'introduzione del trattore ha cambiato le dinamiche nelle comunità rurali. Ha contribuito a ridurre la dipendenza dal lavoro agricolo stagionale, consentendo alle persone di diversificare le proprie attività e migliorare il loro tenore di vita. Inoltre, ha facilitato la migrazione dalle aree rurali alle aree urbane, contribuendo alla crescita delle città e alla trasformazione dei modelli di vita e di lavoro.

In sintesi, l'introduzione del trattore ha avuto un impatto trasformativo su scala globale, influenzando l'agricoltura, l'economia, la società e la vita delle persone in tutto il mondo.

L'aereo

Nel lontano 1903, qualcuno ha avuto l'idea sconvolgente di creare una macchina che potesse sollevarsi in aria e portare le persone da un luogo all'altro. Immagina come sarebbe stato all'epoca poter volare sopra le nuvole, proprio come un uccello nel cielo. Questo straordinario mezzo di trasporto ha cambiato il modo in cui le persone viaggiano, per sempre.

Con l'automobile era diventato più semplice raggiungere posti relativamente lontani, ma raggiungere città in nazioni remote richiedeva ancora molto tempo e fatica. Immagina di dover attraversare lunghe distanze via terra o via mare. Ciò significava giorni o settimane di viaggio, con molte difficoltà lungo il cammino. Ma con l'aereo, tutto questo è cambiato! Ora, possiamo volare da una città all'altra in poche ore, guardando il mondo dall'alto come se fossimo uccelli.

Questa invenzione ha reso possibile esplorare il mondo in modo completamente nuovo. Le persone possono viaggiare per lavoro o per piacere, esplorando luoghi lontani e incontrando persone diverse. Ha anche reso più facile il commercio tra paesi, consentendo alle merci di essere trasportate velocemente da un luogo all'altro.

Inoltre, l'aereo ha aperto le porte al turismo. Ora le persone possono visitare luoghi esotici e bellissimi che prima sembravano irraggiungibili. Possono volare in posti come spiagge tropicali, montagne innevate e città affascinanti, creando ricordi indimenticabili.

In breve, l'invenzione dell'aereo ha reso il mondo più piccolo, unendo tutto a tutti e aprendo nuove possibilità di avventura e scoperta.

La radio

Immagina di avere una piccola scatola magica che può portare la voce e la musica direttamente nella tua casa, come per incanto. Questa è la magia della radio! Nel lontano 1906, qualcuno ha inventato un modo per trasmettere suoni attraverso l'aria, e così è nata la radio.

La radio ha cambiato il modo in cui le persone ricevono notizie e intrattenimento. Prima di allora, se volevi sapere cosa stava succedendo nel mondo, dovevi leggere i giornali o aspettare che qualcuno ti raccontasse le ultime novità. Ma con la radio, tutto questo è cambiato! Ora, puoi accendere la tua radio e ascoltare le ultime notizie e la musica in qualsiasi momento della giornata.

Non solo la radio ti tiene aggiornato sulle ultime notizie, ma ti offre anche intrattenimento. Puoi ascoltare programmi comici, spettacoli musicali e drammi avvincenti, tutto comodamente dal tuo salotto. È come avere un teatro o un cinema direttamente a casa tua!

Ma la radio non è solo divertimento e svago. Ha anche salvato vite umane! Durante le emergenze e le catastrofi, le trasmissioni radiofoniche forniscono avvisi di evacuazione e istruzioni di sicurezza, aiutando le persone a rimanere al sicuro.

In poche parole, l'invenzione della radio ha portato il mondo nella tua casa, trasformando il modo in cui si comunica e ci si diverte. È come avere un amico che ti racconta storie e ti tiene compagnia, tutto con un semplice *clic* di un pulsante.

L'elettricità domestica e la lampadina

C'era un tempo in cui le case erano illuminate solo dalla luce del sole durante il giorno e da una piccola candela durante la notte? Bene, tutto è cambiato quando l'elettricità è arrivata nelle nostre case!

L'elettricità domestica fece le sue prime timide apparizioni già negli anni '70 e '80 del XIX secolo, principalmente per mezzo delle prime lampade elettriche. Tuttavia, fu solo verso la fine del secolo e l'inizio del XX secolo che la sua diffusione su larga scala divenne una realtà, grazie alla creazione di reti elettriche più ampie e sicure e all'introduzione di elettrodomestici alimentati elettricamente.

Immagina cosa significasse per una persona dell'epoca poter premere un interruttore e vedere la stanza improvvisamente illuminarsi con una luce splendente: ecco il potere dell'elettricità domestica!

Grazie a questa meravigliosa invenzione, possiamo illuminare le nostre case in ogni momento del giorno e della notte, rendendole più accoglienti e sicure, così come le strade delle nostre città.

Ma l'elettricità non si limita solo alla luce. Ci consente di cucinare più velocemente e facilmente grazie ai fornelli elettrici, di mantenere i nostri alimenti freschi più a lungo grazie al frigorifero e di lavare i nostri vestiti con meno fatica e in meno tempo grazie alla lavatrice.

E che dire dei piccoli piaceri della vita, come ascoltare la radio o guardare la televisione? Tutti questi e molti altri dispositivi, inventati dopo l'introduzione dell'elettricità domestica, funzionano grazie alla corrente elettrica fornita alle nostre case.

Insomma, l'elettricità domestica ha reso la nostra vita più facile, comoda e piacevole. Ci ha aperto le porte a nuove tecnologie e ci ha permesso di svolgere molte attività quotidiane in modo più efficiente. È davvero una delle invenzioni più incredibili che abbiamo avuto la fortuna di vedere nella nostra vita!

La Penicillina

Prima che la medicina si fosse evoluta come la conosciamo oggi, molte persone morivano di infezioni batteriche perché non c'erano medicine in grado di curarle. Anche procurandosi piccole ferite, c'era il rischio di ammalarsi gravemente. Poi, nel 1928, un uomo di nome *Alexander Fleming* ha fatto una scoperta incredibile. Ha trovato un tipo di muffa cha ha chiamato *Penicillium* che produceva una sostanza che uccideva i batteri dannosi. Questa sostanza è diventata la penicillina, un farmaco che può combattere le infezioni senza danneggiare il corpo umano.

La scoperta della penicillina ha aperto la strada allo sviluppo di molti altri antibiotici, ampliando ulteriormente l'arsenale terapeutico contro le infezioni batteriche. È quindi evidente che la scoperta della penicillina ha avuto un impatto profondo e duraturo sulla salute umana, rappresentando uno dei più grandi successi nella storia della medicina moderna.

La Penicillina ha portato una vera rivoluzione nella medicina!

Il Computer

Ti ricordi quando le macchine per scrivere erano la tecnologia più avanzata che avevamo in casa? Beh, lascia che ti racconti di qualcosa di ancora più straordinario: il computer!

Negli anni '40 del XX secolo, qualcuno ha avuto l'idea incredibile di creare una macchina che potesse elaborare e memorizzare informazioni elettronicamente. Questi sono stati i primi computer elettronici. Anche se all'inizio erano grandi come una stanza e lenti da far impallidire una lumaca, hanno aperto la strada a una rivoluzione digitale che ha cambiato il mondo per sempre.

Poi, negli anni '70 e '80, qualcosa di ancora più sorprendente è accaduto: il "personal computer" è diventato una realtà! Queste macchine, anche se ancora piuttosto ingombranti, potevano essere messe sulle scrivanie delle persone comuni, come te e me. Con un personal computer, potevamo fare di tutto: scrivere lettere, fare calcoli, giocare e persino comunicare con persone dall'altra parte del mondo.

Il personal computer ha portato il potere del calcolo direttamente nelle nostre case e nei nostri uffici, aprendo un mondo di nuove opportunità. Ora, anziché dover aspettare in fila per usare una macchina enorme in una biblioteca o in un ufficio, potevamo avere la nostra macchina personale a portata di mano.

Insomma, il computer è stato davvero una delle invenzioni più rivoluzionarie del XX secolo, che ha cambiato la vita di milioni di persone, inclusa la nostra!

Il Cellulare

Hai mai pensato a quanto sia stato straordinario il primo telefono cellulare? Era come portare l'equivalente di una cabina telefonica con te, ovunque andassi!

Negli anni '70 e '80 del XX secolo, qualcuno ha avuto l'idea incredibile di creare un telefono che potesse essere usato mentre ci si muoveva. Questo è stato il telefono cellulare. Invece di dover cercare una cabina telefonica o aspettare di tornare a casa per fare una chiamata, ora potevi prendere il telefono con te ovunque andassi!

Immagina di essere in giro per fare la spesa e di dover chiamare tua figlia per chiedere quale tipo di pane comprare. Con un telefono cellulare, tutto ciò che devi fare è tirarlo fuori dalla tasca e chiamarla! È come avere una linea telefonica sempre con te, ovunque tu vada.

Grazie al telefono cellulare, possiamo comunicare stando in movimento, che si tratti di fare una prenotazione per la cena o di chiamare un taxi. Ha cambiato il modo in cui lavoriamo, permettendoci di essere sempre connessi e reperibili, anche quando siamo fuori casa.

In poche parole, il telefono cellulare è stato davvero una delle invenzioni più incredibili del XX secolo, che ha cambiato il nostro modo di vivere e di comunicare per sempre!

Internet e il WWW

Sin qui avrai immaginato forse che l'invenzione più sorprendente sia stata quella del telefono cellulare! Bene, immagina qualcosa di ancora più incredibile: Internet!

Negli anni '60 e '70 del XX secolo, alcune persone molto ingegnose hanno pensato che sarebbe stato fantastico se ci fosse stato un modo per condividere informazioni con persone in tutto il mondo in modo istantaneo. E così è nato Internet! È come una grande biblioteca digitale che contiene tutte le informazioni del mondo, pronta per essere consultata con un *clic* del *mouse*.

A dire il vero all'inizio Internet era usato solo da pochi esperti, ma poi, nel 1990, qualcuno ha avuto un'altra idea geniale: il *World Wide Web* (WWW), letteralmente "ragnatela intorno al mondo". Questo ha reso Internet accessibile a tutti, non solo a pochi addetti ai lavori. Ogni persona con un computer e una connessione Internet poteva accedere a una vasta quantità di informazioni, comunicare con persone in tutto il mondo e persino fare acquisti online!

Immagina di poter cercare ricette di cucina, leggere notizie dall'altra parte del mondo o persino videochiamare un amico lontano con pochi *clic* del *mouse*. Tutto questo è diventato possibile grazie al *World Wide Web*, che ha reso Internet parte integrante della nostra vita quotidiana.

Quindi, Internet è stata davvero una delle invenzioni più straordinarie del XX secolo, che ha cambiato il modo in cui viviamo e ci connettiamo con il mondo per sempre!

Smartphone

Ti sei mai chiesta cosa sia successo al telefono cellulare dopo che abbiamo visto l'incredibile trasformazione di Internet? Bene, ti presento lo *smartphone*!

Alla fine del XX secolo, qualcuno ha avuto un'idea davvero brillante: perché non unire le funzionalità del telefono cellulare con quelle di un computer portatile? E così è nato lo *smartphone*! Il primo dispositivo commercializzato è stato l'*IBM Simon Personal Communicator*, che fu lanciato sul mercato nel 1994. Tuttavia, il termine "*smartphone*" è diventato popolare con l'introduzione dell'*iPhone* da parte di Apple nel 2007, che ha segnato un punto di svolta nell'evoluzione di questi dispositivi. Era come avere un computer super potente nel palmo della mano.

Con uno smartphone, possiamo fare molte cose incredibili. Possiamo chiamare gli amici, mandare messaggi di testo, scattare foto e persino navigare su Internet, tutto con lo stesso dispositivo! Immagina di poter fare tutto questo ovunque ti trovi, senza dover portare con te un telefono e un computer separati. Davvero una cosa senza precedenti, non ti pare?

Gli *smartphone* hanno davvero cambiato il modo in cui viviamo le nostre vite quotidiane. Ora possiamo essere sempre connessi, sempre informati e sempre pronti ad affrontare qualsiasi sfida ci si presenti davanti. Tutto questo grazie a un piccolo dispositivo che sta comodamente nella tasca dei pantaloni!

Quindi, gli *smartphone* sono davvero una delle invenzioni più sorprendenti dei nostri tempi, che ci hanno permesso di portare il potere della tecnologia sempre con noi ovunque andiamo!

Riflessioni

Tutte le grandi invenzioni di cui abbiamo parlato in questo nostro "viaggio nel tempo" e che hanno rivoluzionato il mondo, hanno indubbiamente portato una serie di benefici sia tangibili che astratti per l'umanità, ma hanno anche causato cambiamenti significativi culturali e sociali, spesso accompagnati da conseguenze negative per determinate categorie di persone.

Prendiamo a esempio l'invenzione della macchina a vapore, che ha dato il via alla "Rivoluzione Industriale". Questa innovazione ha portato a una maggiore produzione e alla creazione di nuovi mercati, stimolando la crescita economica e l'urbanizzazione. Tuttavia, ha anche causato la perdita del lavoro per molti artigiani e contadini, i cui mestieri tradizionali sono diventati obsoleti con l'introduzione di macchinari più efficienti. Se da un lato sono stati creati nuovi impieghi nell'industria, dall'altro molte persone hanno dovuto affrontare il disagio della disoccupazione e la perdita della loro identità professionale.

Allo stesso modo, l'invenzione dell'automobile ha trasformato radicalmente il modo in cui ci muoviamo e interagiamo con lo spazio circostante. Le auto hanno reso i viaggi più rapidi e comodi, aprendo nuove opportunità di lavoro e di svago. Tuttavia, hanno anche contribuito all'inquinamento atmosferico e alla congestione del traffico nelle aree urbane, oltre a ridurre la qualità della vita in alcune comunità a causa del rumore e dell'intrusione del traffico.

Quando parliamo dell'era digitale, l'introduzione dei computer e di Internet ha portato a una rivoluzione nell'accesso alle informazioni e alle comunicazioni. Le persone possono ora connettersi e condividere conoscenze con facilità estrema, come mai prima d'ora era accaduto nella storia umana, aprendo nuove opportunità di apprendimento e collaborazione.

Tuttavia, l'automatizzazione, cioè l'uso di macchine o sistemi automatici per svolgere compiti che prima facevano le persone, e l'*outsourcing*, cioè quando un'azienda affida alcune sue attività a un'altra azienda esterna, hanno comportato la perdita di lavoro in alcuni settori, come la produzione e la stampa. Questo vuol dire che molte persone hanno perso il lavoro perché le macchine o altre aziende esterne hanno iniziato a svolgere quelle stesse mansioni. Inoltre, la dipendenza e l'accesso costante alla tecnologia hanno sollevato preoccupazioni riguardo alla *privacy*, cioè il diritto delle persone a mantenere riservate le proprie informazioni personali, e all'isolamento sociale, cioè la perdita di contatti reali dovuti al passare troppo tempo con la tecnologia anziché con altre persone.

Nel bilancio complessivo, è chiaro che le grandi invenzioni hanno portato notevoli progressi e benefici per l'umanità nel suo complesso. Tuttavia, è importante riconoscere che ci sono state vittime in queste trasformazioni, e che affrontare le sfide sociali ed economiche che ne derivano richiede un impegno continuo da parte della società nel garantire equità e opportunità per tutti.

Esamineremo in dettaglio nel "Capitolo 3" l'influenza che le numerose evoluzioni tecnologiche della storia hanno avuto sul mondo del lavoro. Questo ci aiuterà a comprendere meglio il nostro passato e a riflettere sul futuro dell'occupazione in un mondo sempre più spinto verso l'evoluzione tecnologica e l'automazione.

Dopo queste riflessioni, continuiamo il nostro viaggio verso l'ultima fase del nostro percorso nel tempo, esplorando l'evoluzione tecnologica che ci ha portato a creare le "macchine intelligenti".

CAPITOLO 2 - DALLA NASCITA ALLA SUA EVOLUZIONE: L'INTELLIGENZA ARTIFICIALE, OGGI

L'evoluzione dell'Intelligenza Artificiale dal XIX secolo a oggi, esplorando le innovazioni chiave che ne hanno segnato il percorso

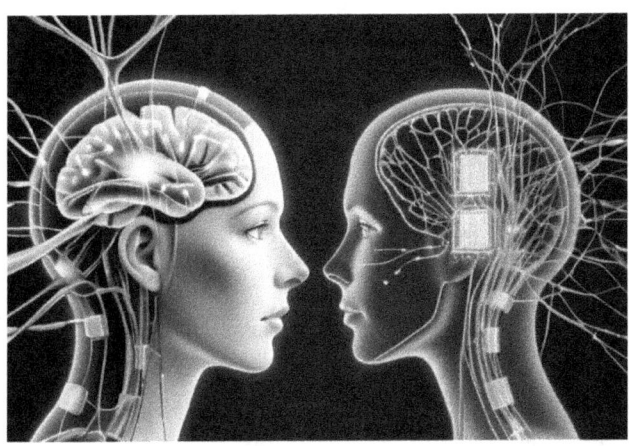

L'Intelligenza Artificiale è una di quelle cose straordinarie molto moderne e molto complicate di cui in questi ultimi tempi senti parlare sempre di più e che sta cambiando il mondo. Immagina di avere una "macchina" che può generare "cose nuove" proprio come fanno gli esseri umani!

Ti sto per raccontare del viaggio suggestivo che ha condotto l'uomo verso il mondo dell'Intelligenza Artificiale. Tutto ha avuto inizio nel lontano 1943, quando due brillanti menti, *McCulloch* e *Pitts*, ebbero un'idea straordinaria: creare un modello di neurone artificiale, ispirato al funzionamento del nostro cervello. Era come se avessero costruito un piccolo cervello costituito da una sola cellula artificiale!

Dopo di loro, nel 1950, un brillante matematico britannico di nome *Alan Turing* ha dato un contributo fondamentale alla nascita dell'Intelligenza Artificiale. Turing, già noto per il suo ruolo chiave nel decifrare i messaggi in codice dei tedeschi durante la Seconda Guerra Mondiale, ha pubblicato un articolo intitolato "*Computing Machinery and Intelligence*", in cui ha introdotto il famoso "Test di Turing".

Questo test, concepito come una sorta di sfida intellettuale, proponeva l'idea che una macchina potesse essere considerata "intelligente" se fosse stata in grado di ingannare un essere umano facendogli credere di essere anch'essa umana. È stata un'idea rivoluzionaria che ha aperto la strada a molte altre scoperte nel campo dell'Intelligenza Artificiale.

Turing non era solo un genio della sua epoca, ma anche un visionario. Già nel 1936, descrisse un modello teorico di macchina calcolatrice che comprendeva componenti fondamentali come input, output, unità di elaborazione centrale (CPU - *Central Processing Unit*) e memoria per memorizzare dati. Questa descrizione anticipava incredibilmente i principi fondamentali dei computer moderni che usiamo oggi.

Sempre negli anni '50, fu indetta una conferenza presso l'università *Dartmouth College* (USA) che segnò la "nascita" ufficiale dell'Intelligenza Artificiale come disciplina. In pratica dettero un nome a quell'idea di emulazione del pensiero umano, da parte di una macchina!

Da lì in poi, è successo di tutto! Nel 1959, due persone geniali, *Allen Newell* e *Herbert Simon*, svilupparono il programma *"Logic Theorist"*, il primo programma informatico di Intelligenza Artificiale che dimostrava capacità di ragionamento e che poteva risolvere problemi da solo, come se fosse un piccolo cervellino elettronico. Era il primo sistema artificiale in grado di dimostrare una capacità di ragionamento e di risoluzione di problemi,

Nel 1966, un professore di nome *Joseph Weizenbaum*, che insegnava al **MIT**, ha creato qualcosa di molto speciale. Si chiamava **ELIZA**, un programma informatico che poteva fare qualcosa di davvero sorprendente: simulare conversazioni umane! In pratica era possibile chiacchierare con una macchina!

ELIZA era come un'amica virtuale che ti ascoltava e cercava di capirti, anche se non era una persona vera. Potevi parlare con lei di qualsiasi cosa e lei ti rispondeva, anche se a volte le sue risposte potevano sembrare un po' strane. Era un po' come parlare con una psicologa che cercava di capire i tuoi problemi.

Questo programma ha suscitato un grande interesse e ha aperto la strada a molti altri esperimenti nell'ambito dell'intelligenza artificiale, dimostrando che le macchine potevano imparare a comunicare in modo simile agli esseri umani. È stato davvero un momento emozionante nella storia della tecnologia!

Negli anni '70 un ricercatore di nome *John Holland* ha pensato a una cosa molto interessante chiamata "teoria degli algoritmi genetici". Questa teoria è un modo speciale per risolvere i problemi, come trovare la strada più breve per andare da un posto all'altro o trovare la migliore soluzione a un problema matematico. Ma sai da dove viene l'idea dietro agli algoritmi genetici? Viene dall'osservazione della natura! Proprio come gli animali si adattano all'ambiente circostante per sopravvivere in maniera efficiente, gli algoritmi genetici "adattano" le loro soluzioni al problema cercando le soluzioni migliori e migliorandole di volta in volta. È un po' come se provassero tante strade diverse per trovare quella migliore, proprio come facciamo noi quando cerchiamo il miglior percorso per arrivare da qualche parte. È proprio un comportamento intelligente, vero?

Poi negli anni '80 c'è stata una cosa molto interessante chiamata "rete neurale artificiale". Queste reti sono come piccoli cervelli artificiali che cercano di imparare come noi. Quando noi impariamo qualcosa, facciamo collegamenti nel nostro cervello. Le reti neurali artificiali fanno la stessa cosa! Immagina che ogni volta che imparano qualcosa di nuovo, fanno un piccolo collegamento. Più cose imparano, più collegamenti fanno e più diventano brave! È un po' come quando impari a fare la tua torta preferita. Alla prima volta potresti sbagliare un po', ma poi, ogni volta che provi, diventi sempre più brava finché non fai la torta perfetta! E così, con le reti neurali artificiali, le macchine possono imparare a fare tante cose diverse, come riconoscere le immagini o capire quello che diciamo.

Sebbene le prime reti neurali apparvero come una riflessione del funzionamento del cervello umano, negli anni '60 emersero anche le cosiddette "reti semantiche", che tendevano a rappresentare la conoscenza in modo più strutturato e simbolico. Lo sviluppo di entrambe le tipologie di reti è stato graduale e interconnesso nel tempo, infatti, nel corso degli anni, le reti neurali e le reti semantiche si sono influenzate reciprocamente, integrando elementi l'una dall'altra e dando vita a modelli ibridi. Attualmente, la ricerca nell'ambito dell'intelligenza artificiale avanza rapidamente, e sia le reti neurali che le reti semantiche giocano ruoli cruciali in varie applicazioni.

Negli anni '90 è successa una cosa incredibile: una macchina ha vinto contro il campione del mondo giocando a scacchi! Immagina come se una macchina avesse vinto una gara contro un supereroe! Era davvero straordinario perché, fino a quel momento, solo altri esseri umani erano riusciti a battere i campioni di scacchi. Ma questa macchina, chiamata *Deep Blue*, ha imparato così tanto da diventare davvero brava a giocare a scacchi, e alla fine ha vinto!

E poi, negli anni 2000 abbiamo visto un grande salto nel modo in cui le macchine imparano! È stato introdotto qualcosa di veramente speciale chiamato "apprendimento automatico". Questo significa che le macchine stavano imparando a fare cose da sole, senza che nessuno le programmasse puntualmente!

Ecco, sono stati inventati degli algoritmi davvero intelligenti, come il "*Support Vector Machine*" (che tradotto in italiano suonerebbe come "Macchine a vettori di supporto") e i "sistemi di alberi decisionali". Sono un po' come delle ricette speciali per insegnare alle macchine a fare le cose giuste. Con questi algoritmi, le macchine possono imparare a riconoscere cose come le immagini o a prendere decisioni importanti proprio come facciamo noi!

Ogni giorno le macchine diventavano sempre più "intelligenti"!!

Ma la vera magia è successa proprio nei nostri tempi! Tra il 2010 e il 2020 è successo qualcosa di incredibile: è stata ideata una tecnica chiamata "*deep learning*" (ne parleremo più avanti) che ha permesso alle macchine di imparare in un modo davvero straordinario, a fare cose come scrivere storie e fare disegni, le macchine hanno acquisito la capacità di essere creative!

Nel 2010, il *deep learning* è diventato molto importante, con nuovi algoritmi con nuove architetture di reti neurali artificiali (le "reti neurali convoluzionali" e le "reti neurali ricorrenti") che hanno rivoluzionato il modo in cui le macchine riconoscono le immagini e capiscono il linguaggio umano. È come se le macchine stessero imparando a "vedere" e "capire" il mondo che le circondava!

E poi, dai primi anni del 2020, c'è stato qualcosa di veramente straordinario: GPT-3 di OpenAI, il più grande *"language model"* ("modello di lingua") mai sviluppato fino ad oggi! Questo modello ha dimostrato una capacità avanzata nel generare testi che sembrano essere scritti da persone, portando l'Intelligenza Artificiale a nuovi livelli di complessità!

Da ora in poi, l'Intelligenza Artificiale, che prima era conosciuta principalmente da esperti e utilizzata solo da grandi aziende, è diventata accessibile a tutti. Con l'avvento di **GPT-3.5 di OpenAI** alla fine del 2022, l'**Intelligenza Artificiale**

Generativa (IAG) è diventata un argomento popolare e uno strumento comune, condiviso con il pubblico.

L'IA Generativa è una parte dell'Intelligenza Artificiale che si dedica a creare nuovi contenuti come testi, immagini, audio e video, partendo da dati di addestramento. A differenza dei modelli di IA tradizionali che cercano di classificare o prevedere risultati specifici, i modelli generativi producono qualcosa di completamente nuovo. In pratica, possono inventare nuovi pezzi musicali, scrivere storie originali o persino disegnare immagini che non esistevano prima. È come se fossero artisti digitali, capaci di creare opere uniche partendo da un insieme di dati di base.

Le persone comuni hanno iniziato a sperimentare e utilizzare l'Intelligenza Artificiale Generativa in modi diversi, rendendola sempre più popolare come strumento di supporto per il lavoro umano. Questo ha segnato l'inizio di una vera rivoluzione: in meno di due anni, abbiamo assistito a una crescita esplosiva di prodotti e applicazioni personalizzate per una vasta gamma di compiti, accessibili direttamente agli utenti finali. Scrivere testi, creare presentazioni di lavoro, correggere e tradurre bozze, generare immagini originali, produrre musica e molto altro sono diventate attività creative supportate dall'Intelligenza Artificiale per le attività quotidiane dell'uomo. Questa ondata di innovazione continua a diffondersi rapidamente in tutti gli aspetti della nostra vita, promettendo di trasformare il modo in cui lavoriamo e interagiamo con la tecnologia.

Ma non abbiamo solo GPT di OpenAI: l'Intelligenza Artificiale ha compiuto notevoli progressi negli ultimissimi anni, portando a molte innovazioni che hanno influenzato il nostro rapporto con la tecnologia. Nel 2021, a esempio, i ricercatori di Facebook hanno sviluppato **Facebook SEER** che ha introdotto un avanzato sistema di visione artificiale, mentre **GitHub Copilot** ha semplificato la scrittura del codice per i programmatori. Nel 2022, **DALL-E 2** ha rivoluzionato la generazione di immagini da testo, mentre Google AI ha presentato **LaMDA**, un modello di conversazione umano-artificiale. Nel 2023, **BARD** di Google AI (oggi divenuto **Gemini**) ha portato l'IA a un nuovo livello nella generazione di testi e nella traduzione linguistica. Nel 2024, **RealGPT** ha introdotto la generazione di video realistici da descrizioni testuali, mentre **OpenAI Codex** ha rivoluzionato la scrittura automatica di codice informatico. Questi sono solo alcuni esempi di come l'Intelligenza Artificiale sia diventata un elemento fondamentale della nostra vita quotidiana, con applicazioni promettenti in svariati settori.

Tutto questo ha implicazioni etiche enormi. Infatti sempre più persone si stanno rendendo conto di quanto questo fenomeno stia per diventare permeante ed invasivo in tutti i campi e molti si chiedono quali sono le implicazioni di tutto questo per noi, per la nostra società! Beh, ci sono molte possibilità. L'Intelligenza Artificiale Generativa potrebbe aiutare a fare molte cose più velocemente ed efficientemente, come analizzare grandi quantità di dati per trovare soluzioni ai problemi sino a oggi irrisolti, o addirittura aiutarci a creare cose nuove e innovative.

Ma, come spesso accade, ci sono anche alcune cose a cui è necessario prestare la massima attenzione. L'Intelligenza Artificiale Generativa potrebbe avere un impatto sulle nostre vite in modi che non possiamo ancora immaginare. Dobbiamo essere sicuri di usarla in modo responsabile e attento, per assicurarci che porti solo benefici alla nostra società.

Prevederne e mitigane i rischi, richiede grandi capacità e rapidi tempi di reazione, che effettivamente le nostre società sembrano tardare a mettere in campo. Forse sarà l'Intelligenza Artificiale stessa a guidarci nell'affrontare la sua continua evoluzione con saggezza. Più avanti nel libro, esploreremo come l'IA potrebbe aiutare l'umanità a gestire con prudenza sia i rischi che le opportunità derivanti dal suo stesso sviluppo.

In ogni caso, l'Intelligenza Artificiale Generativa è davvero una di quelle meraviglie della tecnologia moderna che sta aprendo nuove porte e creando nuove possibilità per il nostro futuro. È una cosa sorprendente da vedere e ne sentiremo parlare sempre di più nei prossimi mesi e anni!

In poco più di qualche decennio, siamo passati dalle prime concezioni delle prime soluzioni d'Intelligenza Artificiale alla sua applicazione su vasta scala. Questo rapido sviluppo è un segno evidente dell'accelerazione esponenziale del progresso tecnologico, un *trend* che si è manifestato lungo tutta la nostra storia.

Diciamolo chiaramente: l'Intelligenza Artificiale rappresenta un'innovazione tecnologica senza precedenti che sta rivoluzionando la storia dell'umanità in modi diversi rispetto a tutte le innovazioni del passato che abbiamo visto nel capitolo precedente. Una delle principali differenze risiede nella sua democratizzazione e diffusione immediata verso tutti i ceti sociali. Mentre molte innovazioni del passato rimasero appannaggio di pochi privilegiati, come scienziati, industriali o ricchi, per decenni o addirittura secoli, l'IA ha avuto un'esplosione nella sua propagazione, diventando accessibile a chiunque possieda un *computer* o uno *smartphone*.

Questo rapido accesso all'IA porta con sé vantaggi e sfide uniche. Da un lato, consente a un numero sempre maggiore di persone di beneficiare delle sue applicazioni, migliorando la qualità della vita e creando opportunità in settori come la salute, l'istruzione e il lavoro. Dall'altro lato, la velocità con cui si diffonde può minare gli equilibri sociali, poiché le società umane potrebbero non avere il tempo sufficiente per adattarsi ai cambiamenti inevitabili che l'IA porta con sé.

In passato, l'adozione di nuove tecnologie avveniva gradualmente nel corso di generazioni, consentendo alle comunità di adattarsi lentamente ai cambiamenti. Tuttavia, con l'avvento dell'IA, i tempi si sono accorciati drasticamente. Questo sta creando tensioni e preoccupazioni riguardo alla perdita di posti di lavoro, alla *privacy* dei dati, all'equità sociale e persino alla sicurezza.

Pertanto, mentre l'IA offre un enorme potenziale per il progresso umano, è essenziale gestirne attentamente l'implementazione e garantire che sia utilizzata in modo responsabile ed equo. Questo richiede un dialogo aperto e collaborativo tra governi, aziende, ricercatori e la società civile per sviluppare politiche e regolamentazioni appropriate che proteggano gli interessi e i diritti di tutti mentre si sfrutta appieno il potenziale dell'IA per il bene comune.

Ma cos'è esattamente l'Intelligenza Artificiale? E come è possibile che sia diventata così centrale nella nostra vita quotidiana? Queste sono domande che esploreremo più nel dettaglio nel corso di questo viaggio, mentre cerchiamo di comprendere come siamo arrivati al punto in cui ci troviamo oggi.

CAPITOLO 3 - I MESTIERI SCOMPARSI

Quelle professioni che prima c'erano e che ora non ci sono più... o quasi!

Prima di esplorare più a fondo l'incredibile mondo dell'Intelligenza Artificiale, è fondamentale affrontare immediatamente un tema cruciale: la diffusa preoccupazione che questa nuova tecnologia possa rendere gli esseri umani sostituibili, mettendo a rischio la sopravvivenza di numerose "professioni" che attualmente forniscono lavoro a milioni di persone.

È facile comprendere come nel corso del tempo, l'avanzamento della tecnologia e le scoperte umane abbiano reso obsoleti molti "mestieri", portandoli spesso alla scomparsa totale. Come abbiamo potuto immaginare durante la lettura del "Capitolo 1", questo fenomeno è stato una costante nell'evoluzione umana, con un continuo cambiamento nei tipi di lavoro richiesti. Ho provato a riepilogarne alcuni tra i più evidenti e, sebbene la lista che ho compilato di sicuro non è esaustiva, spero che aiuti a comprendere come da sempre l'evoluzione tecnologica abbia profondamente influenzato la natura del lavoro nel corso della storia umana.

Gli antichi mestieri elencati in questa lista sono di fatto stati resi obsoleti dall'introduzione di nuovi e più efficienti metodi di lavoro. Se da un lato l'automazione ha fatto sì che molti compiti manuali fossero meccanizzati, più in generale il processo di industrializzazione ha introdotto la produzione di massa che ha portato alla scomparsa di molte professioni artigianali.

Antichi mestieri sono stati regolarmente soppiantati da nuove professioni, che in alcuni casi hanno ereditato le responsabilità o le funzioni dei mestieri precedenti, mantenendo un certo grado di continuità nel lavoro o nelle competenze richieste. Purtroppo, molto più spesso, la scomparsa di alcune professioni ha comportato la perdita di tante conoscenze e competenze specifiche.

Chi erano gli uomini e le donne di un tempo, coloro che quotidianamente dedicavano le proprie energie e abilità a mestieri oggi scomparsi? Ogni professione, per quanto comune o poco notata, racchiudeva al suo interno una storia, un'esperienza, e spesso un modo di vivere completamente diverso da quello che conosciamo oggi. Nel seguente elenco, esploreremo alcune di queste antiche occupazioni, immergendoci nel contesto in cui venivano esercitate e riflettendo sul loro destino nel corso del tempo.

Mentre leggiamo, ti invito a immaginarti nei panni di quegli artigiani, contadini, o sarti, immerso nelle loro giornate di lavoro, circondato dai suoni e dagli odori dell'ambiente. Come doveva essere la loro vita, il loro mestiere? Come si sentivano quando il mondo tutt'intorno cominciava a cambiare, trasformandosi lentamente sotto l'influenza di nuove tecnologie e nuovi stili di vita?

Prova a riflettere sul destino di coloro che praticavano quelle professioni, e sulle sfide che hanno dovuto affrontare nel momento in cui i loro mestieri sono diventati obsoleti. Chiediti anche se avessero la possibilità di adattarsi, di reinventarsi, o se invece hanno dovuto affrontare il cambiamento con stoica rassegnazione.

Sarà un viaggio attraverso il tempo e la storia del lavoro umano, un'occasione per comprendere meglio il nostro passato e riflettere sul futuro del lavoro in un mondo sempre più dominato dalla tecnologia e dall'automazione.

Professioni dell'artigianato

1. **Fabbri tradizionali**: i fabbri forgiavano il ferro e altri metalli per creare utensili, armi e oggetti d'uso comune. Con l'avvento dei materiali moderni e dei processi di produzione industriale, il lavoro del fabbro è diventato

meno richiesto. Il ruolo del fabbro si è evoluto e sono comparsi nuove specializzazioni e professioni come saldatori, ingegneri meccanici e designer di prodotti.

2. **Maniscalchi**: i maniscalchi erano artigiani specializzati che si occupavano di ferrare i cavalli, ovvero di applicare i ferri ai loro zoccoli, talvolta lavorando con il ferro caldo per modellarlo e forgiarlo. Con il declino dell'uso dei cavalli nei trasporti e nelle attività agricole, la richiesta di maniscalchi è diminuita drasticamente. Oggi, ci sono solo pochissimi maniscalchi che si occupano della ferratura di cavalli da competizione e per attività ricreative. I nuovi mestieri che plausibilmente ne hanno preso il posto includono tecnici di equitazione, tecnici di manutenzione di attrezzature agricole e specialisti di ingegneria dei materiali.

3. **Falegnami mobilieri**: questi falegnami realizzavano mobili su misura utilizzando tecniche artigianali e materiali come legno massello e intarsi. Con l'industrializzazione del settore del mobilio e l'introduzione di mobili prefabbricati, la domanda di questi artigianali si è ridotta drasticamente. I nuovi mestieri che li hanno sostituiti includono designer di mobili, tecnici di produzione di mobili e specialisti di restauro di mobili d'epoca.

4. **Bottai**: i bottai erano artigiani specializzati nella produzione di botti di legno utilizzate per contenere e invecchiare bevande come vino, birra e liquori. Con l'adozione di contenitori in acciaio inossidabile e plastica nell'industria delle bevande, la richiesta di botti di legno è diminuita. I nuovi mestieri sostitutivi includono enologi, tecnici di produzione di bevande e designer di imballaggi di bevande.

5. **Cestai**: i cestai erano artigiani specializzati nella produzione di cesti intrecciati utilizzando materiali come canna, vimini o giunchi. Con il cambiamento delle abitudini di acquisto dei consumatori e l'avvento dei materiali sintetici e dei contenitori di plastica, la domanda di cesti intrecciati è diminuita. I nuovi mestieri che è ragionevolmente li hanno sostituiti includono designer di prodotti, artigiani di prodotti in legno e artisti di intreccio con materiali moderni.

6. **Tipografi tradizionali**: i tipografi erano responsabili della composizione e della stampa di testi e materiali su carta utilizzando macchine da stampa a caratteri mobili. Con l'avvento della stampa digitale e della tecnologia informatica, il processo tipografico manuale è diventato obsoleto. I nuovi

mestieri che opportunamente ne hanno preso il posto includono grafici digitali, designer di layout e specialisti di stampa digitale.

7. **Compositori di stampa**: i compositori di stampa erano incaricati di organizzare manualmente i caratteri tipografici in specifiche forme per la stampa su carta. Con l'automazione della composizione tipografica e l'avvento della grafica digitale, il lavoro dei compositori di stampa è stato sostituito da nuovi processi automatizzati. I nuovi mestieri includono tecnici di prestampa, operatori di macchine da stampa e specialisti di design grafico.
8. **Sarti per abiti su misura**: questi sarti creavano abiti su misura per i clienti, prendendo misure e cucendo tessuti per creare capi unici. Con l'avvento della produzione di massa e dei negozi di abbigliamento pronti all'uso, la richiesta di abiti su misura è diminuita moltissimo. I nuovi mestieri che ragionevolmente ne hanno preso il posto includono stilisti di moda, designer di abbigliamento e sarti specializzati in modifiche e riparazioni.
9. **Fabbricanti di torce**: questi artigiani producevano torce manualmente, utilizzate per l'illuminazione nelle case e per spostarsi al buio. Con l'avvento dell'elettricità e l'invenzione delle lampade elettriche, la produzione di torce è diventata obsoleta. I nuovi mestieri che potrebbero averne preso il posto includono tecnici di illuminazione, progettisti di sistemi di illuminazione elettrica e specialisti di illuminazione architettonica.
10. **Gestori di Botteghe Artigiane**: le botteghe artigiane erano piccoli negozi gestiti da artigiani specializzati nella produzione di beni artigianali come mobili, oggetti in ceramica o tessuti. Con il cambiamento delle preferenze dei consumatori e il crescente dominio delle grandi catene di distribuzione, molte botteghe artigiane hanno chiuso i battenti. I nuovi mestieri potrebbero essere designer di prodotti artigianali, gestori di *e-commerce* e creatori di contenuti digitali per l'artigianato.
11. **Garzoni di bottega**: i garzoni di bottega erano giovani apprendisti che lavoravano nelle botteghe artigiane per imparare il mestiere. Con il cambiamento delle pratiche di apprendistato e l'evoluzione delle tecnologie di produzione, il ruolo dei garzoni di bottega è diminuito. I nuovi mestieri che ragionevolmente ne hanno preso il posto, includono apprendisti nel mondo delle attività digitali, assistenti di produzione e tecnici di apprendistato.

12. **Battilori**: i battilori erano artigiani specializzati nella lavorazione dei metalli, in particolare nella battitura di lamiere e oggetti metallici. Con l'avvento di macchine e processi industriali più efficienti per la lavorazione dei metalli, la figura dei battilori è scomparsa. I nuovi mestieri nel settore della lavorazione dei metalli, come operai addetti alle presse idrauliche o tecnici di fabbricazione metallica, hanno preso il loro posto.
13. **Lanaioli**: i lanaioli erano artigiani specializzati nella lavorazione della lana, nella tessitura e nella produzione di tessuti di lana. Con l'avvento di tecnologie industriali per la produzione di tessuti e fibre sintetiche, la richiesta di lanaioli è diminuita, rendendo il loro lavoro obsoleto. I nuovi mestieri nel settore della produzione tessile, come tecnici di produzione di tessuti sintetici o designer tessili, hanno ragionevolmente preso il loro posto.

Vale la pena menzionare anche mestieri artigianali come **Calzolai**, **Ceramisti**, **Vetrai** e **Orologiai**, i quali, sebbene non siano del tutto scomparsi, hanno subito un forte ridimensionamento a causa dell'evoluzione delle tecniche di produzione di massa e del cambiamento delle preferenze dei consumatori verso prodotti più accessibili e standardizzati e spesso "usa e getta".

Professioni agricole

14. **Contadini tradizionali**: i contadini lavoravano manualmente la terra per coltivare raccolti e allevare bestiame. Con l'automazione agricola e l'industrializzazione, molti contadini hanno abbandonato l'attività agricola. Oltre alle evoluzioni delle tecniche per la lavorazione meccanizzata della terra, sono emersi nuovi mestieri nell'agricoltura quali agronomi, tecnici agricoli e specialisti in agricoltura sostenibile.
15. **Allevatori di animali da lavoro**: gli allevatori di animali da lavoro si occupavano della cura e dell'addestramento di animali come cavalli, buoi e asini utilizzati per attività agricole e di trasporto. Con l'avvento della meccanizzazione agricola e dei mezzi di trasporto motorizzati, la necessità di animali da lavoro è quasi totalmente scomparsa. I nuovi mestieri potrebbero essere tecnici agricoli, operatori di macchine agricole.
16. **Braccianti**: i braccianti erano lavoratori impiegati nelle attività agricole, come la semina, la raccolta e la cura dei campi. Con l'avvento della meccanizzazione agricola e delle moderne tecniche colturali, il lavoro

manuale dei braccianti è diventato meno richiesto. Nuovi mestieri nel settore agricolo ne hanno preso il posto, potrebbero essere operatori di macchine agricole, tecnici agricoli e agronomi.

17. **Pastori**: i pastori erano addetti alla cura e alla gestione del bestiame, come pecore, capre e mucche. Con l'avvento delle moderne tecniche di allevamento e della pastorizia intensiva, il lavoro dei pastori tradizionali è diventato meno comune. Nuovi mestieri nel settore dell'allevamento sono divenuti emergenti, come tecnici veterinari, operatori di stalle e gestori di aziende zootecniche.
18. **Mugnai**: i mugnai erano lavoratori impiegati nella macinazione del grano per produrre farina. Con l'avvento dei mulini industriali e delle moderne tecnologie di macinazione, il lavoro manuale dei mugnai è diventato obsoleto. Nuovi mestieri nel settore della produzione alimentare hanno sostituito questa professione, come a esempio tecnici di produzione alimentare, operatori di macchine per la lavorazione del grano e ingegneri alimentari.
19. **Fornai**: i fornai sono artigiani specializzati nella produzione di pane e prodotti da forno. Con l'avvento delle panetterie industriali e delle moderne tecnologie di produzione alimentare, il lavoro manuale dei fornai tradizionali è diventato meno comune. Nuovi mestieri nel settore della panificazione sono divenuti emergenti, come tecnici di produzione alimentare, operatori di forni industriali e panettieri specializzati nella produzione di prodotti da forno di alta qualità.

Professioni dell'Industria e del Commercio

20. **Carbonai**: I carbonai producevano carbone vegetale bruciando legna in carenza di ossigeno. Con l'uso diffuso del carbone minerale e il passaggio a fonti di energia alternative, il lavoro dei carbonai è diventato obsoleto. I nuovi mestieri nel campo dell'energia prevedono ingegneri energetici, tecnici delle energie rinnovabili e esperti nella gestione dei rifiuti.
21. **Minatori**: I minatori estraevano carbone dalle miniere destinato a usi industriali e per il riscaldamento. Con la diminuzione dell'uso del carbone e il declino dell'industria mineraria, molte di queste occupazioni sono scomparse. I nuovi mestieri nell'industria estrattiva includono tecnici

specializzati in esplosivi, ingegneri di sicurezza e specialisti in bonifica ambientale.
22. **Lavoratori dell'industria tessile**: Erano lavoratori impiegati nelle fabbriche per tessere e filare, nonché per svolgere altre attività connesse alla produzione tessile. Con la globalizzazione della produzione tessile e l'automazione dei processi di produzione, molte fabbriche tessili sono state chiuse o riconvertite. I nuovi mestieri includono tecnici di produzione tessile, designer di tessuti e specialisti di gestione della catena di approvvigionamento tessile.
23. **Gabellieri**: Erano gli antichi impiegati delle dogane che si occupavano di controllare e registrare le merci che entravano o uscivano dal paese, riscuotendo le relative tasse ("gabella"). Con l'armonizzazione dei regolamenti commerciali internazionali e l'automatizzazione dei processi doganali, il lavoro dei doganieri è stato ridotto. I nuovi mestieri includono consulenti commerciali internazionali, specialisti di conformità regolamentare e analisti di commercio estero.
24. **Spazzacamini**: Gli spazzacamini erano incaricati di pulire i camini e le canne fumarie dalle fuliggini accumulate. Con l'abbandono del riscaldamento domestico a carbone e legna e il passaggio a sistemi di riscaldamento più moderni, il ruolo degli spazzacamini è venuto meno nel corso del tempo. I nuovi mestieri includono tecnici di manutenzione degli impianti di riscaldamento, ispettori di sicurezza e specialisti di bonifica ambientale.
25. **Produttori di lampade ad olio**: Questi artigiani creavano lampade ad olio utilizzando materiali come vetro, metallo e oli combustibili. Con l'avvento dell'elettricità e l'industrializzazione della produzione di illuminazione, le lampade ad olio sono diventate obsolete. I nuovi mestieri prevedono tecnici elettricisti, designer di illuminazione e installatori di sistemi di illuminazione.
26. **Portatori d'acqua**: I portatori d'acqua erano incaricati di trasportare acqua potabile da fonti naturali come pozzi o sorgenti destinata alle comunità circostanti. Con lo sviluppo dell'infrastruttura idrica moderna e dei sistemi di distribuzione dell'acqua, il lavoro dei portatori d'acqua è diventato obsoleto. I nuovi mestieri includono tecnici idraulici, operai di trattamento delle acque e ingegneri idraulici.
27. **Macellai artigianali**: I macellai artigianali erano esperti nella preparazione e nella lavorazione della carne, che macellavano gli animali e ne

preparavano i tagli. A causa della crescente industrializzazione e della diffusione dei supermercati, la richiesta di macellai artigianali è diminuita. I nuovi mestieri includono tecnici di macellazione industriale, specialisti di qualità alimentare e consulenti nutrizionali.

28. **Vetrinisti**: I vetrinisti erano responsabili della creazione e dell'allestimento di vetrine espositive per negozi e attività commerciali. Con l'avvento del commercio online e delle nuove strategie di marketing, l'importanza delle vetrine fisiche è diminuita, rendendo il lavoro dei vetrinisti meno richiesto. I nuovi mestieri come esperti di marketing digitale o designer grafici hanno preso il loro posto, focalizzandosi sulle strategie di vendita online e sull'aspetto visivo dei siti web.
29. **Venditori porta a porta**: I venditori porta a porta visitavano le case dei clienti per vendere una varietà di prodotti e servizi direttamente ai consumatori. Con lo sviluppo dei negozi al dettaglio, degli acquisti online e delle strategie di marketing digitale, il modello di vendita porta a porta è diventato meno comune. I nuovi mestieri includono specialisti di marketing digitale, venditori online e consulenti di vendita al dettaglio.
30. **Venditori di ghiaccio**: I venditori di ghiaccio raccoglievano e trasportavano il ghiaccio dai bacini di raccolta o dalle fabbriche di ghiaccio per la vendita ai consumatori per il raffreddamento di cibo e bevande. Con l'invenzione dei frigoriferi elettrici, la richiesta di ghiaccio naturale è diminuita. I nuovi mestieri includono tecnici di refrigerazione, operatori di impianti di raffreddamento e venditori di apparecchiature elettriche per la conservazione degli alimenti.
31. **Nevaioli**: Questo mestiere era praticato in luoghi dove neve e ghiaccio abbondavano. La neve veniva raccolta e utilizzata per scopi commerciali come il raffreddamento o la produzione di ghiaccio. Con l'avvento dei moderni sistemi di refrigerazione e la disponibilità di tecnologie per la produzione di ghiaccio, la raccolta di neve per scopi commerciali è diventata obsoleta. I nuovi mestieri nel settore della refrigerazione e della produzione di ghiaccio hanno preso il loro posto.
32. **Lampionai**: i lampionai erano "accenditori di lampioni" e avevano il compito di accendere e spegnere i lampioni per le strade per illuminarle nelle ore notturne. Con l'avvento dell'illuminazione elettrica e dei moderni sistemi di illuminazione pubblica, la necessità di accendere e spegnere i lampioni è scomparsa, rendendo il lavoro dei lampionai obsoleto. Le nuove

professioni nel settore dell'illuminazione e dell'elettricità, come tecnici di manutenzione delle luci stradali o ingegneri elettrici, hanno preso il loro posto.

33. **Spaccalegna**: I lavoratori specializzati in questo mestiere erano responsabili di tagliare e suddividere il legno in pezzi più piccoli per scopi di combustione o costruzione. Con l'avvento di macchinari più efficienti e sicuri per la lavorazione del legno, come le seghe elettriche e le falegnamerie industriali, il lavoro manuale dello spaccalegna è diventato obsoleto. Nuovi mestieri nel settore della silvicoltura e della lavorazione del legno ne hanno preso il posto, come tecnici forestali e operai specializzati nella produzione di mobili su larga scala.

34. **Setacciai**: Questi lavoratori erano incaricati di separare materiali di diversa grandezza utilizzando setacci manuali. Con l'avvento di macchine automatiche e processi industriali più efficienti, il lavoro manuale dei setacciai è stato gradualmente sostituito da attrezzature meccanizzate in grado di eseguire lo stesso compito in modo più rapido ed efficiente. Nuovi mestieri nel settore della lavorazione dei materiali granulari e della selezione dei materiali ne hanno preso il posto, come operatori di macchine di vagliatura e tecnici di controllo della qualità.

Professioni legate ai trasporti

35. **Mastro carrai**: Costruivano e riparavano carri e carrozze trainate da cavalli. Con l'avvento dell'automobile e dei trasporti su strada motorizzati, la richiesta di carri trainati da cavalli è diminuita drasticamente. I nuovi mestieri nel settore dell'ingegneria automobilistica e della meccanica hanno preso il loro posto.

36. **Cocchieri**: Erano incaricati di guidare carrozze trainate da cavalli per il trasporto di persone e merci. Con l'avvento dell'automobile e dei mezzi di trasporto motorizzati, la domanda di conducenti di carrozze è diminuita. I mestieri che ne hanno preso il posto includono autisti, taxisti, corrieri e autisti di linea.

37. **Macchinista di treni a vapore**: Questi conducenti guidavano treni alimentati a vapore lungo le linee ferroviarie. Nel treno a vapore lavorava anche un **fuochista**, che era addetto ad alimentare la caldaia con carbone o legna. Il fuochista era un lavoro duro e faticoso, che richiedeva molta

forza fisica. Con l'avvento della trazione elettrica e del motore a combustione interna, i treni a vapore sono stati gradualmente sostituiti da treni più moderni. I nuovi mestieri includono macchinisti di treni elettrici, tecnici di manutenzione ferroviaria e specialisti di sicurezza ferroviaria.
38. **Facchini**: I facchini erano lavoratori impiegati nel trasporto di merci e bagagli da un luogo all'altro, spesso affidandosi al proprio corpo per il trasporto. Con l'avvento dei mezzi di trasporto moderni, come i veicoli a motore e i trasporti ferroviari, il lavoro manuale dei facchini è diventato obsoleto. Nuovi mestieri nel settore della logistica e del trasporto merci li hanno soppiantati, come autisti di camion, addetti alla logistica e operai di magazzino.
39. **Postiglioni**: I postiglioni erano addetti al trasporto delle lettere e dei pacchi utilizzando cavalli e carrozze. Con l'avvento del servizio postale moderno e dei mezzi di trasporto più veloci, come i treni e i veicoli a motore, il lavoro dei postiglioni è diventato meno richiesto. I nuovi mestieri nel settore delle consegne e della logistica ne hanno preso il posto, come corrieri e autisti di consegna.

Professioni legate alla comunicazione

40. **Telefonisti e centralinisti**: I telefonisti e centralinisti gestivano le chiamate telefoniche manualmente collegando le linee tramite un sistema di commutazione. Con l'avvento delle centrali telefoniche automatiche e della telefonia mobile, il lavoro dei telefonisti è diventato superfluo. I nuovi mestieri nell'ambito delle telecomunicazioni includono tecnici di rete, ingegneri delle telecomunicazioni e sviluppatori di software per telecomunicazioni.
41. **Dattilografi**: I dattilografi erano persone specializzate nell'uso delle macchine per scrivere per produrre documenti scritti su carta. Con l'avvento dei computer e dei software di videoscrittura, la necessità di dattilografi è gradualmente diminuita, rendendo il loro lavoro obsoleto. I nuovi mestieri nel settore dell'informatica, come redattori di testi digitali o specialisti di elaborazione testi, hanno sostituito i dattilografi.
42. **Telegrafisti**: I telegrafisti erano operatori specializzati nel trasmettere messaggi attraverso il telegrafo, utilizzando codici per comunicare a distanza. Con l'avvento delle comunicazioni moderne, come il telefono e

Internet, il ruolo dei telegrafisti è stato gradualmente sostituito da altre forme di comunicazione più veloci ed efficienti. Nuovi mestieri nel settore delle telecomunicazioni e della tecnologia dell'informazione ne hanno preso il posto, come tecnici di rete e specialisti di comunicazioni digitali.

43. **Scrivani**: Gli scrivani erano impiegati addetti alla scrittura e alla trascrizione di documenti, lettere e registri amministrativi. Con l'avvento delle macchine per scrivere e dei computer, il lavoro manuale degli scrivani è diventato obsoleto. Nuovi mestieri nel settore dell'amministrazione e della gestione dei documenti ne hanno preso il posto, come segretari, assistenti amministrativi e specialisti di elaborazione dati.
44. **Copisti**: I copisti erano specializzati nella riproduzione manuale di documenti, libri e opere d'arte. Con l'avvento della stampa meccanica e della stampa digitale, il lavoro manuale dei copisti è diventato meno richiesto. Nuovi mestieri nel settore della stampa e della grafica ne hanno preso il posto, come grafici, editori e specialisti di impaginazione.

Professioni legate all'intrattenimento

45. **Giullari**: I giullari erano artisti itineranti che intrattenevano il pubblico con spettacoli di varietà, che includevano acrobazie, recitazione, musica e commedia. Con l'avvento dei media moderni come la televisione e Internet, il modello tradizionale di intrattenimento dal vivo dei giullari è diventato meno diffuso. Tuttavia, lo spirito dell'intrattenimento dei giullari è stato mantenuto attraverso nuovi mestieri nel settore dell'intrattenimento, come attori, comici, musicisti e performer di strada.
46. **Cantastorie e suonatori ambulanti**: Questi professionisti si esibivano nelle piazze o nei locali raccontando storie o suonando musica per intrattenere le persone. Sono diventati obsoleti con l'avvento dell'intrattenimento moderno, radio, TV e altri media moderni. Attraverso molteplici evoluzioni, oggi sono emersi nuovi mestieri come you-tuber, *influencer* e artisti digitali che hanno preso il loro posto nell'intrattenimento di massa.
47. **Acrobati**: Gli acrobati sono artisti specializzati nell'esecuzione di esercizi di agilità, equilibrio e forza fisica in spettacoli dal vivo. Con l'avvento di forme più moderne di intrattenimento e la crescente consapevolezza della pericolosità delle acrobazie ad alto livello, il mestiere degli acrobati tradizionali è diventato meno comune. Tuttavia, l'arte dell'acrobazia è

stata adattata e integrata in nuove forme di spettacolo e intrattenimento, come circhi moderni, parate e performance teatrali.
48. **Fotografi con pellicole**: Questi fotografi utilizzavano macchine fotografiche tradizionali che richiedevano pellicole fotosensibili per catturare le immagini. Con l'avvento della fotografia digitale e dei telefoni cellulari con fotocamere, la domanda di fotografi su pellicole è diminuita. In nuovi mestieri includono fotografi digitali, ritrattisti digitali e editori fotografici digitali.
49. **Sviluppatori di fotografie**: Gli sviluppatori di fotografie elaboravano e stampavano le foto dai negativi delle pellicole. Con la fotografia digitale, la maggior parte delle immagini viene ora elaborata digitalmente e stampata su stampanti fotografiche. I nuovi mestieri includono tecnici di stampa digitale, grafici di produzione e specialisti di post-produzione fotografica digitale.
50. **Proiettori cinematografici:** I proiettori cinematografici erano operatori incaricati di gestire e proiettare film su schermi durante le proiezioni pubbliche. Con l'avvento delle tecnologie digitali e la diffusione dei formati video digitali, come DVD e streaming online, il ruolo dei proiettori cinematografici tradizionali è diventato obsoleto. Nuovi mestieri nel settore della produzione e distribuzione cinematografica digitale ne hanno preso il posto, come tecnici di proiezione digitale e ingegneri del suono per il cinema.

Altri Mestieri

51. **Portieri di palazzi**: I portieri di palazzi sono addetti alla sicurezza e alla gestione delle entrate negli edifici residenziali o commerciali. Con l'installazione di sistemi di sicurezza elettronica e la gestione centralizzata degli accessi, la necessità di portieri di palazzi è diminuita. I nuovi mestieri includono tecnici di sicurezza elettronica, operatori di controllo degli accessi e consulenti di sicurezza residenziale.
52. **Lavandaie**: Le lavandaie erano donne incaricate di lavare i vestiti manualmente nei fiumi o nei lavatoi pubblici. Con l'invenzione delle lavatrici elettriche e dei detergenti moderni, il lavoro manuale delle lavandaie è diventato obsoleto. I nuovi mestieri includono operatori di

lavatrici industriali, tecnici di manutenzione di apparecchiature di lavaggio e specialisti di detergenti e ammorbidenti.

Dietro ogni mestiere scomparso c'è una storia di dedizione, ingegno e passione. Uomini e donne che hanno dedicato la loro vita a perfezionare un'arte, tramandando di generazione in generazione un patrimonio di conoscenze e competenze inestimabile. Aver esplorato questi mestieri significa rendere omaggio al loro contributo e all'impatto che hanno avuto sulla società.

Dopo aver attraversato la rassegna di queste figure lavorative, esperte di tecniche ormai dimenticate, possiamo attingere a una preziosa lezione sulla natura ciclica della storia e di come l'uomo ha saputo sempre riadattarsi.

Nel corso dei secoli, l'umanità ha affrontato cambiamenti radicali nell'ambiente lavorativo, con l'inevitabile scomparsa di professioni e tradizionali a causa dell'evoluzione della tecnologia e delle dinamiche sociali. Tuttavia, abbiamo osservato che ogni trasformazione ha portato anche all'emergere di nuove opportunità lavorative e all'evoluzione delle competenze umane. Allo stesso modo, l'avvento dell'Intelligenza Artificiale non segna necessariamente la fine di tutte le professioni umane, ma piuttosto una ennesima trasformazione che richiede nuove adattabilità e innovazione.

Mentre alcuni mestieri possono scomparire, altri possono emergere, offrendo nuove vie di espressione e occupazione per le persone.

Immagina il lavoro non come una torta divisa in fette fisse, ma come un'oasi in costante espansione, con nuove opportunità che si aprono costantemente. Spesso si crede che ci sia una quantità finita di lavoro, e che se le macchine ne prendono una parte, ce ne sarà meno per gli esseri umani. Tuttavia, basta guardare ad esempi come lo sport e il turismo per capire quale sia la realtà. Infatti l'automazione, anche quella più rudimentale, ha creato nuove possibilità e posti di lavoro, rendendo le attività economiche più efficienti e liberando tempo prezioso per le persone.

Pensa a quanti nuovi impieghi sono nati grazie all'automazione nelle fabbriche e nei cantieri. Le macchine hanno ridotto gli orari di lavoro e reso più leggero il carico di molti lavoratori, consentendo di godersi il loro tempo libero in modi che una volta erano il privilegio di pochi. Attività che prima erano considerate lusso, come fare sport, andare a teatro, andare al cinema o viaggiare, ora sono diventate parte della vita quotidiana di molte persone.

Quindi, non dobbiamo pensare al lavoro come a una torta che si divide, ma piuttosto come a un giardino che cresce e si evolve costantemente. L'evoluzione tecnologica e l'automazione possono contribuire a creare nuove opportunità e a migliorare la qualità della vita per tutti, se gestite in modo responsabile e inclusivo.

In questo contesto, è fondamentale affrontare le sfide poste dall'innovazione tecnologica con una mentalità aperta e proattiva, lavorando per sviluppare competenze che possano integrare e guidare il progresso tecnologico, anziché subirlo passivamente. Così facendo, possiamo abbracciare il futuro con fiducia e ottimismo, sapendo che la storia ci insegna che l'innovazione e la creatività umana sono le forze motrici che ci permettono di adattarci e prosperare di fronte ai cambiamenti.

CAPITOLO 4 - COS'È L'INTELLIGENZA ARTIFICIALE?

Esaminiamo i principi fondamentali dell'Intelligenza Artificiale attraverso la comprensione delle sue tecnologie chiave: il Machine Learning e il Deep Learning

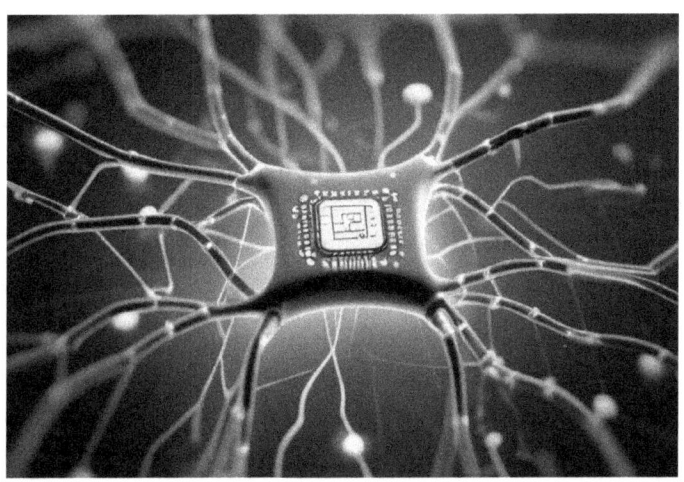

È possibile che il sottotitolo di questo capitolo possa intimidirti, ma non preoccuparti, sono qui per spiegarti tutto in modo semplice e rassicurante. Quelli che sembrano termini complicati come "*Machine Learning*" e "*Deep Learning*" in realtà diventano molto più comprensibili quando li traduciamo, letteralmente, nella nostra lingua.

Il "*Machine Learning*", che possiamo tradurre con "Apprendimento Automatico", è semplicemente un modo per insegnare ai computer a imparare dai dati e a migliorare le loro *performance* senza dover essere programmate in ogni singolo passaggio.

Il "*Deep Learning*", tradotto come "Apprendimento Profondo", è invece una forma più avanzata di apprendimento automatico che si basa su reti neurali artificiali ispirate al funzionamento del cervello umano. Queste reti neurali consentono al computer di imparare concetti complessi partendo dai dati grezzi, proprio come facciamo noi quando impariamo qualcosa di nuovo.

In sostanza, non c'è motivo di preoccuparsi: questi termini possono intimidire all'inizio, ma una volta che li abbiamo tradotti e capiti nel loro significato, come vedi non sono così spaventosi! Si tratta solo di strumenti e metodi che ci aiutano a far funzionare i computer in maniera più efficace, rendendoli più capaci di aiutarci in molti modi diversi. Ma entriamo un po' di più nei dettagli.

Apprendimento delle Macchine (*Machine Learning*)

Il *"machine learning"*, o apprendimento automatico, è un campo dell'Intelligenza Artificiale che ci permette di insegnare ai computer a fare cose senza dover essere esplicitamente programmati per farle. In pratica, significa che anziché scrivere un programma con istruzioni passo dopo passo per risolvere un problema, diamo al computer una grande quantità di dati e lo lasciamo "imparare" da quei dati per trovare modelli e fare predizioni.

Immagina di insegnare a un bambino a riconoscere i colori. Potresti mostrargli molte immagini diverse, dicendogli quale colore ha ciascuna cosa. Dopo un po', il bambino imparerebbe a distinguere i colori da solo, senza che tu gli debba dire ogni volta quale colore è. Il *"machine learning"* funziona in modo simile, solo che al posto del bambino c'è un computer.

Ci sono diversi tipi di tecniche di apprendimento automatico, ma uno dei più comuni è chiamato "**supervised learning**" o apprendimento supervisionato.

Il "*supervised learning*" è un modo per far imparare i computer a fare predizioni basate sui dati che già conosciamo. È come insegnare a un bambino ad associare le forme e i colori dei giocattoli con i loro nomi. Quando vediamo un giocattolo rosso, diciamo al bambino che è un camion. Quando vediamo un giocattolo verde, diciamo che è un dinosauro. In questo modo, il bambino impara a riconoscere i giocattoli in base al colore.

Ora, trasferiamo questo concetto ai computer. Immagina che vogliamo insegnare a un computer a riconoscere le caratteristiche di una casa, come la dimensione e il numero di stanze, e associarle al suo prezzo di vendita. Iniziamo raccogliendo un mucchio di dati su diverse case. Ogni casa ha una dimensione diversa, un numero diverso di stanze e un prezzo di vendita diverso. Questi dati costituiscono il nostro "insieme di dati di addestramento".

Ogni volta che mostriamo al computer una casa dal nostro set di dati di addestramento, gli diciamo anche quale è il prezzo di vendita corretto. Il computer inizia quindi a cercare modelli o relazioni tra le caratteristiche della casa e il suo prezzo di vendita. Per esempio, potrebbe scoprire che le case più grandi tendono ad avere prezzi più alti, o che le case in certe aree della città hanno prezzi diversi.

Una volta che il computer ha acquisito questi modelli dai dati di addestramento, può fare previsioni su nuove case di cui non conosciamo il prezzo di vendita. Gli diciamo solo le caratteristiche della casa, come la dimensione e il numero di stanze, e lui ci dice quale potrebbe essere il prezzo di vendita basandosi sui modelli che ha conosciuto.

Il bello dell'apprendimento supervisionato (*supervised learning*) è che può fare previsioni molto precise su nuovi dati, ma ci sono anche alcune difficoltà da gestire. Una di queste è che spesso non è semplice ottenere un gran numero di dati etichettati su cui addestrare il modello. Immagina di dover etichettare manualmente ogni casa nel nostro set di dati di addestramento con il suo prezzo di vendita. Sarebbe un lavoro enorme!

Inoltre, il modello potrebbe avere difficoltà a fare previsioni accurate su dati molto diversi da quelli su cui è stato addestrato. Per esempio, se il modello è stato addestrato solo su case in città, potrebbe avere problemi a fare previsioni attendibili su case in campagna.

Nonostante queste sfide, il "*supervised learning*" rimane uno strumento potente per molte applicazioni di intelligenza artificiale. Può essere usato per fare previsioni finanziarie, per aiutare i medici a diagnosticare malattie, ma anche per riconoscere gli amici nelle foto su Facebook!

Altri tipi di apprendimento automatico includono il "*unsupervised learning*" (apprendimento non supervisionato), in cui il modello deve trovare da solo la struttura nei dati senza etichette, e il "*reinforcement learning*" (apprendimento per rinforzo), in cui il modello impara attraverso il tentativo e l'errore, ricevendo *feedback* in base alle sue azioni. Ma vediamoli più in dettaglio.

Apprendimento non supervisionato (*Unsupervised Learning*)

L'apprendimento "non supervisionato" è come cercare tesori in un mare di informazioni senza avere una mappa precisa. In questa avventura, il computer si avventura nel vasto oceano dei dati, senza sapere esattamente cosa sta cercando o cosa troverà. È un po' come esplorare una foresta alla ricerca di nuove piante senza sapere esattamente quali sono e dove si trovano.

Immagina di avere una grande scatola piena di oggetti misteriosi e senza etichette. Non sai cosa c'è dentro né cosa fare con essi. Il compito del computer nell'apprendimento non supervisionato è simile: deve cercare di trovare dei modelli o delle strutture in questi dati senza sapere cosa stia cercando.

Ci sono diverse strategie che il computer può usare per cercare questi modelli. Una di queste si chiama *clustering*, che può essere tradotto in italiano come "raggruppamento" o "clusterizzazione" ed è una tecnica per organizzare un insieme di dati in gruppi omogenei, in base a determinati criteri di similarità. L'obiettivo del *clustering* è quello di suddividere un grande insieme di dati in sottoinsiemi più piccoli, in modo che gli elementi all'interno di ciascun gruppo siano più simili tra loro rispetto agli elementi in gruppi diversi.

È un po' come mettere insieme tutti gli oggetti simili nella scatola. Per esempio, se ci sono diversi giocattoli rossi e diversi giocattoli verdi, il computer potrebbe raggruppare insieme quelli dello stesso colore.

In sintesi, il *clustering* consente di identificare caratteristiche ricorrenti (*"pattern"*) e strutture nei dati, facilitando la comprensione e l'interpretazione delle informazioni contenute in essi.

Un'altra strategia è la "riduzione della dimensionalità" (*"dimensionality reduction"*), una tecnica che consiste nell'elaborare i dati in modo da ridurre il numero di variabili o delle dimensioni necessarie per rappresentarli. È un po' come cercare di semplificare la scatola eliminando gli oggetti meno importanti. Per esempio, se ci sono molti oggetti simili, il computer potrebbe decidere di tenerne solo uno per rappresentare tutto il gruppo.

E poi c'è l'analisi delle "associazioni" ("*Association Rule Learning*" o "*Association Analysis*"), che è un po' come cercare di capire quali oggetti vanno spesso insieme nella scatola. Per esempio, se trovi spesso una macchina giocattolo insieme a una pista da corsa, potresti pensare che siano collegati e metterli insieme.

Tutte queste strategie aiutano il computer a trovare ordine nel caos dei dati. Per esempio, potrebbe aiutarci a capire meglio i nostri clienti se siamo un negoziante. Se abbiamo dati sui loro acquisti, il computer potrebbe usarli per raggruppare i clienti in base alle loro preferenze di acquisto e aiutarci a personalizzare le nostre offerte.

In sostanza, l'apprendimento non supervisionato è un po' come fare esperimenti scientifici senza sapere esattamente cosa ci si aspetta di trovare. È un modo per esplorare e scoprire nuove informazioni nei dati senza avere una guida precisa. Anche se può sembrare un po' misterioso, è uno strumento potente che ci aiuta a capire meglio il mondo che ci circonda.

Apprendimento per rinforzo (*Reinforcement Learning*)

L'apprendimento per rinforzo è un po' come insegnare a un bambino a comportarsi bene, solo che il bambino è un computer e l'ambiente è il mondo virtuale in cui vive. Questo tipo di apprendimento è un po' diverso dagli altri, perché il computer impara attraverso l'esperienza diretta, esplorando e facendo errori.

Immagina di avere un piccolo robot che deve imparare a muoversi in un labirinto. All'inizio, il robot non sa cosa fare e si muove in modo casuale. Ogni volta che si muove, riceve un *feedback* in base a quanto si è avvicinato o allontanato dalla meta. Se si muove nella direzione giusta, riceve una ricompensa, altrimenti una penalizzazione. Con il tempo, il robot impara quali azioni portano a una ricompensa e quali a una punizione, e migliora le sue capacità di muoversi nel labirinto.

Un'altra dimostrazione potrebbe essere quella di addestrare un cane a sedersi. Prendiamo a esempio il mio cane, una simpaticissima boxer di nome Atena. All'inizio, potrebbe non capire cosa ci si aspetta da lei e potrebbe provare diverse azioni. Ogni volta che si siede in risposta al comando "siediti", viene premiata con una carezza o un bocconcino. Col passare del tempo, Atena assocerà l'azione di sedersi al comando e imparerà a farlo sempre più rapidamente e con maggiore precisione.

Uno degli algoritmi più comuni utilizzati nell'apprendimento per rinforzo è il **Q-learning**. Questo algoritmo si basa su un valore chiamato "Q-value", che rappresenta la qualità di un'azione in una determinata situazione. Il sistema utilizza questi valori per decidere quale azione eseguire in base alla situazione corrente e al massimo guadagno futuro atteso.

Immagina di addestrare Atena a rispondere al comando "seduto" utilizzando l'apprendimento per rinforzo. Ogni volta che Atena si siede correttamente dopo aver ricevuto il comando, riceve una ricompensa. Tuttavia, desideri che Atena impari a eseguire il comando in modo ancora più rapido e preciso.

Utilizzando l'algoritmo *Q-learning*, assegni un valore, chiamato "Q-value", a ciascuna azione che Atena può eseguire in risposta al comando. Per esempio, se Atena si siede rapidamente e in modo impeccabile, assegni un Q-*value* più alto a quell'azione perché è stata eseguita con successo. Se invece Atena impiega più tempo o non esegue correttamente il comando, il Q-*value* per quella azione sarà più basso.

Ora, quando Atena riceve il comando "seduto", utilizza i Q-*value* associati a ciascuna possibile risposta per decidere quale azione eseguire. Se Atena sa che riceverà una ricompensa migliore per eseguire il comando rapidamente e correttamente, è più probabile che si sieda velocemente e correttamente per ottenere quella ricompensa più prelibata.

Sapendo che Atena impazzisce per le palle e i palloni, potresti offrire ad Atena una "palla" anziché un bocconcino prelibato quando si siede immediatamente e perfettamente dopo aver ricevuto il comando, ma un gioco meno allettante se ci mette più tempo o se non esegue correttamente il comando. In questo modo, Atena impara che eseguire il comando rapidamente e correttamente porta a una ricompensa migliore, e sarà motivata a farlo più velocemente e in modo più accurato nel futuro.

L'apprendimento per rinforzo è utile in una varietà di situazioni, come i giochi, i veicoli a guida autonoma, i robot e la gestione delle risorse. Per esempio, i veicoli a guida autonomi utilizzano l'apprendimento per rinforzo per imparare a guidare in modo sicuro ed efficiente, facendo esperienza sulla strada e adattandosi alle condizioni di traffico in continuo cambiamento.

In sintesi, l'apprendimento per rinforzo è un modo per far imparare ai computer attraverso l'esperienza e l'interazione con l'ambiente. È simile al modo in cui gli esseri umani imparano attraverso il tentativo e l'errore (quante volte avrai sentito la frase "sbagliando s'impara!") e può essere applicato a una vasta gamma di problemi del mondo reale. Anche se può sembrare complicato, è uno strumento potente che aiuta a sviluppare sistemi intelligenti e autonomi che possono migliorare nel tempo.

Apprendimento Profondo (*Deep Learning*)

Il *deep learning* è una forma di apprendimento automatico che utilizza reti neurali artificiali profonde, ispirate al funzionamento del cervello umano. Puoi pensare al *deep learning* come a una potente tecnica che permette a un sistema elettronico di apprendere e fare previsioni in modo simile a quanto fa il cervello umano su dati complessi.

Le reti neurali artificiali profonde, sono come una serie di "strati" di neuroni interconnessi, che formano una sorta di "catena di montaggio" dove ogni strato svolge un ruolo specifico nell'elaborazione delle informazioni. Questi strati di neuroni artificiali sono organizzati in modo gerarchico, come se ci fossero diversi livelli di comprensione: il primo strato può essere responsabile di riconoscere caratteristiche di base, come in un'immagine i bordi e le linee, mentre gli strati successivi si concentrano su caratteristiche sempre più complesse, fino ad arrivare alla comprensione degli oggetti o dei concetti nella loro globalità.

Per esempio, se mostriamo al computer un'immagine di Atena, il primo strato potrebbe individuare linee e contorni, il secondo strato potrebbe riconoscere le forme di base, come le zampe e la testa, mentre gli strati successivi potrebbero riconoscere caratteristiche più specifiche, come la razza del cane o se sta dormendo.

Il bello del *deep learning* è che il computer non ha bisogno che gli vengano spiegate le caratteristiche specifiche da cercare nelle immagini; impara automaticamente da un gran numero di esempi e trova da solo le caratteristiche più rilevanti per fare previsioni accurate. È come imparare a riconoscere volti umani guardando molte fotografie diverse.

Una delle applicazioni più interessanti del *deep learning* è nel riconoscimento vocale e nella comprensione del linguaggio naturale. Le reti neurali profonde possono essere addestrate per comprendere e rispondere al linguaggio umano in modo molto simile a come lo facciamo noi. Per esempio, i nostri assistenti virtuali preferiti, come Siri di Apple o Alexa di Amazon, utilizzano il *deep learning* per comprendere ciò che diciamo e rispondere alle nostre domande.

Tuttavia, affinché il *deep learning* funzioni correttamente, è necessario avere una grande quantità di dati di addestramento e una grande potenza di calcolo. Immagina che più esempi mostriamo al computer, più diventa bravo a fare predizioni accurate. Ma questo richiede molta pazienza e risorse, proprio come quando insegniamo a un bambino mostrandogli tanti esempi diversi per aiutarlo a capire meglio il mondo che lo circonda.

In sintesi, il *deep learning* è una tecnologia potente che sta trasformando il modo in cui le macchine elaborano e comprendono informazioni complesse. Grazie a questa tecnologia, le macchine possono imparare da esperienze passate e svolgere compiti che prima erano riservati solo agli esseri umani. Anche se ci sono ancora molte sfide da affrontare, il futuro del *deep learning* è molto promettente e non vi sono dubbi che continuerà a rivoluzionare molte aree della nostra vita quotidiana.

Allineamento

La fase di allineamento, che segue l'allenamento di un modello di intelligenza artificiale, è un momento cruciale nel processo di sviluppo di sistemi intelligenti. Mentre l'allenamento si concentra sulla capacità del modello di apprendere da un insieme di dati e svolgere specifici compiti, l'allineamento è responsabile di garantire che il modello utilizzi le sue abilità in modo etico, responsabile e benefico per la società.

Immagina di aver addestrato un modello di intelligenza artificiale per identificare oggetti in immagini. L'allenamento potrebbe aver reso il modello abile nel riconoscere oggetti come gatti, auto o alberi. Tuttavia, senza una fase di allineamento, il modello potrebbe non considerare l'importanza di rispettare la privacy delle persone nelle immagini o potrebbe non distinguere tra situazioni sicure e pericolose, come un incidente stradale rispetto a una scena normale.

Per garantire che il modello sia allineato agli obiettivi e ai valori umani, è necessario iniziare identificando chiaramente quali sono questi obiettivi e valori. Per esempio, potremmo voler garantire che il modello rispetti la privacy delle persone, evitando di identificarle o di utilizzare le loro immagini senza il loro consenso. Potremmo anche voler assicurarci che il modello non promuova stereotipi o discriminazioni, a esempio evitando di etichettare erroneamente le persone in base al loro genere, etnia o classe sociale.

Una volta stabiliti questi obiettivi e valori, è necessario valutare se il modello AI sia effettivamente allineato ad essi. Questo può comportare l'analisi del suo comportamento in varie situazioni, l'esecuzione di simulazioni o la revisione da parte di esperti umani. Per esempio, potremmo esaminare come il modello gestisce immagini che potrebbero essere considerate sensibili, come quelle di un ospedale o di un luogo di culto, per assicurarci che rispetti la privacy e il rispetto delle persone coinvolte.

Se viene rilevato un disallineamento tra il comportamento del modello e gli obiettivi e i valori desiderati, è importante prendere provvedimenti per correggerlo. Questo potrebbe implicare il riallenamento del modello con nuovi dati che riflettano meglio gli obiettivi e i valori desiderati, o la modifica del suo algoritmo per garantire che tenga conto di queste considerazioni etiche.

Infine, l'allineamento dei modelli AI è un processo dinamico e in continua evoluzione che richiede un monitoraggio e una correzione costanti. Poiché il contesto sociale, culturale ed etico cambia nel tempo, è importante che il modello AI rimanga allineato ai nostri valori e obiettivi in evoluzione. Questo può richiedere un costante aggiornamento e miglioramento del modello, oltre a una collaborazione continua tra ricercatori, etici, filosofi e responsabili delle politiche.

In definitiva, l'obiettivo dell'allineamento dei modelli AI è quello di garantire che l'intelligenza artificiale sia una forza positiva nel mondo, rispettosa dei principi etici e in grado di operare a beneficio di tutta l'umanità.

L'Intelligenza Artificiale è dunque come una magia moderna che permette alle macchine di imparare e compiere azioni complesse, simili a quelle svolte dagli esseri umani. Abbiamo quindi compreso come questo avviene grazie a tecnologie di apprendimento innovative, che consentono ai computer di analizzare enormi quantità di dati e trarre conclusioni utili senza essere esplicitamente programmati per farlo.

Questo apre un mondo di possibilità inimmaginabili, per migliorare la nostra vita quotidiana e risolvere problemi complessi in modi veramente nuovi ed efficaci.

In sostanza, possiamo definire l'Intelligenza Artificiale come la capacità delle macchine di compiere azioni che, se fossero eseguite da esseri umani, richiederebbero l'uso dell'intelligenza.

Ma cosa significa esattamente?

CAPITOLO 5 - COME FUNZIONANO LE MACCHINE CHE "PENSANO"

Ma è davvero possibile che le macchine pensino? Esploriamo insieme le dinamiche e i meccanismi che sottendono al funzionamento delle macchine "intelligenti"

Cominciamo con il chiarire un concetto fondamentale: quando parliamo di **"Intelligenza Artificiale"** e di *"macchine pensanti"*, stiamo usando una metafora. Le macchine non pensano realmente. Anche se a volte può sembrare il contrario, specialmente quando eseguono compiti complessi in modo efficiente o interagiscono con noi nel nostro linguaggio naturale, le macchine non hanno pensieri o coscienza come noi esseri umani. Sono, fondamentalmente, computer, macchine in grado di eseguire istruzioni in maniera veloce e precisa. Quello che fanno è manipolare dati matematici, somme, moltiplicazioni e esponenziali. È calcolo, non è vera intelligenza.

Ogni volta che cerchiamo di attribuire caratteristiche umane alla tecnologia, come se fosse un essere senziente, dobbiamo ricordare che la tecnologia non ha una mente o una coscienza come noi. Questo processo, chiamato antropomorfizzazione, può causare confusione perché cerchiamo di attribuire umanità a qualcosa di non umano. Le macchine sono solo strumenti che eseguono istruzioni in base ai dati che ricevono e alle regole che seguono. Non possiedono un senso comune o una comprensione del mondo come noi. Quando interagiamo con loro, dobbiamo ricordare che stiamo comunicando con macchine che sono state addestrate per interpretare il nostro linguaggio e fornire risposte in base alle informazioni memorizzate. Anche se possono dare risposte corrette, non è perché "capiscono" nel senso umano del termine, ma solo perché sono progettate per fare proprio questo.

Quindi, mentre può sembrare interessante cercare di trovare un lato umano nella tecnologia, dobbiamo ricordare che si tratta solo di una simulazione, realizzata allo scopo di rendere l'interazione uomo-macchina più efficace, più efficiente, e decisamente anche più comoda. È importante mantenere una chiara distinzione tra la tecnologia e gli esseri umani, per evitare fraintendimenti e aspettative irrealistiche sulla capacità delle macchine.

Ma allora, come fanno queste macchine a compiere azioni così "intelligenti"? Oltre alle tecniche di apprendimento automatico che abbiamo esplorato nel capitolo precedente, è qui che entrano in gioco la magia degli **algoritmi** e dei **processi decisionali**.

Gli algoritmi sono come ricette - istruzioni dettagliate su come svolgere un compito. Immagina di dover preparare una torta seguendo una ricetta passo dopo passo. Gli algoritmi funzionano allo stesso modo, ma anziché mescolare ingredienti e infornare, manipolano dati e informazioni.

Ci sono diversi tipi di algoritmi, ognuno progettato per svolgere compiti specifici. Per esempio, ci sono algoritmi di ricerca, che aiutano a trovare informazioni su Internet, o algoritmi di riconoscimento facciale, che identificano le persone in una foto. Ognuno di questi algoritmi è stato creato con uno scopo preciso e segue una serie di istruzioni per eseguire quel compito e raggiungere l'obiettivo.

Ma come prendono le decisioni queste macchine? È qui che entrano in gioco i processi decisionali. Immagina di dover prendere una decisione importante, come scegliere quale strada scegliere per arrivare a destinazione. Tu valuti diverse opzioni in base a vari fattori, come la distanza, il traffico e le condizioni meteorologiche. Le macchine fanno qualcosa di simile, solo che invece di valutare le opzioni con il buon senso, lo fanno seguendo un insieme di regole o criteri predefiniti.

Per esempio, una macchina che conduce un veicolo a guida autonoma potrebbe decidere quale percorso seguire in base alla distanza, al traffico e alle condizioni della strada. Questa decisione è basata su un insieme di regole di programmazione che guidano il comportamento della macchina.

Ma attenzione, i processi decisionali delle macchine non sono sempre perfetti. Possono commettere errori o fare scelte sbagliate se le informazioni di partenza non sono corrette o se le istruzioni sono mal formulate. Questo è uno dei motivi per cui è così importante che gli esseri umani debbano supervisionare e in caso correggere il lavoro delle macchine.

Inoltre, con l'avanzare della tecnologia, sono emersi approcci più complessi per il funzionamento delle macchine intelligenti. Per esempio, le **reti neurali artificiali** che abbiamo visto essere modelli computazionali ispirati al funzionamento del cervello umano, funzionano dividendo il compito in piccole parti e affrontandole simultaneamente, proprio come il cervello umano gestisce informazioni complesse. Questo tipo di approccio ha portato a enormi progressi nell'apprendimento automatico e nella capacità delle macchine di "apprendere" da sé.

In sintesi, le macchine che "pensano" in realtà elaborano informazioni seguendo istruzioni precise (algoritmi), e prendono decisioni basate su un insieme di regole con criteri predefiniti. Anche se non hanno pensieri o coscienza come noi, le loro capacità di eseguire compiti complessi sta cambiando il modo in cui viviamo e lavoriamo, aprendo nuove possibilità e sfide future nel mondo dell'intelligenza artificiale.

Quando parliamo di **Intelligenza Artificiale Generativa**, ci riferiamo a un tipo di tecnologia che non solo è in grado di elaborare informazioni o eseguire compiti complessi come riconoscere un volto, ma anche di creare qualcosa di nuovo.

Immagina l'Intelligenza Artificiale come un grande magazzino di informazioni e istruzioni su come fare le cose. Sino a ieri, i computer erano programmati come un magazzino di risposte già pronte. Chiedi qualcosa, e ti darà la risposta. Ma ora, immagina se questi computer potessero fare di più. Immagina se potessero creare qualcosa di nuovo da soli, utilizzando gli oggetti e le materie prime disponibili nel magazzino, come un artista che dipinge un quadro o uno scrittore che scrive una storia. Ecco, questo è esattamente l'**Intelligenza Artificiale**

Generativa. Non solo risponde alle domande, ma può anche inventare cose nuove, come dipinti, canzoni o storie. È come se fosse una macchina creativa!

Immagina di parlare con un amico tramite un computer e che il computer ti capisca esattamente come farebbe il tuo amico. Questo è quello che fa la disciplina del linguaggio naturale, conosciuta in inglese come "**Natural Language Processing**" (o NLP). Si tratta di insegnare ai computer a comprendere il linguaggio umano in modo naturale, come se stessero ascoltando e parlando con una persona.

Il processo di interpretazione di una richiesta e la produzione di una risposta appropriata sono interessanti e coinvolgenti.

Immagina di avere un assistente virtuale che è un'intelligenza artificiale generativa. Gli fornisci un *prompt* in linguaggio naturale (cioè la tua richiesta scritta nella tua lingua), come "*Raccontami una storia su un mago che vive in una foresta incantata*". Il primo passo per l'IA è comprendere il significato del prompt.

In questa fase iniziale, il modello AI Generativa analizza attentamente il prompt ricevuto. Utilizza tecniche di elaborazione del linguaggio naturale (NLP) per capire ogni parte del testo, come le parole, le frasi e le strutture grammaticali. Lo scopo è capire cosa voglia dire ogni parte, considerando il contesto in cui sono usate e come sono collegate alle altre.

Per andare oltre il significato ovvio, il modello utilizza anche tecniche di intelligenza artificiale simbolica e ragionamento basato su regole. Questo gli permette di comprendere le sfumature concettuali, le implicazioni pratiche e le intenzioni comunicative del prompt. In questo modo, può cogliere il vero significato di ciò che l'utente vuole comunicare, andando oltre la superficie delle parole.

Nel nostro esempio, analizza le parole e le frasi per capire che si tratta di una richiesta di narrativa che coinvolge un mago e una foresta incantata.

Dopo aver compreso il testo, il modello passa a organizzare le informazioni in una forma che riflette il significato del prompt e le relazioni tra le idee chiave. Questa organizzazione può essere fatta usando una specie di schema, come un grafo o una lista di concetti importanti, a seconda di come è fatto il modello e del tipo di lavoro che deve fare.

Questa rappresentazione aiuta il modello a pensare e a creare risposte che abbiano senso. Permette al modello di individuare le parti principali del prompt, le connessioni tra queste parti e cosa potrebbero significare. In questo modo, il modello può generare una risposta che sia in linea con il significato originale del prompt e che sia utile per l'utente.

Nella fase di generazione testuale, il modello AI Generativa usa le sue abilità per scrivere in linguaggio naturale. Utilizza tecniche avanzate di apprendimento automatico e grandi modelli linguistici per creare frasi che sono corrette dal punto di vista grammaticale, scorrevoli e adatte allo stile richiesto.

Ma la generazione testuale va oltre il semplice ripetere informazioni già note. È un processo creativo in cui il modello combina le sue conoscenze linguistiche con la sua comprensione del mondo per scrivere un testo originale e interessante. L'obiettivo è produrre un testo che si adatti allo stile e al tono desiderati dall'utente.

Potrebbe iniziare descrivendo il mago e la foresta incantata, introdurre elementi di magia e avventura e sviluppare una trama coinvolgente che tenga conto delle richieste specifiche del prompt.

Durante questo processo, l'IA può fare riferimento a modelli linguistici pre-addestrati e a conoscenze acquisite durante il suo training.

Nella fase finale del processo, il modello AI Generativa valuta la risposta che ha creato. Esamina il testo per assicurarsi che sia coerente, grammaticalmente corretto, fluente e che risponda bene alla richiesta originale. Guarda anche se la risposta si adatta al contesto e se soddisfa le aspettative dell'utente.

Se la risposta non è abbastanza buona, il modello può scartarla e provare di nuovo con impostazioni diverse. Questo processo si ripete finché il modello non riesce a produrre una risposta di alta qualità che rispetti le richieste dell'utente.

Oltre alla valutazione interna, alcuni modelli includono un feedback esterno. In questo caso, la risposta viene controllata da un essere umano o da un altro sistema AI, che ne valuta la qualità e fornisce un giudizio. Questo feedback può aiutare il modello a migliorare nel tempo.

Per esempio, se il modello crea un testo con errori grammaticali o che non si adatta bene alla richiesta, lo scarta e prova di nuovo. Questo processo continua fino a quando il modello non produce una risposta che soddisfa i suoi standard di qualità.

Infine, l'IA produce la risposta completa, che potrebbe essere una storia scritta, una descrizione dettagliata o una conversazione narrativa. La risposta viene quindi restituita all'utente che ha fatto il prompt.

Fino a poco tempo fa, le macchine di Intelligenza Artificiale potevano solo rispondere alle nostre domande o eseguire compiti che già conoscevano, come riconoscere un volto o tradurre una frase. Ma ora, grazie a nuove tecniche di programmazione e ad algoritmi avanzati, sono in grado di fare molto di più. Possono comportarsi come se "pensassero" in modo creativo e generare contenuti originali che prima sarebbero stati considerati unicamente umani, senza bisogno di essere istruite su cosa creare. Sono in grado di simulare di "immaginare" e di "essere creative", proprio come noi esseri umani.

Anche se hanno una sorta di immaginazione artificiale, ricordiamo sempre che in realtà è solo una simulazione basata su dati e regole.

Stiamo assistendo a un cambiamento epocale nel modo in cui interagiamo con i computer e chiediamo loro di eseguire compiti. Entriamo in una nuova fase di questo viaggio, dove possiamo utilizzare modelli comprensibili direttamente attraverso il linguaggio naturale, il modo più intuitivo di comunicare.

Questo progresso avrà un impatto profondo sul modo in cui i computer ci assistono, elaborano informazioni, pianificano e agiscono. Proprio come non possiamo immaginare l'informatica senza tastiere o *mouse e multitouch* oggi, in futuro sarà impensabile concepire questa disciplina senza l'intervento di assistenti virtuali in linguaggio naturale. Questi assistenti saranno in grado di completare le nostre richieste, riassumere informazioni, proporre ragionamenti, suggerire modifiche e agire in base alle nostre esigenze, tutto in modo intuitivo.

Recentemente, abbiamo visto la crescita dei "*large language model*", o modelli linguistici estesi. Questi sono come enormi enciclopedie di parole e frasi che i computer possono usare per conversare con noi. Hanno imparato da enormi quantità di testi e possono rispondere alle nostre domande, scrivere storie e persino fare battute! Un esempio famoso è ChatGPT, che è diventato molto popolare da quando è stato messo online per la prima volta il 30 novembre 2022; è stato un po' come un inizio di una nuova era. Era stato come mettere un nuovo giocattolo a disposizione del mondo e vedere come le persone lo usavano e si divertivano con esso. All'inizio, ChatGPT aveva alcuni problemi e non poteva fare tutto perfettamente, ma col passare del tempo è stato migliorato, grazie anche ai contributi e ai giudizi degli utilizzatori (*feedback*).

Sam Altman (capo di OpenAI, la società che ha realizzato ChatGPT) ci dice che quando ci guarderemo indietro, tra qualche anno, vedremo ChatGPT come uno dei primi sistemi di Intelligenza Artificiale che ha avuto un grande impatto nella nostra vita. Anche se all'inizio aveva alcuni difetti, è diventato importante per molte persone e ha cambiato il modo in cui usiamo la tecnologia nella nostra vita quotidiana.

In poche parole, la disciplina del linguaggio naturale sta facendo sì che i computer diventino sempre più bravi a capire quel che chiediamo loro di fare e, quindi, anche a comunicare con noi, proprio come farebbe un amico. È una cosa molto interessante che sta cambiando il modo in cui interagiamo con la tecnologia!

La domanda che in molti si stanno facendo è: **perché tutto questo sta accadendo proprio ora?**

Da una parte, come abbiamo visto nel capitolo precedente, le tecnologie che ci permettono di interagire con i computer in modo più naturale sono relativamente nuove e stanno solo negli ultimi anni raggiungendo il loro massimo potenziale. Non è che queste tecnologie siano state tenute nascoste, ma è solo di recente che stanno diventando così popolari e diffuse. L'apertura di ChatGPT al pubblico ha giocato un ruolo importante in questo, facendo sì che sempre più persone diventassero consapevoli delle potenzialità di queste tecnologie.

Inoltre, creare e implementare questi modelli di linguaggio naturale non è una cosa semplice. Richiede una profonda comprensione di come far funzionare insieme computer e linguaggio umano. Questo aumento dell'uso di tali servizi è anche dovuto al fatto che ora abbiamo a disposizione maggiori risorse di calcolo. Infatti, questi sistemi richiedono una **grande potenza di elaborazione**, come quella fornita dai grandi *Data Center*. Quindi, è solo ora che tutte queste cose si stanno unendo per rendere possibili queste incredibili innovazioni nel modo in cui interagiamo con la tecnologia.

Tuttavia, la diffusione su vasta scala di queste nuove tecnologie richiede ancora più potenza di calcolo di quanto se ne abbia attualmente. Questo vuol dire che abbiamo bisogno di computer ancora più potenti di quelli che abbiamo adesso. Le sfide tecniche legate alla gestione di queste tecnologie sofisticate sono reali, e per superarle dobbiamo fare ulteriori progressi scientifici nella tecnologia dei computer.

Infatti la quantità di calcoli necessari per far funzionare questi sistemi è molto grande. In molti paesi, ci sono aziende che stanno costruendo *Data Center* sempre più grandi e potenti per cercare di soddisfare questa crescente domanda. Questi *Data Center* sono necessari per far funzionare queste nuove tecnologie e renderle disponibili per altre aziende e per le persone comuni.

Abbiamo già menzionato le **reti neurali**, ma è fondamentale approfondire ulteriormente la loro importanza e il loro funzionamento, poiché sono la base su cui si fondano molti dei sistemi di Intelligenza Artificiale.

Immagina una grande fabbrica dove ci sono tanti operai che lavorano insieme per risolvere problemi complessi. Ogni operaio ha un compito specifico e tutti insieme formano una squadra che si coordina per portare a termine un'attività. Questa fabbrica è come una rete neurale, e ogni operaio rappresenta un neurone.

Una rete neurale artificiale è un modello matematico ispirato al funzionamento del cervello umano. Funziona collegando diversi neuroni artificiali in strati, come fossero piastrelle in uno scaffale. Ogni strato ha un compito specifico e passa le informazioni al successivo strato fino a quando si raggiunge il risultato finale.

Immagina il primo strato come una sorta di filtro che riceve l'input, come la foto di Atena, il mio cane. Ogni neurone in questo strato è attivato da una parte specifica dell'immagine, come il naso o gli occhi di Atena. Ogni neurone invia quindi un segnale al secondo strato.

Il secondo strato elabora ulteriormente le informazioni ricevute dal primo strato, cercando di identificare modelli più complessi. Per esempio, potrebbe riconoscere che gli occhi e il naso insieme formano il volto di un cane. Queste informazioni vengono quindi passate al terzo strato e così via.

Man mano che ci si sposta attraverso i diversi strati della rete neurale, l'informazione viene elaborata in modo sempre più complesso fino a quando si ottiene l'output desiderato, come a esempio l'etichetta "cane" per la foto iniziale.

Un esempio pratico di come funziona una rete neurale lo possiamo trovare nel riconoscimento facciale su un dispositivo mobile. Quando scatti una foto, il telefono invia l'immagine ad una rete neurale che analizza i tratti del viso. Il primo strato potrebbe individuare i contorni del viso, il secondo strato potrebbe riconoscere gli occhi e il naso, mentre il terzo strato potrebbe identificare la persona in base a modelli precedentemente appresi.

Le reti neurali possono essere addestrate su grandi quantità di dati per imparare a riconoscere modelli complessi. Per esempio, se vuoi insegnare a una rete neurale a riconoscere gatti nelle foto, dovrai fornirle migliaia di immagini di gatti e dire alla rete neurale quali sono effettivamente gatti e quali no. Con il tempo, la rete neurale imparerà a individuare i tratti comuni dei gatti e sarà in grado di riconoscerli anche in nuove immagini.

È importante notare che le reti neurali artificiali sono modelli semplificati del cervello umano e ovviamente senza le stesse capacità cognitive. Tuttavia, sono strumenti potenti che possono essere utilizzati per risolvere una vasta gamma di problemi, dall'elaborazione delle immagini al riconoscimento del linguaggio naturale.

Le reti neurali possono essere suddivise in diverse architetture in base alla loro struttura e al modo in cui sono collegate. Non entreremo nel dettaglio delle varie architetture, ma sappi che ogni diversa tipologia di rete neurale è maggiormente idonea a svolgere compiti specifici:

- il riconoscimento delle immagini o la classificazione del testo (reti neurali di tipo *feedforward*),
- estrarre specifiche caratteristiche dalle immagini, come a esempio contorni o le *texture* (reti neurali convoluzionali),

- elaborare sequenze di dati, come il riconoscimento del linguaggio naturale, la generazione di testo, la traduzione automatica, l'analisi dei sentimenti (reti neurali ricorrenti)

In sintesi, le reti neurali artificiali sono modelli matematici ispirati al funzionamento del cervello umano che vengono utilizzati per risolvere una vasta gamma di problemi complessi. Attraverso l'elaborazione di grandi quantità di dati, queste reti possono imparare a riconoscere modelli e a prendere decisioni in modo autonomo, aprendo la strada a molte delle nuove tecnologie di Intelligenza Artificiale che stiamo vedendo evolversi.

CAPITOLO 6 - LA MAGIA DEI NUMERI: BIG DATA E ALGORITMI

Scopriamo le possibilità offerte dai "Big Data" e dagli "Algoritmi", gli strumenti che influenzano le decisioni delle macchine e plasmano il loro comportamento

In questo capitolo, esploreremo lo straordinario mondo dei numeri, dove grandi quantità di dati e algoritmi si uniscono per creare una sorta di magia moderna. Vedremo come i *"big data"* e gli "algoritmi" siano diventati parte integrante della nostra vita quotidiana, plasmando i servizi che utilizziamo, le decisioni che prendiamo e persino le esperienze che viviamo.

I **"big data"** rappresentano enormi quantità di informazioni che vengono generate, raccolte e analizzate attraverso una vasta gamma di fonti, come i *social media*, i sensori, i dispositivi connessi e molto altro ancora. Questi dati possono includere testo, immagini, video, transazioni finanziarie, informazioni di localizzazione e molto altro ancora.

Immagina di trovarti in una grande biblioteca dove, anziché libri, ci sono milioni di *gigabyte* di dati. Questa vasta quantità di informazioni contiene un tesoro di conoscenze e *"InSight"* che possono essere sfruttati per fare previsioni, identificare modelli e prendere decisioni informate.

Nel campo dei *Big Data* con il termine **InSight** si fa riferimento a processi o a tecnologie utilizzati per ottenere una comprensione più profonda dei dati: è un modo per ottenere "intuizioni" preziose dai grandi volumi di dati che possono essere difficili da interpretare solo con l'osservazione superficiale.

Gli "**algoritmi**" sono come le istruzioni che diamo a un computer per fargli compiere determinate operazioni. Possono essere semplici o complessi, ma la loro magia risiede nella loro capacità di elaborare grandi quantità di dati in modo efficiente e accurato.

Pensa agli algoritmi come istruzioni digitali che trasformano i dati grezzi in informazioni significative. Possono essere utilizzati per identificare tendenze di mercato, personalizzare raccomandazioni di prodotti, ottimizzare le rotte di viaggio (che sia di un autoveicolo o di un velivolo di linea) e molto altro ancora.

Uno dei poteri più sorprendenti dei *big data* e degli algoritmi è la capacità di fare previsioni sul futuro. Utilizzando dati storici e modelli predittivi, gli algoritmi possono anticipare cosa potrebbe accadere in determinate situazioni.

Per esempio, gli algoritmi di previsione del tempo analizzano i dati meteorologici del passato per fare previsioni sul tempo futuro. In campo medico, gli algoritmi possono essere utilizzati a esempio per identificare pazienti a rischio di determinate malattie in modo da poter intervenire precocemente.

Il potere dei *big data* e degli algoritmi si riflette in molte aree della nostra vita quotidiana. Quando usiamo i *social media*, gli algoritmi analizzano il nostro comportamento per mostrarci contenuti che potrebbero interessarci. Quando facciamo acquisti online, gli algoritmi ci suggeriscono prodotti in base ai nostri acquisti precedenti. Quando usiamo i servizi di navigazione, gli algoritmi calcolano la strada più veloce per raggiungere la nostra destinazione.

Ma, come la storia ci insegna, *"da un grande potere derivano grandi responsabilità"*: l'uso improprio dei dati e degli algoritmi può portare a conseguenze negative, come la discriminazione, la perdita di privacy e la manipolazione delle informazioni.

Infatti, come ogni forma di magia, anche i *"big data"* e gli "algoritmi" hanno il loro lato oscuro. La raccolta e l'analisi dei dati possono sollevare preoccupazioni sulla privacy e sulla sicurezza. Gli algoritmi possono perpetuare *bias* e disuguaglianze, influenzando le decisioni che prendiamo e le opportunità che abbiamo.

Nel contesto dell'Intelligenza Artificiale e del *"machine learning"*, il termine "**bias**" si riferisce alla tendenza di un algoritmo a produrre risultati non corretti o discriminatori a causa di dati di addestramento non rappresentativi o di pregiudizi incorporati nel processo di sviluppo dell'algoritmo stesso. Per esempio, se un algoritmo di selezione del personale viene addestrato su dati storici che riflettono pregiudizi di genere o etnici, potrebbe perpetuare tali pregiudizi nella selezione dei candidati, creando un bias di genere o etnico.

Per questo è importante garantire che l'uso dei *big data* e degli algoritmi sia guidato da principi etici e valori umani. È fondamentale bilanciare l'innovazione tecnologica con la protezione dei diritti individuali e della dignità umana.

Un'altra questione di rilievo da considerare è la **discriminazione algoritmica**.

Abbiamo visto come gli algoritmi sono come dei piccoli assistenti digitali che aiutano a prendere decisioni o a fare previsioni basate sui dati che ricevono. Ora, l'idea della discriminazione algoritmica si riferisce al fatto che questi assistenti digitali, gli algoritmi, possono finire per fare discriminazioni ingiuste o sbagliate, proprio come potrebbe fare una persona.

Quando i sistemi vengono addestrati usando dati storici, possono imparare dai pregiudizi o dagli errori umani presenti in quei dati. Ecco perché a volte, senza neanche accorgersene, gli algoritmi possono finire per prendere decisioni che favoriscono alcune persone o gruppi e discriminano altri, anche se non dovrebbero. Questo può accadere se i dati usati per addestrare l'algoritmo contengono pregiudizi basati su cose come il genere, l'etnia o lo status socioeconomico.

Immagina a esempio che un sistema venga addestrato per selezionare candidati per un lavoro basandosi sui dati storici dei dipendenti passati. Se quei dati riflettono pregiudizi di genere o etnici, l'algoritmo potrebbe continuare a fare le stesse discriminazioni, senza rendersene conto, quando seleziona i candidati futuri.

Questo è un problema serio perché può portare a ingiustizie e disuguaglianze, in cui alcune persone vengono favorite rispetto ad altre, solo a causa di fattori come il loro aspetto o il loro background. E il fatto che queste decisioni vengano prese da un computer non le rende meno dannose o ingiuste.

Quindi, quando parliamo di discriminazione algoritmica, stiamo parlando di questo: del pericolo che gli algoritmi possano finire per fare le stesse discriminazioni (sbagliate) che fanno le persone, a causa dei dati che utilizzano per imparare. Questo è qualcosa di cui dobbiamo essere consapevoli e lavorare insieme per cercare di prevenirlo e correggerlo.

Nella fase di addestramento dei sistemi di IA è insito il rischio di alimentare i sistemi di Intelligenza Artificiale con ciò che possiamo chiamare "**dati tossici**". Questo termine si riferisce ai dati che possono essere dannosi o fuorvianti quando vengono utilizzati per addestrare gli algoritmi di intelligenza artificiale.

Immagina di avere un algoritmo che deve imparare a riconoscere le immagini degli animali. Se viene addestrato utilizzando solo immagini di cani di razza e non ha mai visto altri tipi di cani o animali diversi, potrebbe non essere in grado di riconoscere correttamente un cane di razza diversa o persino un altro tipo di animale. In questo caso, i dati utilizzati per addestrare l'algoritmo sono limitati e non rappresentativi della realtà, creando così un rischio di "dati tossici".

Un altro esempio potrebbe essere quello di un algoritmo utilizzato per prendere decisioni in merito alla concessione di un prestito bancario. Se viene addestrato utilizzando dati storici che riflettono discriminazioni o pregiudizi nei confronti di certi gruppi di persone, come minoranze etniche o basate sul genere, potrebbe continuare a prendere decisioni ingiuste e discriminatorie anche in futuro.

Quindi, l'utilizzo di dati tossici per addestrare gli algoritmi può portare a risultati sbagliati, ingiusti o addirittura dannosi. E questo è un grosso problema perché gli algoritmi si basano fortemente sui dati che ricevono per prendere decisioni e fare previsioni. Se i dati iniziali sono sbagliati o distorti, le decisioni dell'algoritmo ne saranno influenzate negativamente.

Per evitare questo rischio, è importante utilizzare dati rappresentativi e diversificati durante l'addestramento degli algoritmi. Ciò significa assicurarsi di includere una varietà di casi e situazioni nel set di dati, in modo che gli algoritmi possano imparare a fare previsioni accurate e giuste per una vasta gamma di scenari. Inoltre, è importante monitorare costantemente l'output degli algoritmi per individuare eventuali segnali di comportamento errato e correggerli tempestivamente.

Se i bias, i dati tossici e algoritmi discriminanti sono presenti nel modello di Intelligenza Artificiale Generativa a causa di chi lo ha creato, come può un utente proteggersi da questi problemi derivanti dai dati di addestramento del modello?

Prima di affidarsi a un modello di Intelligenza Artificiale Generativa, è innanzitutto importante essere consapevoli dei possibili problemi legati ai dati usati per addestrarlo.

È pertanto consigliabile cercare informazioni dettagliate sulla provenienza e sulla qualità dei dati utilizzati per addestrare il modello. E' bene preferire modelli sviluppati da aziende o ricercatori che forniscono trasparenza riguardo alla raccolta dei dati, garantendo la loro affidabilità e integrità. Inoltre, optare per modelli addestrati su dataset pubblici ben noti può essere una buona prassi, poiché l'origine e la qualità dei dati sono state già verificate pubblicamente.

Una volta che hai scelto un modello, è importante valutarne criticamente i risultati. Bisogna essere consapevoli dei limiti del modello e considerare le possibili distorsioni nei dati di addestramento. Non bisogna prendere gli output del modello come verità assolute, ma usarli come base per una riflessione critica. Consultare diverse fonti e confrontare i risultati del modello con altre fonti affidabili può aiutare a individuare eventuali bias o discriminazioni nei risultati e a segnalarli agli sviluppatori per una correzione.

Inoltre, è essenziale sostenere le iniziative che promuovono la trasparenza e l'etica nello sviluppo dei modelli AI. Sensibilizzare sulle problematiche come il bias algoritmico e la discriminazione nei modelli AI è fondamentale per promuovere una maggiore consapevolezza e un uso più responsabile di tali tecnologie. Sostenere l'adozione di linee guida etiche per lo sviluppo e l'uso dei modelli AI Generativi può contribuire a garantire che tali strumenti siano utilizzati in modo responsabile e rispettoso.

Per concludere, è fondamentale anche concentrarsi sulla responsabilità individuale di chi utilizza il modello, usufruendone in modo etico ed evitare di creare contenuti che possano risultare offensivi o illegali. È fondamentale anche rispettare la privacy e la dignità delle persone coinvolte, prendendo in considerazione le conseguenze sociali dell'utilizzo del modello e riflettendo su come i suoi risultati potrebbero influenzare la percezione della realtà e le relazioni tra individui. È importante che ogni output del modello sia orientato a generare un impatto positivo sull'intera società.

CAPITOLO 7 - IL FUTURO CON L'INTELLIGENZA ARTIFICIALE AL SERVIZIO DELL'UMANITÀ

Tra "Utopia" e "Dispotismo Illuminato" immaginiamo quale potrebbe essere lo scenario più realistico per l'evoluzione del ruolo dell'Intelligenza Artificiale nei confronti dell'umanità

Nel nostro viaggio alla scoperta dell'Intelligenza Artificiale, ci troviamo di fronte a una domanda cruciale: qual sarà il destino che ci riserva questa tecnologia? È un futuro segnato dall'utopia, dove l'IA ci guiderà verso nuove frontiere di progresso e benessere, oppure sarà dominato da un dispotismo illuminato, dove il potere dell'IA solleverà, ad ogni progresso, domande etiche e sociali fondamentali?

In questo capitolo fantasticheremo su cosa potrebbe accadere in un futuro dove l'Intelligenza Artificiale sarà sempre più presente diventando costantemente più importante nella nostra vita. Alcune persone sono ottimiste e pensano che l'IA possa portare solo benefici, mentre altre sono preoccupate per i possibili problemi che potrebbero derivare.

Come sempre la verità sta nel mezzo. Nessuno ha la risposta definitiva, ma con un approccio equilibrato, cercheremo insieme di farcene un'idea, sforzandoci di comprendere le ragioni di entrambe le posizioni.

La visione ottimistica vede un futuro in cui l'IA ci aiuterà in tanti modi diversi. Ci assisterà a esempio nel trovare nuove cure per le malattie e a fare lavori noiosi e ripetitivi. Alcuni pensano che l'IA potrebbe anche aiutarci a capire meglio il mondo intorno a noi, rendendo la vita più facile e migliore per tutti.

Ma c'è anche una visione più cupa del futuro, richiamata dal concetto di "dispotismo illuminato". Questo scenario ci fa pensare a un mondo in cui l'IA ha troppo potere e può controllare le nostre vite. Potrebbe decidere cosa dobbiamo fare e cosa non possiamo fare, magari inducendoci in maniera subdola verso specifiche scelte, dandoci l'illusione della libertà e della capacità di scegliere, ma limitandole di fatto.

Ci sono anche molte questioni etiche da considerare quando si parla di IA. Per esempio, in uno scenario in cui l'uomo pone nelle mani dell'AI la totale decisione di fare scelte, questa potrebbe prendere decisioni sbagliate o discriminatorie, basate su informazioni errate o pregiudizievoli. Questo potrebbe portare l'umanità ad affrontare questioni come la violazione della privacy o l'ingiustizia sociale.

Per comprendere appieno il futuro dell'Intelligenza Artificiale, non possiamo non considerare il ruolo degli attori chiave nella sua evoluzione, quelli che, disponendo di ingenti somme di denaro, possono investire (e hanno interessi nel farlo), sullo sviluppo di questa tecnologia: dalle grandi e poche aziende tecnologiche ai governi nazionali, dalle istituzioni accademiche alle organizzazioni internazionali. È fondamentale chiedersi come sia possibile garantire che tali decisioni cruciali siano prese, sempre, con grande responsabilità.

Nonostante il futuro utilizzo dell'Intelligenza Artificiale possa ancora essere incerto, con molte possibilità e sfide da affrontare, è certo che l'ondata di innovazione che si è innescata continuerà il suo corso. È importante collaborare per assicurare che l'IA venga impiegata nel modo più vantaggioso possibile per l'umanità, migliorando la nostra vita senza compromettere i nostri valori e i nostri diritti. Questo implica indubbiamente trovare un equilibrio tra l'innovazione tecnologica e la protezione dei diritti umani e dei valori democratici.

Analizziamo insieme alcuni tra i tanti elementi di discussione che stanno confluendo sui temi etici legati all'utilizzo delle nuove tecnologie di Intelligenza

Artificiale Generativa. Ho individuato almeno dieci temi critici che vale la pena approfondire perché ci aiuteranno ad ampliare la visione sui possibili impatti di questa nuova rivoluzione.

Impatto sull'occupazione

È fondamentale interrogarsi sull'impatto che Intelligenza Artificiale potrebbe avere sul mercato del lavoro nel prossimo futuro. Questa tecnologia potrebbe causare la perdita di alcuni lavori, ma allo stesso tempo, come la storia ci insegna, ne genererà di nuovi.

L'IA è già una presenza importante nella nostra vita quotidiana, influenzando molte aree, compreso il lavoro. Capire come l'IA sta cambiando il panorama lavorativo è essenziale per affrontare e bilanciare sia le sfide che le opportunità che rappresenta.

Iniziamo con il lato negativo: l'IA potrebbe automatizzare e sostituire molti lavori attualmente svolti da persone. Settori come la produzione, la logistica, il servizio clienti e persino alcune aree della medicina sono sempre più automatizzati grazie all'IA. È innegabile che le macchine possano svolgere compiti ripetitivi e fisicamente impegnativi meglio e più velocemente degli esseri umani, riducendo la richiesta di lavoro in quei settori. Questo potrebbe portare a una disoccupazione strutturale e a problemi nel mercato del lavoro, con molti lavoratori che perdono il loro impiego senza alternative immediate disponibili.

Ma l'IA non è solo una minaccia per i lavori: può anche crearne di nuovi. Infatti l'uso diffuso dell'IA ha aumentato la richiesta di professionisti specializzati nell'analisi dei dati, nell'ingegneria del *machine learning* e nella progettazione di sistemi IA. Le aziende hanno bisogno di persone con queste competenze per sviluppare, implementare e gestire soluzioni basate sull'IA, aprendo così nuove opportunità di lavoro.

Inoltre, l'IA può migliorare l'efficienza e la produttività in molti settori, consentendo ai lavoratori di concentrarsi su compiti più creativi e decisionali. Per esempio, nell'ambito del *marketing* e delle vendite, l'IA può analizzare enormi quantità di dati per identificare modelli e tendenze di consumo, aiutando i professionisti ad adattare le loro strategie in modo più mirato ed efficace.

Un altro aspetto da considerare è che l'IA può essere un efficace strumento di supporto per i lavoratori anziché sostituirli completamente. Gli assistenti virtuali basati sull'IA possono aiutare i professionisti in varie attività, migliorando l'efficienza e consentendo loro di concentrarsi su compiti più impegnativi e gratificanti.

Gli esperti del settore tecnologico sono convinti che, tra pochi anni, l'Intelligenza Artificiale influenzerà quasi tutti i mestieri. Molte delle applicazioni software che utilizziamo quotidianamente già includono funzionalità di *chatbot*, cioè programmi progettati per simulare conversazioni umane. L'idea emergente sia nel mondo professionale che al di fuori di esso è che l'IA possa agire come un assistente avanzato, quasi come un "copilota". Si prevede che questa nuova generazione di IA porti a un notevole aumento della produttività, con assistenti sempre più potenti, progettati per semplificare i nostri compiti quotidiani, consentendoci di concentrarci maggiormente sulla creatività e sulla scoperta di nuove esperienze.

È essenziale, tuttavia, adottare misure per mitigare i potenziali impatti negativi dell'IA sull'occupazione. Questo potrebbe includere programmi di riqualificazione e formazione per i lavoratori a rischio di essere sostituiti dall'automazione, oltre a politiche pubbliche mirate a promuovere la creazione di nuovi posti di lavoro nel campo dell'IA e a garantire una transizione equa per quelli colpiti dai cambiamenti nel mercato del lavoro.

Sarà un tema che affronteremo più volte in questo libro, ogni volta da angolature diverse, giacché l'impatto dell'IA sull'occupazione è un argomento complesso che richiede una valutazione attenta e un approccio bilanciato. Anche se l'automazione potrebbe ridurre la domanda di lavoro in alcuni settori, offre anche opportunità significative per la creazione di nuovi impieghi e il miglioramento della produttività. È fondamentale adottare misure appropriate per massimizzare i vantaggi dell'IA mentre si mettono in atto strategie per mitigare i suoi potenziali effetti negativi sull'occupazione.

Nel gestire una transizione equilibrata verso un futuro in cui l'IA sarà sempre più presente nelle nostre vite e nei nostri lavori, c'è un aspetto importante da considerare: il fattore tempo.

Nella storia dell'umanità, le innovazioni tecnologiche dirompenti spesso si sono susseguite nel corso di molti decenni, talvolta anche di secoli, con un impatto limitato su settori specifici, consentendo alle società di adattarsi gradualmente ai cambiamenti. Tuttavia, oggi l'Intelligenza Artificiale si evolve a un ritmo straordinariamente veloce, con un vasto impatto che si estende su tutte le sfere della vita umana e su ogni professione.

La vera sfida risiede nel rischio che questa transizione non avvenga in modo uniforme. L'IA si sta sviluppando rapidamente, rendendo difficile per le persone adattarsi e trovare nuove opportunità lavorative in tempo utile. Potrebbe essere come cercare di cavalcare un'onda al suo culmine: molto difficile e rischioso.

Inoltre, ci sono altre sfide da affrontare, come la formazione e la riqualificazione delle persone, che richiedono tempo e risorse. Non tutti sono in grado di aggiornare le proprie competenze rapidamente o di accedere a programmi di formazione adeguati.

Quindi, mentre Intelligenza Artificiale offre molte promesse e opportunità, è fondamentale essere consapevoli delle sfide che presenta, specialmente per quanto riguarda l'impatto sull'occupazione. È necessario pianificare attentamente e prendere misure preventive per garantire una transizione equa e sostenibile verso un futuro in cui l'IA sarà sempre più presente nelle nostre vite e nei nostri lavori.

Privacy e sorveglianza

Un'altra questione che solleva dubbi e preoccupazioni riguarda i rischi legati alla raccolta e all'utilizzo dei dati personali da parte dei sistemi di Intelligenza Artificiale e i possibili impatti sulla privacy e sulla libertà individuale.

Con l'avvento dell'Intelligenza Artificiale, sempre più dati personali vengono raccolti, analizzati e utilizzati per vari scopi, e questo solleva delle preoccupazioni riguardo alla nostra privacy e alla nostra sicurezza.

Le tecnologie di IA, come il riconoscimento facciale e i sistemi di tracciamento GPS, raccolgono una grande quantità di dati sui nostri comportamenti, le nostre preferenze e le nostre relazioni. Questi dati vengono utilizzati per addestrare modelli di IA che possono influenzare il nostro comportamento e persino prevedere il nostro futuro. Tuttavia, questa raccolta massiccia di dati solleva preoccupazioni riguardo alla sicurezza e alla riservatezza delle nostre informazioni personali.

Uno dei rischi principali è il potenziale abuso dei dati personali da parte di aziende e governi, che potrebbero utilizzare le nostre informazioni senza il nostro consenso per scopi potenzialmente non etici, come il *marketing* mirato o la sorveglianza dei cittadini. Inoltre, c'è il rischio di violazioni dei dati da parte di cyber criminali, che potrebbero compromettere la nostra privacy e la nostra sicurezza finanziaria.

Per affrontare i rischi legati alla privacy e alla libertà individuale nell'era dell'Intelligenza Artificiale sono necessarie azioni sia a livello normativo che tecnologico. Dal punto di vista normativo, è cruciale l'adozione di leggi e regolamenti rigorosi che proteggano i nostri dati personali e limitino l'abuso delle tecnologie di IA. Queste leggi devono garantire il nostro consenso informato per la raccolta e l'uso dei dati personali e imporre sanzioni severe per le violazioni della privacy. In parallelo, dobbiamo sviluppare tecnologie avanzate per proteggere i nostri dati da attacchi informatici e violazioni della sicurezza.

D'altra parte, come individui, dobbiamo essere consapevoli dei rischi e prendere misure per proteggere le nostre informazioni personali. Ciò può includere l'uso di password sicure, la configurazione consapevole delle impostazioni di privacy sui nostri dispositivi e account online, e l'attenzione nel condividere informazioni sensibili. Inoltre, dobbiamo essere critici riguardo alle tecnologie di IA che utilizziamo, assicurandoci che rispettino i nostri diritti alla privacy e alla sicurezza.

In sintesi, la questione della privacy nell'era dell'IA richiede un approccio equilibrato e collaborativo tra governi, aziende e individui. È essenziale lavorare insieme per garantire un uso responsabile delle tecnologie di IA, proteggendo così i nostri diritti e la nostra libertà individuale.

Disparità socio-economiche

Quando parliamo di Intelligenza Artificiale, non possiamo non considerare, oltre ai suoi benefici, le sfide e le conseguenze che può comportare la sua introduzione nella nostra società. Un punto cruciale da esaminare è il suo impatto sulle disuguaglianze socio-economiche, ovvero le differenze di status economico e sociale tra persone e aree geografiche. Sebbene l'IA prometta innovazione e miglioramenti in vari settori, c'è il rischio che possa accentuare le disuguaglianze esistenti, ampliando il divario tra coloro che possono accedere e beneficiare di queste tecnologie e coloro che ne restano esclusi per vari fattori.

Ma come l'IA potrebbe aumentare le disuguaglianze economiche? Le tecnologie basate sull'IA richiedono notevoli risorse finanziarie per lo sviluppo e l'implementazione; le grandi aziende e i paesi ricchi hanno maggiori capacità finanziarie per investire nella ricerca e nello sviluppo dell'IA, creando un divario tecnologico tra le nazioni sviluppate e quelle in via di sviluppo. Le aziende che possono permettersi di adottare tecnologie avanzate di IA possono migliorare la loro efficienza e produttività, ottenendo un vantaggio competitivo rispetto a quelle che non possono farlo.

Inoltre, l'IA potrebbe influenzare il mercato del lavoro in modo disuguale. Sebbene alcune persone possano trarre vantaggio dall'automazione e una maggiore efficienza offerte dall'IA, altre potrebbero trovarsi senza lavoro o con opportunità di lavoro limitate a causa della sostituzione da parte delle macchine. Le persone con competenze digitali avanzate e formazione tecnica avranno maggiori possibilità di trovare impieghi ben retribuiti nell'economia basata sull'IA, mentre coloro che hanno competenze meno specializzate o non hanno accesso all'istruzione potrebbero trovarsi in svantaggio.

Anche le differenze nell'accesso all'Intelligenza Artificiale possono aumentare le disuguaglianze sociali. Le persone e le comunità con limitato accesso alle tecnologie IA potrebbero perdere opportunità economiche, sociali ed educative. Per esempio, l'IA potrebbe personalizzare l'istruzione, ma solo chi ha dispositivi e connessioni Internet potrà beneficiarne. Questo potrebbe creare divari nell'istruzione e nel lavoro tra gruppi sociali.

Un'altra preoccupazione riguarda l'IA e le disuguaglianze di genere e di diversità. Se i dati per addestrare i modelli IA riflettono pregiudizi sociali, potrebbero perpetuarli. Per esempio, un algoritmo di selezione del personale addestrato su dati parziali potrebbe favorire certi gruppi, peggiorando le disuguaglianze.

Per affrontare queste problematiche, è necessario coinvolgere governi, istituzioni, aziende e società civile. Bisogna garantire un accesso equo all'IA attraverso politiche pubbliche che promuovano l'alfabetizzazione digitale e l'accesso all'istruzione tecnica. Le aziende devono impegnarsi a usare l'IA in modo etico, evitando la discriminazione e promuovendo la diversità nei loro prodotti e processi decisionali. Solo con un impegno collettivo possiamo sperare di affrontare queste sfide e costruire un futuro più equo e inclusivo.

Etica e responsabilità

Affrontiamo ora le questioni etiche legate all'uso dell'Intelligenza Artificiale, inclusi i dilemmi morali riguardanti decisioni autonome prese da macchine e l'impatto sulla responsabilità umana.

Questi argomenti toccano i valori fondamentali dell'uomo, il rispetto della dignità umana e i diritti, così come la giustizia sociale. Con l'IA che diventa sempre più parte integrante della nostra vita quotidiana, emergono importanti questioni etiche che richiedono una riflessione attenta e un'azione responsabile.

Uno dei principali dilemmi etici riguarda le decisioni autonome fatte dalle macchine. Con algoritmi IA sempre più sofisticati, le macchine stanno prendendo decisioni che influenzano vari aspetti delle nostre vite, dalle scelte di acquisto online alle decisioni mediche complesse. Queste decisioni sollevano domande etiche importanti sulla responsabilità e sulla giustizia. Per esempio, chi è responsabile quando un algoritmo IA prende una decisione dannosa o discriminatoria? Chi dovrebbe essere considerato responsabile per eventuali errori o conseguenze negative?

Inoltre, c'è l'importante questione dell'impatto dell'IA sulla responsabilità umana. Con l'automazione di processi e decisioni che solitamente erano compiti umani, ci troviamo di fronte a nuove sfide riguardo alla nostra responsabilità, sia individuale che collettiva. Per esempio, se un'auto a guida autonoma causa un incidente, chi ne è responsabile: il proprietario dell'auto, il produttore del software di guida autonoma o l'algoritmo stesso? Queste sono domande complesse che richiedono una riflessione approfondita e risposte chiare per garantire che l'IA venga utilizzata in modo etico e responsabile.

Per risolvere queste questioni etiche, è essenziale stabilire linee guida e standard morali per l'utilizzo dell'IA. Questi dovrebbero basarsi su principi come la trasparenza, l'equità, la non discriminazione e il rispetto dei diritti umani. Per esempio, le aziende che creano tecnologie IA dovrebbero rendere pubblici i loro algoritmi e i dati usati per formarli, così che esperti esterni e la comunità possano esaminarli a garanzia della trasparenza e di un utilizzo responsabile. Inoltre, occorre assicurare che l'IA non sia usata per perpetuare discriminazioni o pregiudizi esistenti, e che i presupposti alla base delle decisioni prese dalle macchine siano chiari e comprensibili per gli esseri umani.

È altrettanto importante coinvolgere la società civile, gli esperti del settore e le istituzioni internazionali nel dibattito sull'etica e la responsabilità dell'IA. Solo attraverso un dialogo aperto e inclusivo possiamo sviluppare soluzioni etiche e responsabili per l'utilizzo dell'IA, che rispettino i valori fondamentali della nostra società e promuovano il benessere di tutti.

Indubbiamente le questioni etiche legate all'uso dell'Intelligenza Artificiale sono complesse e importanti, e richiedono un impegno collettivo per essere affrontate in modo efficace. È cruciale sviluppare linee guida e standard etici chiari per l'utilizzo dell'IA, che riflettano i nostri valori e principi fondamentali, soprattutto a livello internazionale. Solo così possiamo garantire che l'IA sia utilizzata in modo etico e responsabile, a vantaggio di tutta l'umanità.

Autonomia delle macchine

Il dibattito sull'autonomia delle macchine nell'Intelligenza Artificiale solleva una questione importante: fino a che punto dovremmo lasciare alle macchine il potere di decidere da sole? Mentre alcuni vedono l'IA come un mezzo per migliorare la nostra vita, altri sono preoccupati per la possibilità che le macchine possano agire senza il controllo umano con enormi implicazioni sulla sicurezza e il rischio che questo comporta.

Una delle questioni chiave è quanto le macchine dovrebbero essere autonome. Alcuni sostengono che dovrebbero seguire rigorosamente le istruzioni umane, mentre altri credono che dovrebbero essere in grado di attivare azioni autonome (quindi decidere) basandosi sulle informazioni disponibili. Per esempio, per i veicoli autonomi, si discute su quanto controllo dovrebbero avere nell'affrontare situazioni inaspettate sulla strada.

La sicurezza è una delle maggiori preoccupazioni riguardo all'autonomia delle macchine. Se le macchine possono decidere da sole, c'è il rischio di errori o comportamenti imprevisti che possono mettere a rischio la sicurezza. Per esempio, se un'auto autonoma si trova di fronte a una scelta difficile come evitare un pedone o proteggere il conducente, quale dovrebbe essere la priorità? Questi scenari pongono importanti domande etiche e di responsabilità sulle decisioni delle macchine.

Eppure, una delle questioni più interessanti è il contrasto tra la percezione del rischio legato alle decisioni delle macchine rispetto a quelle degli esseri umani. Mentre la società tende a concentrarsi sulle potenziali conseguenze negative delle decisioni autonome delle macchine, spesso trascuriamo il fatto che gli esseri umani prendono decisioni rischiose e fallaci ogni giorno, mettendo a rischio la sicurezza in modo continuo.

Eppure, le decisioni delle macchine sembrano suscitare più apprensione e dibattito pubblico rispetto alle azioni umane, nonostante la dimostrata capacità delle Intelligenze Artificiali di ridurre gli errori rispetto agli esseri umani. Questa discrepanza potrebbe essere attribuita alla nostra familiarità con gli errori umani e alla nostra comprensione della natura umana, che accetta gli sbagli come parte della vita quotidiana.

Tuttavia, quando si tratta di decisioni delle macchine, la mancanza di controllo diretto e la percezione di un'entità non umana che prende decisioni possono alimentare preoccupazioni e timori più intensi riguardo alle potenziali conseguenze negative. Inoltre, il fatto che le decisioni delle macchine siano spesso basate su algoritmi complessi e non facilmente comprensibili per il pubblico può contribuire a una maggiore diffidenza e incertezza.

La discrepanza nella percezione del rischio tra decisioni umane e decisioni delle macchine evidenzia la complessità delle nostre reazioni emotive e sociali nei confronti della tecnologia e delle nuove forme di IA. Pur riconoscendo i rischi potenziali associati all'autonomia delle macchine, è importante valutare anche il contesto più ampio delle decisioni umane e la nostra capacità di commettere errori.

Non possiamo, inoltre, non prendere in considerazione il rischio che le macchine possano essere manipolate o utilizzate per scopi dannosi, se sono in grado di agire indipendentemente dagli esseri umani. Per esempio, se un algoritmo di IA è programmato per prendere decisioni finanziarie autonome, potrebbe essere utilizzato illegalmente da individui o organizzazioni per manipolare i mercati finanziari o per commettere frodi. Questo solleva preoccupazioni riguardo alla sicurezza informatica e alla necessità di garantire che le macchine siano protette da potenziali minacce esterne.

Per affrontare tali sfide, è cruciale sviluppare normative e linee guida chiare riguardanti l'autonomia delle macchine nell'ambito dell'IA. Queste norme dovrebbero definire i confini dell'autonomia delle macchine e stabilire meccanismi di controllo e supervisione per garantire che operino in modo sicuro e responsabile, protetti da potenziali minacce informatiche e che il loro utilizzo sia conforme a principi etici e legali.

Parallelamente, è essenziale coinvolgere attivamente la società civile, gli esperti del settore e le istituzioni internazionali nel dibattito sull'autonomia delle macchine. Solo attraverso un dialogo aperto e inclusivo sarà possibile sviluppare soluzioni etiche e responsabili per gestire il giusto equilibrio nell'autonomia dell'IA, salvaguardando la sicurezza e i diritti fondamentali delle persone.

Il dibattito sull'autonomia delle macchine nell'ambito dell'IA è complesso e di grande rilevanza; richiede un impegno collettivo per essere affrontato efficacemente. È fondamentale che le normative e le linee guida riflettano i nostri valori e principi fondamentali. Solo così possiamo garantire che l'IA sia utilizzata in modo sicuro, responsabile ed etico, a beneficio di tutta l'umanità.

Innovazione e progresso

Esploriamo ora come l'Intelligenza Artificiale possa migliorare la vita umana, accelerando l'innovazione nei settori della sanità, dell'energia e dell'ambiente.

Immagina l'Intelligenza Artificiale come una sorta di bacchetta magica in grado di semplificare le nostre vite e rendere il mondo un posto migliore. È proprio di questo che voglio parlarti: di come l'IA stia già portando innovazione e progresso in modi che un tempo sembravano fantascienza, ma che ora stanno diventando realtà.

Cominciamo con la sanità, uno dei campi in cui l'IA sta facendo la vera differenza. Grazie alla sua capacità di elaborare enormi quantità di dati rapidamente, l'IA può assistere i medici nella diagnosi precoce e accurata delle malattie. Immagina un assistente virtuale per i medici, capace di analizzare i tuoi dati clinici e suggerire i migliori trattamenti basati su milioni di casi simili in tutto il mondo. Questo potrebbe salvare vite umane e migliorare la qualità della vita di molte persone.

Ma l'IA non si ferma qui. Sta trasformando anche il settore energetico, contribuendo a rendere l'energia più pulita e sostenibile. Per esempio, i sistemi di gestione energetica basati sull'IA possono ottimizzare l'utilizzo delle risorse energetiche, riducendo gli sprechi e migliorando l'efficienza. Ne parleremo più dettagliatamente in uno dei capitoli successivi: ciò significa minori emissioni di gas serra e un ambiente più salutare per noi e per le future generazioni.

Una ragionevole obiezione è che l'IA, per funzionare, richiede un consumo energetico significativo e questo può sembrare in contrasto con l'idea di rendere il settore energetico più pulito e sostenibile. Tuttavia, bisogna considerare che i continui sviluppi tecnologici continuano a rendere l'IA più efficiente dal punto di vista energetico. Le tecnologie di elaborazione sempre più avanzate e l'ottimizzazione degli algoritmi possono contribuire a ridurre il consumo energetico associato all'uso dell'IA nel tempo. Vedremo nei capitoli successivi come si stiano sperimentando nuove tecnologie alternative per poter rendere l'IA una tecnologia sempre più efficiente e sostenibile.

In generale l'impatto complessivo dell'IA nel settore energetico mira a ottimizzare l'efficienza dei processi e a integrare fonti energetiche rinnovabili. Nonostante le sfide iniziali, l'adozione di pratiche e politiche che promuovono l'efficienza energetica e lo sviluppo sostenibile può contribuire a mitigare queste preoccupazioni, consentendo all'IA di svolgere un ruolo nel rendere l'energia più pulita e sostenibile nel lungo periodo.

E riguardo all'ambiente? Anche qui l'IA può giocare un ruolo importante. Grazie ad algoritmi avanzati, può monitorare e prevedere i cambiamenti climatici, contribuendo alla protezione e alla conservazione della natura. Vedremo più avanti nel libro come questo può essere fatto e come l'IA può contribuire fattivamente a salvare interi ecosistemi, preservando la biodiversità del nostro pianeta.

Ma c'è di più. L'IA può anche promuovere l'innovazione in vari altri settori, come l'istruzione, il trasporto e l'agricoltura. Immagina un insegnante virtuale che adatta la sua lezione al modo di apprendere degli allievi, o veicoli autonomi che rendono il traffico più sicuro e scorrevole, o ancora robot agricoli che migliorano la produzione alimentare riducendo l'uso di pesticidi e fertilizzanti. Esploreremo ulteriormente questi argomenti nelle prossime pagine del libro, approfondendo le questioni con maggiore accuratezza e dettagli.

In sintesi, l'Intelligenza Artificiale ha il potenziale per cambiare radicalmente il nostro mondo, rendendolo più sicuro, efficiente e ecologico. Ma c'è un aspetto importante da considerare: con il potere dell'IA arrivano delle responsabilità. Dobbiamo garantire che l'IA venga utilizzata in modo etico e responsabile, per il bene di tutti. Ciò significa, non ci dobbiamo mai stancare di ripeterlo, proteggere la privacy delle persone, assicurare la trasparenza nelle decisioni e prevenire discriminazioni o abusi di potere.

Inoltre, dobbiamo prepararci al cambiamento! Come abbiamo accennato, l'IA potrebbe portare a trasformazioni nelle economie e nei mercati del lavoro, con alcuni lavori che potrebbero essere automatizzati mentre ne emergono di nuovi. È fondamentale che governi, aziende e istituzioni educative collaborino per garantire una transizione equa e inclusiva verso un futuro guidato dall'IA.

L'Intelligenza Artificiale offre l'opportunità di migliorare la qualità della vita umana e di preservare il nostro pianeta per le generazioni future. Nei prossimi capitoli, esploreremo questi temi in dettaglio per comprendere appieno come l'IA possa essere in grado di aiutare l'uomo ad affrontare le sfide future attraverso innovazione e progresso.

Controllo e regolamentazione

In questa sezione analizzeremo le sfide legate alla regolamentazione dell'Intelligenza Artificiale, compresa la necessità di norme e standard per garantirne un utilizzo responsabile e sicuro.

È un argomento molto importante: capire come gestire e regolamentare l'IA è fondamentale per garantire che questa tecnologia sia utilizzata in modo sicuro ed etico, contribuendo al bene comune e alla sicurezza delle persone.

Quando parliamo di controllo e regolamentazione dell'IA, ci riferiamo alla necessità di stabilire regole, leggi e linee guida per guidarne l'utilizzo e lo sviluppo. Questo è importante perché l'IA può avere un impatto significativo su vari aspetti della nostra vita, come la privacy, la sicurezza, l'occupazione e persino la democrazia.

Una delle principali sfide nella regolamentazione dell'IA è la sua complessità. L'IA comprende una vasta gamma di tecnologie e applicazioni, che vanno dagli algoritmi di raccomandazione più semplici ai sistemi avanzati utilizzati in settori come la sanità e l'automazione industriale. Regolamentare tutte queste tecnologie richiede una comprensione approfondita delle loro implicazioni e dei potenziali rischi.

Un'altra difficoltà emergente è legata alla sua rapida evoluzione e diffusione. Nuove tecniche e applicazioni vengono costantemente sviluppate, rendendo difficile per gli enti regolatori stare al passo con gli ultimi progressi e garantire che le norme siano sempre aggiornate e adeguate. È quindi importante creare meccanismi flessibili che possano adattarsi rapidamente ai cambiamenti del panorama tecnologico dell'IA.

Una parte fondamentale della regolamentazione dell'IA riguarda la tutela della privacy e dei dati personali. Con l'IA che raccoglie e analizza grandi quantità di dati da diverse fonti, è essenziale garantire un uso responsabile di tali dati, nel rispetto delle normative sulla privacy. Ciò richiede l'implementazione di regole rigide sulla protezione dei dati e la trasparenza nell'uso dell'IA.

Inoltre, la regolamentazione dell'IA deve affrontare le questioni legate alla sicurezza e alla responsabilità. Con l'IA che prende decisioni sempre più autonome in settori critici come la sanità e la guida autonoma, è cruciale garantire la sicurezza e l'affidabilità di tali sistemi. Questo richiede lo sviluppo di standard di sicurezza e responsabilità chiari e rigorosi, insieme a meccanismi per garantire la conformità e l'attribuzione delle responsabilità.

Tuttavia, è importante evitare di limitare eccessivamente l'innovazione con una regolamentazione eccessiva. L'IA ha il potenziale per apportare significativi benefici alla società e le restrizioni eccessive potrebbero ostacolare la sua adozione e rallentare lo sviluppo di nuove tecnologie e applicazioni. È quindi cruciale trovare un equilibrio tra la protezione del pubblico e la promozione dell'innovazione.

Per affrontare anche queste difficoltà continua a essere essenziale una stretta collaborazione tra governi, settore privato, istituzioni accademiche e organizzazioni della società civile. Solo attraverso un lavoro congiunto sarà possibile sviluppare regolamentazioni efficaci che assicurino un utilizzo responsabile e sicuro dell'IA, contribuendo al progresso e al benessere di tutti. Il controllo e la regolamentazione dell'IA sono pertanto cruciali per garantire che questa tecnologia venga utilizzata in modo sicuro, responsabile ed etico, affrontando ogni difficoltà con l'impegno e la collaborazione di tutti gli attori coinvolti.

Sviluppo sostenibile

Molte persone si stanno interrogando sul potenziale dell'Intelligenza Artificiale nel contribuire al raggiungimento degli obiettivi di sviluppo sostenibile, cercando di migliorare l'efficienza e ridurre l'impatto ambientale complessivo delle attività umane. Si tratta di un argomento di grande rilevanza per il futuro del nostro pianeta: lo sviluppo sostenibile e il possibile ruolo che l'Intelligenza Artificiale può avere in questo contesto.

Lo sviluppo sostenibile mira a soddisfare le esigenze delle attuali generazioni senza compromettere quelle delle future, trovando un equilibrio tra crescita economica, tutela dell'ambiente e benessere sociale.

L'intelligenza artificiale, essendo basata su sistemi informatici in grado di apprendere dai dati e prendere decisioni simili a quelle umane, potrebbe contribuire allo sviluppo sostenibile in diversi modi. Per cominciare, può migliorare l'efficienza nei processi industriali e produttivi, riducendo gli sprechi di risorse e ottimizzando l'uso di energia e materiali. Per esempio, nell'industria manifatturiera e nell'agricoltura, l'IA può ottimizzare i processi di produzione, riducendo così l'impatto ambientale.

In agricoltura, l'IA può assistere i coltivatori nel monitorare le colture, ottimizzando l'uso dei fertilizzanti e riducendo l'uso di pesticidi, promuovendo una produzione alimentare più sostenibile.

Inoltre, l'IA può migliorare la gestione delle risorse naturali come l'acqua e le foreste, attraverso l'analisi dei dati satellitari per monitorare e proteggere ecosistemi, prevenendo la deforestazione e ottimizzando l'uso dell'acqua in agricoltura.

Infine, l'IA può analizzare grandi quantità di dati per identificare modelli e tendenze nascoste, a esempio nell'ambito della salute pubblica, contribuendo alla prevenzione e alla gestione delle malattie infettive in modo più efficace.

Inoltre, l'Intelligenza Artificiale offre l'opportunità di creare nuove tecnologie e soluzioni innovative per affrontare le sfide ambientali come il cambiamento climatico e l'inquinamento. Per esempio, può contribuire a progettare edifici e infrastrutture più efficienti dal punto di vista energetico, a sviluppare sistemi di trasporto intelligenti per ridurre le emissioni di gas serra e a ottimizzare la produzione di energia da fonti rinnovabili come il sole e il vento.

Tuttavia, è essenziale ricordare che l'IA non risolve tutti i problemi ambientali. L'uso dell'IA deve essere guidato da principi etici e da una comprensione approfondita delle implicazioni ambientali e sociali delle tecnologie coinvolte. Inoltre, l'IA non può sostituire l'impegno umano e la responsabilità individuale nella salvaguardia dell'ambiente. È cruciale che le decisioni riguardanti lo sviluppo sostenibile siano prese considerando valori come l'equità, la giustizia e il rispetto per tutte le forme di vita sulla Terra.

L'Intelligenza Artificiale ha, quindi, il potenziale per contribuire in modo significativo alla promozione dello sviluppo sostenibile, migliorando l'efficienza, ottimizzando l'uso delle risorse e proponendo soluzioni innovative per affrontare le sfide ambientali. Tuttavia, è fondamentale adottare un approccio prudente e responsabile nell'utilizzo di questa tecnologia, garantendo che sia impiegata per il bene comune e nel rispetto del pianeta e delle generazioni future.

Partecipazione democratica

Un argomento importante che riguarda il nostro sistema politico e sociale è il ruolo che l'Intelligenza Artificiale potrebbe giocare nel supportare il processo decisionale e le sue implicazioni sulla partecipazione democratica e il diritto alla rappresentanza.

L'Intelligenza Artificiale, sempre più presente nella nostra società, sta influenzando molti aspetti della nostra vita quotidiana, compresa la politica e la governance. Ma in che modo esattamente l'IA sta influenzando il nostro sistema democratico? Potrebbe avere il potenziale per incidervi significativamente e positivamente?

Per cominciare, potrebbe essere utilizzata la sua la capacità di analizzare enormi quantità di dati e individuare modelli e tendenze nascoste aiutando i leader politici a comprendere meglio le esigenze e le preferenze dei cittadini. Queste analisi potrebbero favorire lo sviluppo di politiche più efficaci rispondendo in modo più mirato alle esigenze della popolazione.

L'IA potrebbe contribuire a migliorare la trasparenza consentendo ai cittadini di accedere a una maggiore quantità di informazioni sulle decisioni politiche e sui processi decisionali. Sistemi basati sull'IA potrebbero essere impiegati per organizzare e rendere disponibili dati governativi in modo più accessibile e comprensibile.

L'IA potrebbe essere utilizzata per sviluppare piattaforme online più efficaci per la consultazione pubblica e il coinvolgimento dei cittadini nella formulazione delle politiche. Queste piattaforme potrebbero utilizzare algoritmi per analizzare e sintetizzare le opinioni dei cittadini, facilitando la raccolta di *feedback* e l'identificazione delle priorità.

Tuttavia, ci possono essere aspetti preoccupanti legati all'uso dell'IA nel processo decisionale politico. Per esempio, c'è il timore che possa essere utilizzata per manipolare le opinioni pubbliche attraverso la diffusione mirata di disinformazione e propaganda politica. Inoltre, c'è il rischio che l'IA possa perpetuare e amplificare le disuguaglianze esistenti, influenzando in modo discriminatorio le decisioni politiche e la distribuzione delle risorse.

Un'altra preoccupazione riguarda la trasparenza e la responsabilità nelle decisioni basate sull'IA. Poiché, come abbiamo già detto, l'IA si basa su algoritmi complessi e spesso non trasparenti, comprendere come vengano prese queste decisioni politiche e quali siano le loro implicazioni può essere difficile per i cittadini. Questo solleva interrogativi sulla capacità dei cittadini di partecipare attivamente al processo decisionale e di influenzare le politiche che li riguardano direttamente.

Per garantire che l'utilizzo dell'IA nelle scelte politiche sia conforme ai principi democratici essenziali, è fondamentale adottare adeguate misure di regolamentazione e supervisione. Questo dovrebbe includere l'istituzione di norme e standard per l'utilizzo responsabile dell'IA, la promozione della trasparenza e della responsabilità nei processi decisionali basati sull'IA e la tutela dei diritti individuali e della privacy dei cittadini.

L'Intelligenza Artificiale sta già modificando il modo in cui avvengono le decisioni politiche e influenzando il nostro sistema democratico. Pur offrendo numerose opportunità per migliorare il processo decisionale democratico tramite l'IA, ci sono anche sfide e preoccupazioni da affrontare. È essenziale una forte collaborazione tra Governi, esperti del settore dell'IA, aziende, accademici, gruppi di difesa dei diritti umani e altri attori, per collaborare e garantire che l'utilizzo dell'IA nel processo decisionale politico sia guidato dai principi democratici fondamentali e che rispetti i diritti e le libertà dei cittadini.

Visioni alternative del futuro

Consideriamo ora diverse prospettive sul futuro dell'intelligenza artificiale, da visioni distopiche a scenari utopici, sostenendo l'importanza di una riflessione critica e informata su come guidare lo sviluppo e l'implementazione di questa tecnologia.

Immaginiamo un futuro in cui le macchine dotate di Intelligenza Artificiale governano il mondo, decidendo chi merita di avere un lavoro e chi no, chi deve ricevere cure mediche e chi viene trascurato, e persino quale musica ascoltare o quale cibo mangiare. Questa è una visione distopica dell'Intelligenza Artificiale, in cui il potere è concentrato nelle mani di pochi e le libertà individuali sono minacciate.

D'altra parte, c'è una visione utopica dell'Intelligenza Artificiale, in cui le macchine intelligenti sono strumenti nelle mani degli uomini, utilizzate come supporto per risolvere i problemi più urgenti della società, come la povertà, la malattia e il cambiamento climatico. In questa visione, l'IA è uno strumento per il progresso e il benessere dell'umanità, aiutandoci a superare sfide che altrimenti sarebbero insormontabili.

Ma qual è la verità dietro queste visioni alternative del futuro dell'Intelligenza Artificiale? È difficile dirlo con certezza, poiché dipende da come questa tecnologia verrà sviluppata, ma soprattutto utilizzata, nel corso del tempo. Ci sono molte variabili in gioco, compresi fattori sociali, politici ed economici, che influenzeranno il modo in cui l'IA potrà essere implementata e integrata nella nostra società.

Una delle principali preoccupazioni riguarda certamente il controllo e il potere nelle mani di chi sviluppa e gestisce l'IA. Se il potere è concentrato nelle mani di pochi, c'è il rischio che l'IA venga utilizzata per fini egoistici o dannosi, mettendo a rischio la libertà e la sicurezza degli individui. D'altra parte, se il potere è distribuito in modo più equo e democratico, c'è la possibilità più concreta che l'IA venga utilizzata per promuovere il benessere collettivo e migliorare la qualità della vita per tutti.

Abbiamo già parlato dell'impatto sull'occupazione e sulle disuguaglianze economiche; d'altra parte, l'IA offre anche l'occasione di creare nuove opportunità occupazionali e ridistribuire le risorse in modo più equo, offrendo l'occasione di ridurre le disuguaglianze e migliorare il benessere economico per tutti.

Inoltre, c'è il rischio che l'IA possa essere utilizzata per fini discriminatori o oppressivi, amplificando le disuguaglianze esistenti e minacciando i diritti e le libertà degli individui. Per esempio, come abbiamo più volte sottolineato, se le decisioni dell'IA sono basate su dati distorti o discriminatori, potrebbero perpetuare e amplificare le disuguaglianze razziali, di genere o di classe.

Tuttavia, come in parte abbiamo già compreso, vi sono innumerevoli aspetti che portano il bilancio dell'uso dell'IA nel perimetro della positività: l'IA potrebbe essere utilizzata per migliorare la nostra comprensione del mondo naturale e per sviluppare soluzioni innovative per aiutarci nella soluzione dei problemi concreti e inderogabili che siamo chiamati ad affrontare.

Per guidare lo sviluppo e l'implementazione dell'IA in modo responsabile, è importante adottare un approccio critico e informato. Ciò significa coinvolgere una vasta gamma di attori, compresi governi, aziende, organizzazioni non governative e cittadini, nel processo decisionale e nella definizione delle politiche del futuro, sviluppando norme e standard etici per guidare l'uso dell'IA e garantire che vengano rispettati i diritti e le libertà fondamentali degli individui.

In conclusione, il futuro dell'Intelligenza Artificiale è complesso e pieno di incertezze. Mentre ci sono molte opportunità associate all'IA, ci sono anche molte sfide e preoccupazioni da affrontare. È importante essere consapevoli di queste sfide e lavorare insieme per garantire che l'IA venga utilizzata in modo responsabile e per il bene comune.

CAPITOLO 8 - IL GENIO CREATIVO DELL'IA

Esploriamo il ruolo crescente dell'Intelligenza Artificiale nella stimolazione della creatività umana, con esempi illuminanti delle sue incursioni nell'arte, nella musica e nella letteratura, ecc.

L'Intelligenza Artificiale non è solo un'entità tecnologica fredda e distante; è anche un compagno sorprendente nel nostro viaggio creativo. In questo capitolo, esploreremo il ruolo sempre più importante che l'Intelligenza Artificiale svolge nello stimolare la creatività umana. In questo capitolo, viaggeremo insieme per esplorare come l'IA sta cambiando il modo in cui creiamo arte, musica e letteratura, aprendo nuove strade per l'espressione e l'innovazione.

La Pittura

L'arte visiva è sempre stata un terreno fertile per l'espressione umana, ma l'IA ha portato una ventata di freschezza e originalità. Prendiamo a esempio l'opera di un team artistico contemporaneo chiamato *Obvious*. Utilizzando un algoritmo chiamato "*Generative Adversarial Network*" (GAN), il team *Obvious* ha creato una serie di dipinti che imitano lo stile dei maestri classici, come *Rembrandt* e *Vermeer*. Questi dipinti, generati dall'IA, hanno suscitato un grande interesse nel mondo dell'arte, sfidando le nostre concezioni tradizionali di creatività e originalità.

Uno di questi dipinti, chiamato "*Ritratto di Edmond Belamy*", fa parte di una serie di ritratti di una famiglia immaginaria chiamata *Belamy*, in omaggio all'inventore dell'algoritmo utilizzato, *Ian Goodfellow*, il cui nome, tradotto grossolanamente, significa proprio "buon amico", cioè *Belamy*. Il processo creativo coinvolge la raccolta di oltre 15.000 ritratti storici, seguita da un'elaborazione delle immagini tramite un algoritmo (GAN, appunto).

In questo caso, il progetto ha ricevuto critiche nei confronti del team *Obvious* che ha creato l'"algoritmo pittore"; alcune persone dubitano della qualifica di artisti del team e altri sostengono che manchi una componente personale e un messaggio nell'arte generata dall'algoritmo. Eppure gli *Obvious*, si definiscono artisti concettuali, amici e ricercatori. Hanno condotto esperimenti in cui le persone non hanno notato la differenza tra le opere create dall'algoritmo e quelle realizzate da artisti umani, talvolta preferendo le prime.

Le creazioni realizzate dal team *Obvious* hanno ottenuto un notevole successo sia dal punto di vista artistico che commerciale. È degno di nota il fatto che i proventi delle vendite siano stati reinvestiti per perfezionare l'algoritmo e poter produrre opere sempre più realistiche.

Questo è solo uno dei primi esempi, dato che negli ultimi tempi abbiamo assistito a un'esplosione di applicazioni che utilizzano l'IA nel mondo dell'arte e della fotografia.

Ma l'IA può essere usata anche più semplicemente per ispirare. Immagina un pittore che sta faticando per trovare ispirazione per un nuovo quadro. All'improvviso, gli viene in mente di usare un software di IA per generare una serie di immagini casuali. Sfogliando le immagini, trova una combinazione di colori e forme che cattura la sua attenzione. Da questa ispirazione iniziale, creerà un dipinto completamente nuovo e originale.

L'IA può essere usata, quindi, come una musa ispiratrice, fornendo agli artisti nuove idee e spunti da esplorare. Può essere usata anche per creare strumenti che aiutano gli artisti a realizzare la loro visione. Per esempio, esistono software di IA che possono aiutare a creare effetti speciali, a dipingere paesaggi realistici o a progettare sculture complesse.

La Musica

Immagina di ascoltare una sinfonia composta interamente da un computer. Questo è esattamente ciò che ha fatto l'artista e compositore Florian Colombo, utilizzando un algoritmo chiamato "*Neural Network Music Composer*". L'IA ha analizzato migliaia di brani musicali per comprendere i modelli e le strutture della musica classica e ha poi creato una nuova composizione originale. Il risultato è un'opera musicale che sfida le nostre aspettative e ci fa riflettere sul significato stesso della creatività.

Ma l'IA, tramite la generazione di composizioni che esplorano combinazioni musicali originali e inusuali, può anche essere fonte di ispirazione per gli artisti. Immagina ora un musicista che sta cercando di scrivere una canzone per il tuo nuovo album, ma non riesce a trovare la melodia che lo soddisfi. Usa allora un software di IA per generare alcune melodie casuali. Ascoltando le melodie, una lo colpisce particolarmente. La userà come base per la tua canzone, aggiungendo la sua armonia, il suo testo e la sua voce.

L'IA può essere usata anche per creare esperienze musicali interattive. Per esempio, esistono sistemi di IA che possono improvvisare musica in tempo reale in base alle tue emozioni o ai tuoi movimenti.

Immagina di partecipare a un concerto dove la musica cambia in base al tuo stato emotivo o ai tuoi gesti. Questo è possibile grazie a sistemi di IA che analizzano i tuoi segnali biologici, come il battito cardiaco o le espressioni facciali, per creare una colonna sonora personalizzata che si adatti al tuo umore o alle tue sensazioni del momento.

Questi sistemi utilizzano algoritmi avanzati di *machine learning* per apprendere dai dati e comprendere le preferenze individuali degli ascoltatori. Per esempio, un sistema potrebbe riconoscere che una certa melodia o ritmo suscita una risposta emotiva positiva in una persona e adattare di conseguenza la musica in base a questo *feedback*.

Inoltre, l'IA può essere utilizzata per creare esperienze musicali collaborative, dove più persone possono interagire con la musica simultaneamente. Per esempio, potresti trovarti in un ambiente virtuale dove puoi suonare insieme ad altri musicisti olografici generati dall'IA, creando così un'esperienza unica e condivisa.

Questa capacità dell'IA di generare musica in tempo reale e adattarla alle emozioni e ai movimenti delle persone offre un potenziale enorme per l'innovazione nel campo della musica e dell'intrattenimento. Le possibilità sono praticamente infinite e si stanno aprendo nuovi orizzonti creativi per musicisti, artisti e appassionati di musica di tutto il mondo.

Tuttavia, c'è anche un lato da considerare: l'IA solleva domande etiche e culturali riguardo all'autenticità e all'originalità dei brani generati da macchine. È importante esplorare queste questioni e trovare un equilibrio tra l'uso dell'IA come strumento creativo e il rispetto per la creatività umana.

La Letteratura

Forse dove l'IA ha fatto il passo più audace è nella letteratura. Immagina un romanzo scritto interamente da un computer. Nel 2016, OpenAI ha lanciato un modello chiamato "GPT-3", in grado di generare testi umano-simili su una vasta gamma di argomenti. Molti scrittori e artisti hanno collaborato con GPT-3 per creare opere letterarie uniche e stimolanti. Per esempio, l'autore di fantascienza Philip K. Dick è stato "riportato in vita" dall'IA, che ha prodotto nuovi racconti basati sul suo stile distintivo. Queste creazioni ibride, frutto della collaborazione tra l'uomo e la macchina, aprono nuovi orizzonti nella narrativa e nella creatività.

Anche in questo campo l'IA, oltre a poter creare composizioni letterarie, può anche essere fonte di ispirazione per gli scrittori. Immagina uno scrittore che stai lavorando a un nuovo romanzo, ma è bloccato (il famoso "blocco dello scrittore"). Può usare un software di IA per generare alcune idee per la sua trama. Le idee gli piacciono e le userà per sviluppare il seguito del suo romanzo.

L'IA può essere usata anche per creare nuovi tipi di narrativa, come le storie interattive in cui il lettore può influenzare il corso della trama.

Le storie interattive sono un modo innovativo di coinvolgere il lettore nel processo narrativo. Piuttosto che essere un semplice spettatore della storia, il lettore diventa un partecipante attivo, in grado di prendere decisioni che influenzano direttamente gli eventi e lo sviluppo dei personaggi. Questo tipo di narrativa offre l'opportunità di un cambiamento epocale nel mondo della narrazione, offrendo al lettore un'esperienza coinvolgente e personalizzata, in cui ogni lettore può avere una diversa versione della storia in base alle scelte che fa lungo il percorso di lettura.

L'IA può essere utilizzata per creare queste storie interattive in diversi modi. Una tecnica comune è l'uso di algoritmi di generazione del linguaggio naturale, che sono in grado di produrre testi coerenti e convincenti in risposta agli input del lettore. Un altro approccio consiste comprendere e rispondere al *feedback* del lettore in tempo reale. Questi sistemi possono adattare la trama e il dialogo della storia in base alle preferenze e alle scelte del lettore, offrendo un'esperienza ancora più personalizzata e coinvolgente.

Le storie interattive generate dall'IA hanno il potenziale per rivoluzionare il modo in cui interagiamo con la letteratura. Possono essere utilizzate in una vasta gamma di contesti, dall'intrattenimento educativo alla formazione aziendale, offrendo un'esperienza coinvolgente e personalizzata per i lettori di tutte le età e livelli di competenza.

Tuttavia, ci sono considerazioni etiche da prendere in esame quando si utilizza l'IA nella creazione di storie interattive. Per esempio, è importante garantire che le storie generate rispettino i principi etici e culturali, evitando stereotipi dannosi o contenuti inappropriati. Inoltre, è necessario assicurarsi che vi sia sempre la massima trasparenza e che i lettori siano consapevoli del fatto che stanno interagendo con un sistema automatizzato e che le loro scelte possano influenzare il corso della storia.

Nonostante queste sfide, l'uso dell'IA nella creazione di storie classiche o interattive offre un'enorme opportunità per esplorare nuove forme di narrazione e coinvolgere i lettori in modi innovativi e stimolanti. Con il continuo sviluppo della tecnologia e la crescente adozione dell'IA nella cultura e nella società, possiamo aspettarci di vedere sempre più storie interattive generate dall'IA emergere e arricchire il panorama della letteratura moderna.

La Fotografia

L'IA sta diventando sempre più potente e sofisticata, e una delle sue applicazioni più interessanti è nel campo fotografico. Vediamo insieme come l'IA sta cambiando il modo in cui scattiamo, modifichiamo e condividiamo le foto: praticamente un assistente fotografico digitale.

Immagina di essere in vacanza in un bellissimo posto. Vuoi scattare una foto ricordo, ma non sai come fare per ottenere la migliore inquadratura o la giusta esposizione. Allora puoi usare una delle app basate sull'Intelligenza Artificiale che hai sul tuo telefono che ti aiuterà a trovare l'angolazione perfetta e a regolare le impostazioni ottimali della fotocamera.

L'IA può essere usata come un assistente fotografico, fornendoti consigli e suggerimenti per migliorare le tue foto. Può aiutarti a trovare l'inquadratura perfetta, a regolare le impostazioni della fotocamera, a riconoscere e correggere gli errori ma anche ad applicare dei fantastici effetti speciali.

Ma esistono già fotocamere con IA integrata. Queste fotocamere possono riconoscere automaticamente la scena e regolare le impostazioni di conseguenza, scattare foto in modalità automatica, HDR e notturna. Possono anche rimuovere automaticamente gli oggetti indesiderati o applicare filtri e effetti speciali in tempo reale.

L'IA può essere usata anche per modificare le foto dopo averle scattate. Esistono infatti software di IA che sicuramente avrai già usato, che possono correggere la luminosità, il contrasto e la saturazione migliorando moltissimo le foto.

Ovviamente possono rimuovere facilmente oggetti indesiderati, correggere gli errori di esposizione e di messa a fuoco, ripristinare vecchie foto, creare collage e fotomontaggi.

L'IA può anche aiutarti nella condivisione delle foto con i tuoi amici e familiari. Esistono App di IA che possono riconoscere le persone nelle foto e *taggarle* automaticamente (associandone cioè un'etichetta o una parola chiave), creare album fotografici automatici, condividere le foto con persone che si trovano nelle vicinanze, creare presentazioni visuali (*slideshow*) e video musicali.

La Scultura

Immagina di essere uno scultore immerso nel mondo affascinante dell'Intelligenza Artificiale, una tecnologia che sta rivoluzionando anche il modo in cui puoi creare le tue opere d'arte. Grazie all'IA, hai a disposizione un'ampia gamma di strumenti innovativi che ti consentono di esplorare nuove frontiere nella tua arte, stimolando la tua creatività in modi che non avresti mai immaginato prima.

Uno degli aspetti più entusiasmanti dell'utilizzo dell'IA nella scultura è la sua capacità di offrire un supporto significativo nel processo creativo. Per esempio, immagina di voler creare una nuova scultura ma non sei sicuro da dove iniziare. Qui entra in gioco l'IA con le sue tecniche avanzate di modellazione assistita da computer. Grazie a queste tecniche, puoi sperimentare liberamente con diverse forme e materiali direttamente sul tuo computer, senza dover affrontare i limiti fisici dei materiali tradizionali come il marmo o il legno. Con pochi clic del mouse, puoi modellare e manipolare virtualmente la tua scultura, esplorando infinite possibilità creative finché non trovi la forma perfetta che stavi cercando.

Ma non è tutto: l'IA può anche aiutarti a ottimizzare i processi di progettazione e produzione delle tue opere d'arte. Prendiamo a esempio la stampa 3D, una tecnologia che sta rapidamente guadagnando terreno nel mondo della scultura. Con l'AI, è possibile utilizzare algoritmi avanzati per generare automaticamente modelli 3D dettagliati delle sculture, risparmiando tempo prezioso e semplificando il processo di produzione. Immagina di poter caricare il tuo disegno su una stampante 3D e vederlo prendere forma sotto i tuoi occhi, con ogni dettaglio perfettamente riprodotto con precisione millimetrica.

Ma le sorprese non finiscono qui. Alcuni algoritmi di generazione procedurale sono in grado addirittura di creare modelli scultorei autonomamente, senza alcun intervento umano. Come è possibile? Questi algoritmi sono in grado di apprendere dai dati forniti dall'artista o da modelli di opere d'arte esistenti e di generare nuove creazioni in base a queste informazioni. Per esempio, un algoritmo potrebbe analizzare centinaia di sculture classiche e, basandosi su queste analisi, generare un nuovo modello che combina elementi di tutte queste opere in un modo unico e innovativo.

Ma cosa significa tutto questo per uno scultore? Significa che ha a disposizione una gamma incredibilmente ampia di strumenti e risorse per esprimere la sua creatività in modi completamente nuovi. Ha la possibilità di esplorare territori artistici sconosciuti, di sperimentare materiali e tecniche che non avrebbe mai considerato prima, e di dare vita alle sue visioni più audaci e fantasiose.

Immagina che voglia creare una scultura che rappresenti l'essenza della natura. Grazie all'IA, può utilizzare algoritmi avanzati per analizzare modelli matematici complessi e generare forme organiche e fluide che catturano perfettamente l'armonia e la bellezza del mondo naturale. O forse vuole creare una scultura che esplori le profondità della psiche umana? Con l'aiuto dell'IA, può esplorare le connessioni tra forme, colori e simboli per creare opere che sfidano le percezioni e stimolano l'immaginazione.

Inoltre, l'IA può essere utilizzata per rendere il processo creativo più collaborativo e inclusivo. Immagina che lo scultore voglia poter condividere il suo lavoro con altri artisti e ricevere *feedback* immediato e critico attraverso piattaforme online. Con la condivisione dei dati e delle idee, può arricchire il suo lavoro e apportare miglioramenti che altrimenti non avrebbe mai considerato.

In conclusione, l'Intelligenza Artificiale sta aprendo nuove porte alla creatività umana nel mondo della scultura. Con strumenti avanzati e algoritmi intelligenti, gli artisti hanno la possibilità di esplorare nuove frontiere artistiche, sperimentare con materiali e tecniche innovative, e dare vita alle loro visioni più audaci. Che tu sia un artista emergente o un veterano esperto, l'IA è qui per aiutarti a portare la tua arte al livello successivo.

L'Architettura

Nel mondo dell'architettura, l'Intelligenza Artificiale sta emergendo come un alleato prezioso per gli architetti, offrendo nuove prospettive e strumenti innovativi che stimolano la creatività umana e trasformano il modo in cui concepiamo e realizziamo gli spazi che ci circondano.

Immagina un futuro in cui gli architetti possono contare su un assistente virtuale intelligente che li supporta in ogni fase del processo di progettazione, fornendo suggerimenti creativi e analisi approfondite per ottimizzare le loro idee. Questo è solo uno dei molti modi in cui l'IA sta rivoluzionando il settore architettonico, aprendo nuove possibilità e stimolando la creatività umana.

Una delle principali aree in cui l'IA sta influenzando l'architettura è la progettazione assistita. Gli algoritmi di progettazione assistita possono generare automaticamente proposte architettoniche in base a specifici input forniti dagli architetti, come le esigenze del cliente, i vincoli del sito e le preferenze estetiche. Questi algoritmi possono esplorare una vasta gamma di soluzioni possibili in tempi molto più brevi rispetto ai metodi tradizionali, consentendo agli architetti di esplorare e valutare più opzioni di progettazione in meno tempo.

Un esempio di come l'IA sta influenzando la progettazione assistita è il software di generazione automatica di layout degli edifici. Questi programmi utilizzano algoritmi avanzati per creare automaticamente disposizioni ottimizzate degli spazi interni in base ai requisiti funzionali e alle preferenze del cliente. Per esempio, se un cliente desidera massimizzare la luce naturale all'interno di un edificio, l'IA può generare layout che posizionano le finestre in modo strategico per sfruttare al meglio la luce solare.

Inoltre, l'IA può essere utilizzata per analizzare grandi set di dati urbani al fine di identificare tendenze e preferenze dei cittadini che possono influenzare il processo decisionale degli architetti. Per esempio, analizzando i dati di mobilità urbana, l'IA può identificare i flussi di persone all'interno di una città e suggerire posizioni ottimali per nuove infrastrutture, come stazioni della metropolitana o parcheggi.

Un altro modo in cui l'IA sta influenzando l'architettura è attraverso la simulazione e la modellazione avanzata. Gli algoritmi di simulazione possono aiutare gli architetti a valutare le prestazioni energetiche degli edifici e a ottimizzare il loro design per ridurre il consumo di energia e le emissioni di carbonio. Inoltre, l'IA può essere utilizzata per creare modelli virtuali avanzati degli edifici, consentendo agli architetti di esplorare e visualizzare i loro progetti in modo più dettagliato e immersivo.

Un esempio di come l'IA sta trasformando la modellazione architettonica è l'uso di reti neurali per generare dettagli intricati e complessi all'interno dei modelli 3D. Questi algoritmi possono creare automaticamente ornamenti, decorazioni e dettagli architettonici che arricchiscono il design degli edifici e aggiungono un tocco di originalità e bellezza.

Inoltre, l'IA può essere utilizzata per ottimizzare i processi di costruzione e gestione del cantiere. Gli algoritmi di pianificazione dei progetti possono analizzare i vincoli temporali e finanziari di un progetto e generare piani di lavoro ottimizzati che massimizzano l'efficienza e riducono i costi. Inoltre, l'IA può essere utilizzata per monitorare i progressi del cantiere e identificare potenziali problemi o ritardi in tempo reale, consentendo agli architetti di intervenire tempestivamente per risolverli.

In conclusione, l'Intelligenza Artificiale sta per rivoluzionare il mondo dell'architettura, offrendo nuove opportunità e stimolando la creatività umana in modi mai visti prima. Con l'aiuto dell'IA, gli architetti possono creare spazi innovativi e funzionali che rispondono alle esigenze della società moderna, contribuendo a plasmare il mondo in cui viviamo in modo più sostenibile, efficiente ed esteticamente gratificante.

Il Teatro

Nel mondo del teatro, l'Intelligenza Artificiale sta emergendo come una risorsa potenziale per migliorare la produzione e l'esperienza teatrale. Pur essendo un'arte principalmente umana, basata sulla recitazione e sull'interpretazione, l'IA può apportare contributi significativi, soprattutto nell'ottimizzazione dei processi di produzione e nell'arricchimento delle rappresentazioni.

Una delle principali aree in cui l'IA può influenzare il teatro è l'analisi dei testi drammatici. Gli algoritmi di Intelligenza Artificiale possono essere addestrati per esaminare e comprendere i testi teatrali, identificando schemi narrativi, tematiche ricorrenti e sfumature linguistiche. Questo tipo di analisi può fornire ai registi e agli attori una comprensione più profonda delle opere, consentendo loro di interpretarle in modo più accurato e coinvolgente. Per esempio, se un'opera affronta temi come l'amore, la gelosia o il tradimento, l'IA può aiutare a evidenziare le linee di dialogo più significative o le scene chiave, consentendo agli attori di intensificare la loro interpretazione su quei momenti cruciali.

Inoltre, l'IA può essere utilizzata per ottimizzare la distribuzione delle risorse nel processo di produzione teatrale. Per esempio, algoritmi di pianificazione e programmazione possono aiutare a gestire in modo efficiente il tempo e le risorse necessarie per la creazione dello spettacolo, ottimizzando la pianificazione delle prove, la gestione delle scenografie e la preparazione dei costumi. Ciò consente di ridurre i costi e massimizzare l'efficienza, consentendo agli artisti di concentrarsi maggiormente sulla loro esibizione.

Un altro ambito in cui l'IA può avere un impatto significativo è nella creazione di scenografie e effetti speciali. Gli algoritmi di generazione procedurale possono essere utilizzati per creare scenari virtuali e ambientazioni che si adattano alle esigenze specifiche di uno spettacolo. Per esempio, se uno spettacolo richiede un paesaggio fantastico o un mondo surreale, l'IA può generare ambientazioni digitali che catturano l'immaginazione del pubblico. Inoltre, l'IA può essere impiegata per la progettazione e la realizzazione di effetti speciali, come ologrammi, proiezioni visive o suoni ambientali, che arricchiscono l'esperienza teatrale e la rendono più coinvolgente per il pubblico.

Un aspetto importante del teatro è anche la gestione delle risorse umane, come il casting degli attori e la pianificazione delle performance. L'IA può contribuire a ottimizzare questo processo attraverso algoritmi di analisi delle prestazioni e delle competenze degli attori. Per esempio, i registi possono utilizzare sistemi di IA per valutare le abilità e l'adattabilità degli attori, aiutandoli a scegliere il cast più adatto per una determinata produzione. Inoltre, l'IA può essere utilizzata per pianificare le performance in base alle disponibilità degli attori e alle preferenze del pubblico, garantendo che ogni spettacolo sia ottimizzato per massimizzare l'esperienza degli spettatori.

Infine, l'IA può essere impiegata per personalizzare l'esperienza teatrale per il pubblico. Per esempio, sistemi di raccomandazione basati sull'IA possono suggerire spettacoli o opere teatrali in base alle preferenze e ai gusti individuali degli spettatori. Inoltre, l'IA può essere utilizzata per creare esperienze interattive durante lo spettacolo, consentendo al pubblico di influenzare lo sviluppo della trama o di interagire con gli attori attraverso dispositivi mobili o piattaforme digitali.

In conclusione, l'Intelligenza Artificiale ha il potenziale per emergere come una risorsa preziosa nel mondo del teatro, offrendo nuove possibilità per migliorare la produzione, l'esperienza e l'accessibilità delle rappresentazioni teatrali. Pur non sostituendo mai l'arte umana e la creatività, l'IA può fungere da strumento complementare, arricchendo e ampliando le possibilità creative degli artisti e dei registi. Con un uso responsabile e innovativo, l'IA può contribuire a rendere il teatro più coinvolgente, accessibile e stimolante per il pubblico di oggi e di domani.

La Danza

La danza è una forma d'arte che esprime emozioni, storie e culture attraverso il movimento del corpo umano. È una manifestazione della creatività umana che ha il potere di trasportare spettatori in mondi di bellezza e significato. Anche se la danza è un'arte umana intrinseca, l'Intelligenza Artificiale sta emergendo come un alleato prezioso nel mondo della danza, offrendo nuove possibilità e stimolando la creatività umana in modi innovativi.

Uno dei modi principali in cui l'IA sta influenzando il mondo della danza è attraverso l'analisi del movimento. Gli algoritmi di analisi del movimento possono essere utilizzati per catturare e analizzare i movimenti dei ballerini, consentendo loro di comprendere meglio la qualità tecnica e l'espressione emotiva dei loro movimenti. Questo può aiutare i ballerini a perfezionare le loro abilità e a esplorare nuove forme di espressione corporea.

Per esempio, immagina un ballerino che vuole esprimere un'emozione intensa durante una performance. Utilizzando l'IA, potrebbe registrare i suoi movimenti e analizzare come il suo corpo comunica questa emozione specifica. Con queste informazioni, potrebbe apportare piccole modifiche alla sua coreografia, regolando l'angolazione di un braccio o la velocità di un movimento, per comunicare in modo più efficace il suo messaggio emotivo al pubblico.

Inoltre, l'IA può essere utilizzata per creare coreografie innovative e dinamiche. Gli algoritmi di generazione di movimento possono prendere ispirazione da una vasta gamma di fonti, come la musica, le immagini o i dati biometrici, per creare sequenze di movimenti uniche e coinvolgenti. Questo può portare a performance coreografiche che sfidano le convenzioni tradizionali e aprono nuove strade creative per i ballerini e i coreografi.

Un altro modo in cui l'IA può stimolare la creatività nella danza è attraverso l'interazione in tempo reale durante le performance. Immagina un sistema in cui i movimenti dei ballerini vengono catturati da sensori e trasmessi a un sistema di Intelligenza Artificiale in tempo reale. Questo sistema potrebbe analizzare i movimenti dei ballerini e generare *feedback* immediati, suggerendo loro nuovi modi per esplorare lo spazio scenico o per sincronizzarsi con la musica. Questo tipo di interazione può portare a performance più fluide, dinamiche e coinvolgenti per il pubblico.

Inoltre, l'IA può essere utilizzata per migliorare l'accessibilità alla danza. Per esempio, i sistemi di Intelligenza Artificiale possono essere impiegati per creare programmi di danza personalizzati per persone con esigenze speciali o disabilità. Questi programmi possono adattare la coreografia e i movimenti in base alle capacità e alle preferenze individuali dell'utente, consentendo a un pubblico più ampio di partecipare e godere dell'arte della danza.

Infine, l'IA può essere utilizzata per preservare e promuovere le forme di danza tradizionali e culturali. Gli algoritmi di riconoscimento del movimento possono essere addestrati per identificare e catalogare i diversi stili di danza da tutto il mondo, contribuendo a preservare e documentare la diversità culturale della danza. Inoltre, i sistemi di Intelligenza Artificiale possono essere utilizzati per creare esperienze immersive che consentano al pubblico di esplorare e interagire con le forme di danza tradizionali in modi innovativi.

L'Intelligenza Artificiale ha quindi il potenziale per rivoluzionare il mondo della danza, offrendo nuove possibilità creative, stimolando l'immaginazione degli artisti e accompagnando ballerini e coreografi all'esplorazione di nuove frontiere artistiche.

Il Cinema e i Video

L'Intelligenza Artificiale sta già rivoluzionando l'industria cinematografica e video-televisiva in modi sorprendenti, offrendo nuove opportunità creative e migliorando l'esperienza degli spettatori.

Uno dei modi principali in cui l'IA sta influenzando il cinema e i video è attraverso l'uso di algoritmi di generazione di contenuti. Questi algoritmi possono essere utilizzati per creare effetti visivi avanzati, complessi e realistici, che vanno dalla creazione di creature fantastiche alle esplosioni spettacolari. Per esempio, l'IA può essere addestrata per generare automaticamente effetti speciali basati su determinati criteri, come il tipo di film o il tono della scena. Questo consente alle società di produzione cinematografica di risparmiare tempo e risorse nella creazione di effetti speciali, consentendo loro di concentrarsi su altri aspetti della produzione.

Inoltre, l'IA può essere utilizzata per migliorare la post-produzione, automatizzando processi come il montaggio e il *color grading*, cioè il processo di regolazione e modifica dei colori al fine di ottenere un certo stile visivo o di comunicare un determinato tono emotivo. Gli algoritmi di Intelligenza Artificiale possono analizzare le sequenze video e suggerire tagli e transizioni ottimali per migliorare il ritmo e la coerenza della narrazione. Questo permette ai registi di ottenere risultati più professionali in meno tempo, consentendo loro di concentrarsi sulla creatività e la visione artistica.

Un altro modo in cui l'IA sta influenzando il mondo del cinema e dei video è attraverso la scrittura di sceneggiature. Gli algoritmi di generazione di testi possono analizzare grandi quantità di dati, come sceneggiature esistenti o tendenze di mercato, per creare nuove storie e dialoghi. Per esempio, un algoritmo potrebbe essere addestrato utilizzando centinaia di film di successo per identificare schemi narrativi e strutturali comuni, e quindi generare automaticamente nuove idee per sceneggiature originali. Questo può essere particolarmente utile per gli sceneggiatori che cercano ispirazione o che desiderano esplorare nuove direzioni creative.

Oltre alla creazione di contenuti, l'IA può essere utilizzata per personalizzare l'esperienza di visione degli spettatori. Gli algoritmi di raccomandazione possono analizzare i dati sui gusti e sulle preferenze degli utenti e suggerire loro contenuti rilevanti e interessanti adatti ai propri gusti. Per esempio, alcune piattaforme di streaming utilizzano già algoritmi di Intelligenza Artificiale per analizzare il comportamento di visione degli utenti e suggerire loro film e serie TV in base ai loro interessi e alle loro abitudini di visione. Questo non solo migliora l'esperienza degli spettatori, ma può anche aiutare le società di produzione cinematografica a raggiungere un pubblico più ampio e a generare entrate più consistenti.

Questa pratica, sebbene miri a migliorare l'esperienza dell'utente, può talvolta limitare la sua esposizione a una varietà più ampia di contenuti. Immagina di essere un appassionato di film d'azione e di aver guardato molti film di questo genere su piattaforme di streaming. Gli algoritmi di raccomandazione, basandosi sulle tue scelte passate, potrebbero suggerirti principalmente altri film d'azione o contenuti simili, trascurando altri generi cinematografici che potrebbero intrigarti. Questo potrebbe precluderti l'opportunità di esplorare film drammatici, commedie o documentari, che potrebbero invece arricchire ulteriormente la tua esperienza di visione e ampliare i tuoi orizzonti culturali. Inoltre, potresti essere esposto a un *loop* di contenuti simili che di fatto limiteranno la tua capacità di scoprire nuove opere cinematografiche o serie TV.

Oltre alla produzione e alla distribuzione di contenuti, l'IA sta influenzando anche la fruizione e l'interazione con il pubblico. Per esempio, la realtà aumentata (*AR*) e la realtà virtuale (*VR*) stanno diventando sempre più popolari nell'industria cinematografica e dei video, consentendo agli spettatori di immergersi completamente in mondi virtuali e interagire con i personaggi e le ambientazioni dei film. Gli algoritmi di IA possono essere utilizzati per migliorare l'esperienza *AR* e *VR*, rendendo le interazioni più realistiche e coinvolgenti.

Inoltre, l'IA può essere utilizzata per analizzare le risposte del pubblico e adattare i contenuti di conseguenza. Per esempio, gli algoritmi di *sentiment analysis* possono monitorare i commenti e le reazioni degli spettatori sui social media e altri canali online e fornire *feedback* alle società di produzione cinematografica per migliorare i futuri progetti. Questo *feedback*, anche raccolto in tempo reale, può aiutare le aziende di produzione a capire meglio le esigenze e le preferenze del pubblico e a creare contenuti più rilevanti e coinvolgenti.

Oltre a migliorare la produzione cinematografica esistente, l'Intelligenza Artificiale sta anche aprendo nuove possibilità creative, come la creazione di contenuti cinematografici completamente nuovi e unici.

Una delle applicazioni più sorprendenti dell'IA nel mondo del cinema è la capacità di "resuscitare" attori defunti o creare nuovi personaggi digitali. Questa tecnologia è stata utilizzata in film come "*Rogue One: A Star Wars Story*", uscito nelle sale cinematografiche nel 2016, dove l'attore Peter Cushing, deceduto nel 1994, è stato "riportato in vita" digitalmente per riprendere il ruolo del *Grand Moff Tarkin*. Utilizzando l'IA e la grafica computerizzata (CGI), le società di produzione cinematografica possono ricostruire digitalmente le sembianze di attori defunti e farli agire in nuove scene, aprendo così la possibilità di creare storie con personaggi che altrimenti non potrebbero essere interpretati.

Inoltre, l'IA può essere utilizzata per generare completamente nuove storie e scenari. Gli algoritmi di generazione di testi possono analizzare grandi quantità di testi esistenti, come romanzi, sceneggiature e articoli giornalistici, e utilizzare queste informazioni per creare nuove trame e dialoghi originali. Questo apre la porta a infinite possibilità creative, consentendo di esplorare nuove idee e generi cinematografici.

Un altro modo in cui l'IA sta rivoluzionando l'industria cinematografica è attraverso la traduzione dei dialoghi e il relativo doppiaggio. Gli algoritmi di traduzione automatica possono tradurre rapidamente e accuratamente i dialoghi in qualsiasi lingua, consentendo ai film di raggiungere un pubblico globale senza la necessità di costose operazioni di doppiaggio. Inoltre, l'IA può essere utilizzata per creare voci virtuali realistiche che possono essere sincronizzate perfettamente con i movimenti delle labbra dei personaggi, garantendo un'esperienza di doppiaggio fluida e coinvolgente.

Immagina un film in cui gli attori interagiscono in una varietà di lingue diverse, ma i loro dialoghi vengono tradotti e doppiati istantaneamente in tempo reale, consentendo agli spettatori di godersi il film senza la necessità di sottotitoli o doppiaggi post-produzione. Questo non solo renderebbe i film più accessibili a un pubblico globale, ma aprirebbe anche nuove opportunità creative per le aziende cinematografiche, consentendo loro di esplorare nuove culture e stili di narrazione.

Un esempio interessante di come l'IA sta influenzando il doppiaggio è l'utilizzo di voci sintetiche generative. Queste voci virtuali possono essere create utilizzando algoritmi di sintesi vocale che imitano il suono e l'intonazione delle voci umane in modo incredibilmente realistico. Con l'avanzamento della tecnologia, queste voci virtuali potrebbero diventare indistinguibili dalle voci umane, consentendo di doppiare i film con voci generative anziché doppiatori umani. Ciò potrebbe abbassare i costi di produzione e permettere alle aziende cinematografiche di realizzare doppiaggi in tempi molto più brevi rispetto alle tradizionali sessioni in studio. Inoltre, ciò aprirebbe il mercato delle proprie produzioni cinematografiche a un pubblico mondiale, offrendo una vasta gamma di lingue e raggiungendo un pubblico globale che altrimenti non sarebbe stato raggiunto.

Tuttavia, ci sono anche dei rischi associati all'uso dell'IA nella creazione di contenuti cinematografici. Per esempio, c'è il rischio che l'IA possa essere utilizzata in modo improprio per creare contenuti falsi o manipolati, che potrebbero danneggiare la reputazione sia di personaggi famosi e attori, che delle società cinematografiche. Inoltre, c'è il dibattito etico su questioni come la resurrezione digitale di attori defunti e l'uso delle voci sintetiche, che solleva domande riguardanti il consenso e il rispetto per i diritti delle persone coinvolte.

In ogni caso l'IA sta aprendo nuove possibilità creative nel mondo del cinema e dei video, consentendo di esplorare nuove idee e approcci alla produzione cinematografica. Dalla creazione di personaggi digitali a nuove storie generative e al doppiaggio multilingue, l'IA sta trasformando radicalmente l'industria cinematografica, aprendo la strada a un futuro in cui la creatività umana e l'Intelligenza Artificiale lavorano insieme per creare opere cinematografiche innovative e coinvolgenti.

I Videogiochi

Nel mondo dei videogiochi, l'Intelligenza Artificiale ha un ruolo sempre più significativo, sia nella creazione di esperienze di gioco più coinvolgenti che nel supporto allo sviluppo di titoli innovativi.

Una delle principali applicazioni dell'IA nei videogiochi riguarda l'intelligenza dei personaggi non giocanti (detti NPC) e dei nemici controllati dall'IA. Questi personaggi devono agire in modo credibile e realistico, adattandosi alle azioni del giocatore e offrendo sfide interessanti. Gli algoritmi di IA vengono utilizzati per sviluppare comportamenti complessi per questi personaggi, consentendo loro di pianificare strategie, reagire alle azioni del giocatore e apprendere dall'esperienza. Per esempio, in un gioco di ruolo, un NPC potrebbe imparare dalle azioni del giocatore e adattare il proprio comportamento di conseguenza, offrendo un'esperienza di gioco più dinamica e coinvolgente.

Inoltre, l'IA viene utilizzata per migliorare l'esperienza complessiva di gioco attraverso sistemi di Intelligenza Artificiale che ottimizzano grafica, audio e prestazioni del gioco in tempo reale. Gli algoritmi di rendering possono essere utilizzati per migliorare la qualità grafica del gioco, creando effetti visivi più realistici e dettagliati. Allo stesso tempo, l'IA può essere impiegata per ottimizzare le prestazioni del gioco, garantendo una fluidità di gioco costante anche su hardware meno potenti.

Un altro modo in cui l'IA sta influenzando i videogiochi è attraverso la generazione procedurale di contenuti. Questa tecnica permette agli sviluppatori di creare mondi di gioco vasti e dinamici in modo efficiente, generando automaticamente livelli, missioni e ambienti in base a algoritmi predeterminati. Per esempio, un videogioco di avventura potrebbe sfruttare l'intelligenza artificiale per generare in modo casuale una serie di missioni secondarie uniche. Questo aggiunge varietà e interesse all'esperienza di gioco, uscendo dagli schemi predefiniti e programmati.

Un esempio concreto di come l'IA stia influenzando i videogiochi è l'utilizzo di algoritmi di apprendimento automatico per migliorare l'esperienza degli utenti. Per esempio, i sistemi di raccomandazione alimentati dall'IA possono analizzare i dati di gioco degli utenti e suggerire loro giochi, livelli o sfide che potrebbero piacere in base ai loro interessi e alle loro preferenze. In questo modo, l'IA personalizza l'esperienza di gioco per ciascun utente, migliorando il coinvolgimento e la soddisfazione complessiva.

Infine, l'IA può essere utilizzata per migliorare l'accessibilità dei videogiochi, consentendo a persone con disabilità di partecipare pienamente all'esperienza di gioco. Per esempio, i sistemi di riconoscimento vocale possono essere utilizzati per controllare il gioco attraverso comandi vocali, consentendo così ai giocatori con disabilità motorie di partecipare attivamente al gioco. Allo stesso modo, gli algoritmi di traduzione automatica possono essere utilizzati per rendere disponibili i giochi in una varietà di lingue, garantendo che un pubblico globale possa godere dei titoli più recenti.

L'Intelligenza Artificiale sta dunque rivoluzionando l'industria dei videogiochi, offrendo nuove opportunità creative e migliorando l'esperienza di gioco complessiva per i giocatori di tutto il mondo. Con l'aiuto dell'IA, i videogiochi stanno diventando sempre più immersivi, coinvolgenti e accessibili, aprendo nuove frontiere per l'innovazione e la creatività nel mondo del *gaming*.

Le Arti Performative

Oltre alla danza, vi è una vasta gamma di espressioni artistiche coinvolgenti il corpo umano, che potranno essere influenzate dall'Intelligenza Artificiale, aprendo nuovi orizzonti creativi e possibilità di intrattenimento. Vediamo come l'IA può trasformare questo mondo affascinante e vibrante.

Uno dei modi più interessanti in cui l'IA può influenzare le arti performative è attraverso l'uso di effetti speciali avanzati durante gli **spettacoli circensi**. Immagina un **acrobata** che si esibisce su un trapezio illuminato da fuochi d'artificio generati al computer, o un equilibrista camminare su una corda tesa sopra un paesaggio virtuale creato con l'IA. Questi effetti speciali non solo possono aggiungere un elemento di spettacolarità alle esibizioni, ma offrono anche nuove possibilità creative per gli artisti circensi, consentendo loro di sperimentare nuove forme di espressione e di coinvolgere il pubblico in modo più profondo ed emozionale.

Inoltre, l'IA può essere utilizzata per assistere i **maghi** nell'ideazione di nuovi trucchi e illusioni. Gli algoritmi di generazione di contenuti possono aiutare i maghi a creare illusioni visive complesse e sorprendenti, utilizzando tecniche di depistaggio e manipolazione delle percezioni. Per esempio, un mago potrebbe utilizzare un'applicazione basata sull'IA per creare un'illusione di levitazione in tempo reale, facendo apparire un oggetto come se stesse fluttuando nel vuoto. Questo non solo aggiunge un elemento di innovazione e sorpresa alle performance magiche, ma offre anche ai maghi nuove opportunità di sperimentare con concetti e idee che altrimenti sarebbero impossibili da realizzare.

Inoltre, l'IA può essere impiegata per personalizzare le performance in base alle reazioni del pubblico. Gli algoritmi di "sondaggio emotivo" possono monitorare le reazioni del pubblico durante uno spettacolo e adattare dinamicamente la performance in base alle emozioni e alle preferenze del pubblico. Per esempio, se un pubblico sembra annoiato o distante, l'IA potrebbe suggerire agli artisti di aggiungere elementi interattivi o momenti di suspense per mantenere l'attenzione e l'interesse dell'*audience*. Questo non solo renderebbe le performance più coinvolgenti, ma anche più adattabili e sensibili alle esigenze del pubblico.

Infine, l'IA può essere utilizzata per sincronizzare le azioni di vari artisti in spettacoli complessi. In performance che coinvolgono più artisti o discipline artistiche diverse, come un circo o un musical, coordinare le azioni di tutti i partecipanti può essere una sfida logistica. Tuttavia, con l'IA, è possibile utilizzare algoritmi di pianificazione e coordinamento per garantire che ogni elemento della performance sia sincronizzato perfettamente, creando un'esperienza di spettacolo fluida e coerente per il pubblico. Per esempio, l'IA potrebbe essere utilizzata per coordinare i movimenti degli acrobati con la musica e gli effetti speciali durante uno spettacolo circense, garantendo che ogni elemento della performance si fonda in modo armonioso e senza soluzione di continuità.

Tuttavia, mentre l'IA offre molte opportunità di innovazione e creatività nel mondo delle arti performative, ci sono anche delle sfide da affrontare. Per esempio, c'è il rischio che l'IA possa ridurre l'autenticità e l'unicità delle performance, rendendo gli spettacoli più standardizzati e meno personali. Inoltre, qualcuno ha avanzato la preoccupazione che l'IA possa portare alla sostituzione degli artisti umani con avatar digitali o proiezioni virtuali, minando l'importanza e il valore dell'espressione artistica umana.

Insomma, l'IA ha il potenziale per trasformare radicalmente anche il mondo delle arti performative, offrendo nuove opportunità creative per gli artisti e arricchendo l'esperienza di spettacolo per il pubblico. Dalle performance circensi agli spettacoli di magia e ai musical, l'IA può apportare innovazioni rivoluzionarie che stanno ridefinendo ciò che è possibile nell'arte e nell'intrattenimento dal vivo.

L'Arte Digitale e i Media Interattivi

Nel mondo dell'Arte Digitale e dei Media Interattivi, l'Intelligenza Artificiale sta già rivoluzionando la creatività umana, aprendo nuove porte a esperienze artistiche uniche e coinvolgenti.

Immagina di camminare attraverso una galleria d'arte dove le opere rispondono ai tuoi movimenti o alle tue espressioni facciali. Questa è solo una delle infinite possibilità offerte dall'IA nell'ambito dell'arte digitale e interattiva. Attraverso l'uso di algoritmi intelligenti, gli artisti possono creare opere che vanno oltre i confini tradizionali dell'arte, coinvolgendo attivamente il pubblico e offrendo esperienze immersive e personalizzate.

Una delle applicazioni più interessanti dell'IA nell'arte digitale è la creazione di opere interattive che si adattano alle azioni e alle reazioni degli spettatori. Per esempio, un'installazione digitale potrebbe utilizzare la visione computerizzata per rilevare i movimenti dei visitatori e modificare dinamicamente gli elementi visivi in base ai loro gesti. Questo non solo trasforma gli spettatori in partecipanti attivi dell'opera d'arte, ma offre anche un'esperienza unica e personalizzata a ciascun individuo.

Inoltre, l'IA può essere utilizzata per creare opere d'arte generative, dove gli algoritmi producono automaticamente immagini, suoni o video basati su determinati input o parametri. Per esempio, un artista potrebbe fornire un insieme di immagini di paesaggi naturali e lasciare che un algoritmo generi una serie di opere d'arte astratte ispirate a quei paesaggi. Questo processo creativo collaborativo tra l'artista e l'IA può portare a risultati sorprendenti e inaspettati, stimolando la creatività e l'innovazione.

Un altro modo in cui l'IA sta influenzando l'arte digitale è attraverso l'analisi delle emozioni e delle reazioni del pubblico. Gli algoritmi di rilevamento delle emozioni possono analizzare le espressioni facciali degli spettatori e adattare l'opera d'arte in tempo reale per suscitare reazioni emotive specifiche. Per esempio, un'installazione audiovisiva potrebbe modificare la sua colonna sonora in base all'umore del pubblico, creando un'esperienza emotivamente coinvolgente e dinamica.

Ma l'IA non si limita solo a creare opere d'arte visiva. Può anche essere utilizzata per sviluppare esperienze interattive coinvolgenti in altri media, come il cinema interattivo o i videogiochi. Gli algoritmi di apprendimento automatico possono analizzare il comportamento del giocatore e adattare dinamicamente la trama, i personaggi e le sfide del gioco per offrire un'esperienza personalizzata e avvincente.

Un esempio concreto di come l'IA sta cambiando il panorama dell'arte digitale è l'opera "AICAN", un programma di Intelligenza Artificiale creato dall'artista indipendente di New York, Ahmed Elgammal. AICAN utilizza algoritmi di apprendimento profondo per generare opere d'arte originali, prendendo ispirazione da immagini di opere d'arte storiche e sviluppando uno stile artistico unico tutto suo. Questo dimostra come l'IA può essere utilizzata come strumento creativo per esplorare nuove forme di espressione artistica e per sfidare le convenzioni tradizionali dell'arte.

Infine, l'IA può essere utilizzata per ampliare l'accesso all'arte digitale e interattiva, rendendola più inclusiva e accessibile a un pubblico più ampio. Per esempio, gli algoritmi di traduzione automatica possono essere utilizzati per rendere disponibili le opere d'arte in una varietà di lingue, consentendo a persone di diverse culture e background linguistici di godere dell'arte digitale. Inoltre, l'IA può essere utilizzata per creare opere d'arte accessibili a persone con disabilità, a esempio attraverso tecnologie di riconoscimento vocale per gli utenti non vedenti o attraverso l'uso di gesti per gli utenti con difficoltà motorie.

In conclusione, l'IA sta trasformando il mondo dell'arte digitale e dei media interattivi, offrendo nuove possibilità creative e rivoluzionando il modo in cui gli artisti concepiscono e creano opere d'arte.

Alcune riflessioni

Abbiamo sin qui compreso come l'IA abbia il potenziale per democratizzare le forme artistiche come la fotografia, la pittura, la scrittura, ecc., rendendole accessibili a tutti, indipendentemente dal livello di abilità o dall'attrezzatura posseduta. Abbiamo anche visto come l'IA può aiutare scrittori, fotografi e artisti a concentrarsi sulla parte più importante della loro arte: la creatività.

È importante quindi seguitare a sottolineare come l'IA non sia da interpretare come un sostituto per la creatività umana; possiamo invece vederla come uno strumento di ausilio che può potenziare la nostra creatività e aiutarci a raggiungere nuovi livelli di espressione, offrendo nuovi strumenti e possibilità agli artisti per esprimersi in modi sempre più creativi, innovativi ed efficaci.

La vera magia avviene, infatti, quando l'IA e la creatività umana collaborano. L'IA può fornire nuove idee e spunti, mentre l'uomo può aggiungere il suo tocco personale e la sua sensibilità.

È chiaramente necessario stabilire regole che richiedano agli artisti di essere trasparenti verso il pubblico sull'uso della tecnologia generativa dell'Intelligenza Artificiale nei loro lavori. Nonostante esistano numerose applicazioni software che utilizzano l'Intelligenza Artificiale per aiutare gli autori a superare il blocco dello scrittore e trovare ispirazione, e talvolta anche a intervenire direttamente nella stesura delle loro opere, è deplorevole constatare che pochi di questi scrittori lo dichiarano esplicitamente quando pubblicano i loro libri.

In futuro, possiamo aspettarci di vedere l'IA giocare un ruolo ancora più importante nella nostra vita creativa. Ci aiuterà a realizzare opere d'arte, musica e letteratura che potrebbero essere ancora più interessanti, commoventi e ispirate.

Ma l'utilizzo di queste nuove risorse IA generative non è priva di rischi. Per esempio, potrebbe essere utilizzata per creare contenuti falsi, come foto e video manipolati. Questo fenomeno è noto come "*deepfake*" e può essere dannoso perché rende difficile distinguere tra ciò che è reale e ciò che è falso.

Immagina di vedere una foto o un video di una persona che sembra fare o dire qualcosa di imbarazzante o inappropriato. Potrebbe sembrare vero, ma potrebbe essere un *deepfake* creato da qualcuno utilizzando l'IA. Questo gioco, apparentemente innocuo, potrebbe causare danni alla reputazione delle persone coinvolte e diffondere informazioni false.

Un altro rischio è che l'IA possa essere utilizzata per diffondere disinformazione e propaganda. Per esempio, potrebbe essere utilizzata per creare notizie false ma che sembrano autentiche, diffondendo così informazioni errate e manipolando le opinioni pubbliche.

È importante essere consapevoli di questi rischi e prendere misure adeguate a mitigarli. È prioritario che le aziende e gli sviluppatori di tecnologia adottino politiche e tecnologie per rilevare e contrastare i *deepfake* e altre forme di manipolazione mediatica. Inoltre, è importante educare il pubblico sull'esistenza e sui rischi dei *deepfake*, in modo che le persone possano essere più attente e critiche nei confronti dei contenuti che incontrano online.

Inoltre, la creazione di contenuti attraverso l'Intelligenza Artificiale pone interrogativi cruciali riguardanti la proprietà intellettuale e il *copyright*. Quando un'IA genera un contenuto, come un testo, un'immagine o una musica, chi ne diventa il proprietario? Tradizionalmente, il *copyright* è attribuito agli esseri umani, ma con l'avvento dell'IA, questa distinzione diventa sfumata.

Immagina di utilizzare un'applicazione che genera poesie o disegni in base a input dati dall'utente. Chi è il proprietario della poesia o del disegno generato? L'utente che ha dato l'input (generico o elaborato che sia), lo sviluppatore dell'applicazione o l'IA stessa? Questo solleva dubbi su chi abbia diritto ai diritti d'autore o alla proprietà intellettuale.

In alcuni casi, i diritti possono essere attribuiti all'utente che ha dato l'input o all'azienda che ha sviluppato l'IA. Per esempio, se un'agenzia pubblicitaria utilizza un'IA per creare annunci, i diritti possono appartenere all'azienda. Questo solleva ulteriori interrogativi riguardo al coinvolgimento dell'IA nel processo creativo, poiché non è ancora chiaro se debba essere considerata l'"autrice" del contenuto.

Alcune soluzioni proposte includono l'attribuzione automatica dei diritti d'autore all'utente o all'azienda che controlla l'IA, o la creazione di un nuovo tipo di diritto d'autore per contenuti generati da IA. Tuttavia, queste soluzioni sollevano a loro volta nuovi dubbi sugli aspetti legali e pratici.

Un altro aspetto da considerare è l'uso di dati per addestrare le IA. Le IA apprendono dai dati che vengono loro forniti e questo solleva contestazioni riguardo alla proprietà dei dati stessi. Per esempio, se un'IA è addestrata utilizzando dati di proprietà di un'azienda, chi possiede i risultati generati dall'IA? Questo evidenzia la necessità di normative chiare sulla proprietà dei dati e dei contenuti generati da IA.

Inoltre, ci sono casi in cui i contenuti generati da IA possono violare i diritti d'autore esistenti. Per esempio, se un'IA genera una melodia simile a una canzone protetta da *copyright*, è una coincidenza, oppure c'è una violazione, e se lo è, chi è responsabile per la violazione? Questo solleva, quindi, interrogativi ancora senza risposte sulla responsabilità legale e sulla protezione dei diritti d'autore nell'ambito dell'IA.

È importante affrontare e risolvere queste questioni in modo equo ed equilibrato, garantendo da una parte che i diritti degli individui e delle aziende siano protetti, mentre dall'altra si promuove l'innovazione e lo sviluppo dell'IA.

Con la consapevolezza e la collaborazione tra governi, aziende e individui è essenziale promuovere una cultura che favorisca un utilizzo responsabile e consapevole dell'Intelligenza Artificiale; solo lavorando insieme, si potrà garantire che l'IA venga utilizzata in modo responsabile ed etico, proteggendo così la nostra società da potenziali danni e abusi.

C'è anche chi nutre preoccupazioni riguardo al ruolo dell'IA nella creatività umana. Alcuni temono che l'IA possa ridurre l'originalità e l'autenticità dell'arte e della musica, rendendo tutto uniforme e prevedibile. Questi timori possono essere alimentati dal fatto che i dati utilizzati per addestrare le IA potrebbero essere stati generati dalle stesse tecnologie di IA.

Questo è un punto cruciale da considerare. Quando i dati utilizzati per addestrare i sistemi di Intelligenza Artificiale vengono generati dalle stesse tecnologie di IA, sorge una questione importante sull'autenticità e l'originalità dei risultati. Se le IA si basano su dati sintetici o generati da algoritmi simili, potrebbero emergere delle ripetizioni o delle tendenze prevedibili nei risultati prodotti. Ciò solleva dubbi sulla vera creatività e innovazione dei prodotti artistici o musicali generati dall'IA. È importante venga mantenuto un costante equilibrio tra l'uso dell'IA come strumento creativo e il rispetto dell'autenticità e dell'originalità nell'arte e nella musica. Anche quest'aspetto richiede una riflessione approfondita sull'etica e sull'implicazione culturale dell'uso dell'IA nella produzione artistica.

Altri si preoccupano che l'IA possa sostituire gli artisti e gli scrittori umani, portando alla perdita di posti di lavoro e alla diminuzione della diversità culturale. Queste sono preoccupazioni legittime che richiedono una riflessione attenta e una regolamentazione oculata dell'uso dell'IA nell'ambito creativo.

Nonostante queste preoccupazioni, l'IA continua a offrire nuove opportunità per l'espressione creativa e l'innovazione. L'IA può essere uno strumento potente nelle mani di artisti e creatori, ampliando le loro capacità e stimolando la loro immaginazione. È importante avvicinarsi a questa nuova frontiera con mente aperta e curiosa, esplorando le infinite possibilità che l'Intelligenza Artificiale può offrire al mondo della creatività umana.

CAPITOLO 9 – L'ALTRA FACCIA DELL'IA: DALLA CREATIVITÀ ALLE SCIENZA

Proseguiamo il nostro percorso esplorando il ruolo sempre più importante dell'Intelligenza Artificiale in settori cruciali dei campi scientifici, rivelando un mondo di possibilità e sfide avveniristiche.

Nel vasto universo dell'Intelligenza Artificiale, ci troviamo di fronte a un mondo di opportunità in continua evoluzione. In questo capitolo, esploreremo l'altro volto dell'IA, quello che estende la sua influenza oltre la creatività, abbracciando settori cruciali come la traduzione delle lingue straniere, la medicina, la finanza, la ricerca scientifica e molto altro ancora. Scopriremo come l'IA stia già rivoluzionando tali settori, aprendo nuove porte alla scoperta e alla soluzione delle sfide del futuro.

Traduzione di lingue straniere

Nel mondo sempre più globale in cui viviamo, la comunicazione senza barriere linguistiche è diventata una necessità essenziale. Qui entra in gioco l'Intelligenza Artificiale che sta rivoluzionando il modo in cui le persone si comprendono a livello internazionale. Immagina di viaggiare in un paese straniero e di poter comunicare con gli abitanti locali senza dover imparare la loro lingua. Grazie all'IA, questa visione sta diventando realtà.

Gli algoritmi di traduzione automatica sono il motore dietro questa trasformazione. Essi analizzano enormi quantità di testi in diverse lingue, imparando da ogni frase e contesto per migliorare continuamente le proprie capacità. Questo significa che quando una persona inserisce un testo da tradurre, l'IA è in grado di comprendere il significato nel contesto specifico e di produrre una traduzione accurata e fluida. Questa tecnologia ha il potenziale per abbattere le barriere linguistiche, consentendo a individui, aziende e istituzioni di comunicare senza sforzo in tutto il mondo.

Immagina, a esempio, un giovane studente che utilizza un'app di traduzione per comunicare con un suo coetaneo che vive dall'altra parte del mondo. Grazie all'IA, i due possono scambiarsi idee, condividere esperienze e imparare l'uno dall'altro, nonostante le differenze linguistiche. O immagina un'azienda che espande la propria attività a livello internazionale e utilizza servizi di traduzione automatica per comunicare con clienti e partner in tutto il mondo, superando le barriere linguistiche e aprendo nuove opportunità di business.

Inoltre, l'IA non solo traduce testi scritti, ma può anche facilitare la comunicazione verbale attraverso strumenti come i dispositivi di traduzione in tempo reale. Questi dispositivi utilizzano l'IA per riconoscere e interpretare il linguaggio parlato, traducendolo istantaneamente in un'altra lingua. Questo è particolarmente utile in situazioni in cui la comunicazione immediata è essenziale, come incontri internazionali o emergenze mediche.

Alla luce di quanto detto, è chiaro che l'Intelligenza Artificiale sta aprendo nuovi orizzonti nella comunicazione internazionale, rendendo il mondo un luogo più connesso e accessibile per tutti. La capacità di tradurre istantaneamente tra lingue diverse sta facilitando la collaborazione globale, la comprensione interculturale e l'accesso a informazioni e risorse in tutto il mondo. Grazie all'IA, il sogno di una comunicazione globale senza barriere linguistiche sta diventando una realtà tangibile.

Stampa 3D

Ne avrai certamente sentito parlare: la stampa 3D è come una sorta di magia moderna che ci consente di trasformare idee e progetti virtuali in oggetti "veri" che possiamo tenere tra le mani. Immagina di voler creare una cornice personalizzata con il tuo nome inciso sopra: anziché doverla acquistare in un negozio, potresti semplicemente progettarla al computer e stamparla con una stampante 3D. Ma come funziona tutto questo? E come l'Intelligenza Artificiale entra in gioco?

Bene, la stampa 3D è un processo che consente di creare oggetti tridimensionali strato dopo strato, a partire da un modello digitale. Qui interviene l'IA, che svolge un ruolo cruciale nella progettazione di questi modelli. Gli algoritmi di progettazione assistita dall'IA possono aiutare a generare modelli 3D complessi in modo più efficiente e accurato di quanto potrebbe fare un essere umano da solo. Questi algoritmi sono in grado di analizzare le specifiche fornite dall'utente e tradurle in un design digitale, prendendo in considerazione aspetti come la forma, le dimensioni e la complessità dell'oggetto.

Immagina di voler creare una nuova lampada per la tua casa. Con l'aiuto dell'IA, potresti fornire al computer alcune indicazioni di base, come il tipo di luce desiderata e lo spazio disponibile, e l'algoritmo potrebbe generare diverse proposte di design per te. Questo ti risparmierebbe un sacco di tempo e sforzi nel cercare di creare un modello da zero.

Ma l'IA non è utile solo nella fase di progettazione. Una volta che il modello è pronto, può essere utilizzata anche per ottimizzare il processo di stampa 3D. Gli algoritmi di IA possono analizzare i parametri di stampa, come la temperatura e la velocità di estrusione del materiale, per trovare la configurazione ottimale che garantisca una stampa rapida e di alta qualità. Questo può ridurre i tempi di produzione e i costi di realizzazione, rendendo la stampa 3D ancora più accessibile e conveniente per tutti.

Inoltre, l'IA può contribuire a migliorare la qualità dei prodotti stampati. Per esempio, può essere utilizzata per identificare potenziali difetti nel modello o nel processo di stampa e correggerli prima che diventino un problema. Questo significa che l'oggetto finito sarà più preciso e resistente, senza difetti o imperfezioni che potrebbero comprometterne la funzionalità.

L'Intelligenza Artificiale sta quindi giocando un ruolo sempre più importante nel mondo della stampa 3D, rendendo il processo di progettazione e produzione più efficiente, preciso ed economico. Grazie a questa tecnologia, siamo in grado di trasformare le nostre idee in realtà in modo più rapido e accessibile che mai, aprendo la strada a un mondo di possibilità e innovazione.

Linguaggi di Programmazione

Immagina di dover scrivere un lungo messaggio a mano, parola per parola. Sarebbe un compito lento e richiederebbe molta pazienza, giusto? Bene, scrivere codice informatico è simile, ma invece di scrivere testo per comunicare con le persone, stiamo scrivendo istruzioni per far funzionare i computer. Queste istruzioni sono scritte usando una sorta di linguaggio speciale chiamato "linguaggio di programmazione". Ad oggi sono stati sviluppati tra 2500 e 5000 diversi linguaggi di programmazione. Ognuno di questi linguaggi ha regole specifiche su come scrivere queste istruzioni in modo che i computer possano capirle e eseguirle correttamente. Quindi, in sostanza, il codice informatico è un insieme di istruzioni scritte in un linguaggio di programmazione che dice al computer cosa fare. E qui entra in gioco l'Intelligenza Artificiale, che ci aiuta a scrivere questo codice in modo più facile e veloce.

L'IA sta rivoluzionando il modo in cui scriviamo "programmi" attraverso gli algoritmi di generazione di codice. Questi algoritmi sono in grado di analizzare i requisiti di un'applicazione e produrre automaticamente il codice necessario per farla funzionare in uno dei linguaggi di programmazione scelto. Questo significa che anziché dover scrivere ogni singola riga di codice a mano, possiamo lasciare che l'IA si occupi del lavoro pesante per noi.

Immagina un programmatore professionista che sia alle prese con la creazione di un videogioco. Utilizzando l'Intelligenza Artificiale potrebbe solo descrivere l'idea di base, come il tipo di gioco e le caratteristiche principali, e il sistema potrebbe automaticamente generare il codice per creare il gioco. Si limiterebbe a una revisione del risultato generato e all'integrazione con elementi di codice aggiuntivo. In questo modo, risparmierebbe moltissimo tempo e sforzi non essendo costretto a scrivere tutto manualmente.

Ma i vantaggi dell'IA non finiscono qui. Può anche essere utilizzata per ottimizzare il codice esistente, rendendolo più efficiente e sicuro. Per esempio, gli algoritmi di IA possono individuare parti che potrebbero essere efficientate per migliorare le prestazioni dell'applicazione o per rendere il codice più sicuro contro gli attacchi informatici.

Inoltre, l'Intelligenza Artificiale può aiutare a fare due cose importanti quando si costruisce un *software*: il *testing* e il *debugging*, cioè testarlo e sistemare gli errori. I test servono per vedere se il software funziona bene, mentre il *debug* serve per trovare e correggere gli errori, chiamati "*bug*". Con l'AI, gli algoritmi possono fare i test da soli e trovare i *bug*, aiutando gli sviluppatori a risolverli più velocemente.

L'Intelligenza Artificiale sta, quindi, giocando un ruolo sempre più importante nello sviluppo del software, rendendo il processo di scrittura di codice più rapido, efficiente ed efficace. Grazie a questa tecnologia, siamo in grado di creare nuove applicazioni e soluzioni software in modo più rapido e accessibile che mai, aprendo la strada a un mondo di possibilità e innovazione nell'ambito dell'informazione.

Industria manifatturiera

L'Intelligenza Artificiale sta svolgendo un ruolo cruciale anche nell'industria manifatturiera, contribuendo a rendere i processi di produzione più efficienti e affidabili. Gli algoritmi di apprendimento automatico, sono in grado di analizzare grandi quantità di dati provenienti dalle operazioni di produzione per individuare schemi e tendenze nascoste. Questa capacità consente alle aziende di ottimizzare la catena di approvvigionamento, pianificare la produzione in modo più accurato e ridurre i costi operativi.

Immagina una fabbrica che produce automobili. Grazie all'IA, i computer possono analizzare enormi quantità di dati sulle vendite passate, i tempi di consegna dei fornitori e i modelli di domanda dei clienti. Questi dati vengono utilizzati per predire in modo accurato la quantità di componenti necessarie e pianificare la produzione in anticipo, evitando così la sovrapproduzione o la carenza di materiali.

Inoltre, l'IA è in grado di implementare sistemi di manutenzione predittiva. Questo significa che i computer monitorano costantemente lo stato delle macchine e possono prevedere quando un componente è destinato a guastarsi. In questo modo, la manutenzione può essere programmata in anticipo, riducendo il rischio di fermi improvvisi della produzione e garantendo una maggiore affidabilità delle macchine.

Un altro aspetto interessante è l'introduzione dei "robot collaborativi". Questi robot sono progettati per lavorare fianco a fianco con gli operatori umani, svolgendo compiti pesanti, ripetitivi o pericolosi. Per esempio, in un impianto di produzione di automobili, un robot collaborativo potrebbe essere utilizzato per sollevare parti pesanti o per eseguire lavori di assemblaggio che richiedono precisione e ripetitività. Ciò non solo aumenta l'efficienza complessiva del processo produttivo, ma anche migliora la sicurezza sul posto di lavoro, riducendo il rischio di incidenti per gli operatori umani.

Pertanto, l'IA sta già apportando significativi miglioramenti all'industria manifatturiera, consentendo alle aziende di ottimizzare i loro processi produttivi, ridurre i costi e migliorare la sicurezza sul lavoro. Grazie alla capacità dell'IA di analizzare dati complessi e prendere decisioni in tempo reale, le fabbriche stanno diventando più efficienti e competitive, preparandosi per un futuro in cui la tecnologia svolgerà un ruolo sempre più centrale nella produzione di beni di consumo.

Trasporti

L'Intelligenza Artificiale sta giocando un ruolo essenziale nel ridefinire e migliorare il mondo dei trasporti. Immagina di trovarti al volante di un veicolo in grado di muoversi autonomamente: questo è il concetto fondamentale delle auto a guida autonoma, un settore che sta subendo significativi cambiamenti grazie all'IA. Queste vetture utilizzano sensori e algoritmi intelligenti per percepire l'ambiente circostante e prendere decisioni di guida in tempo reale. Ciò promette di rendere i viaggi più sicuri, eliminando errori umani come la distrazione o la stanchezza alla guida.

Ma l'IA non si limita solo alle auto autonome. Rivoluziona anche la gestione del traffico e della logistica. Gli algoritmi di apprendimento automatico analizzano enormi quantità di dati sul traffico e sulle rotte di viaggio per identificare modelli e tendenze. Queste informazioni vengono poi utilizzate per ottimizzare i percorsi e migliorare la fluidità del traffico. Per esempio, un sistema basato sull'IA potrebbe suggerire percorsi alternativi in tempo reale per evitare ingorghi stradali o incidenti.

Inoltre, l'IA è impiegata per migliorare la gestione delle flotte e dei trasporti su rotaia. I gestori delle flotte possono utilizzare algoritmi avanzati per monitorare le prestazioni dei veicoli, pianificare la manutenzione preventiva e ottimizzare le rotte di consegna. Questo non solo riduce i costi operativi, ma migliora anche l'efficienza complessiva della flotta, consentendo consegne più rapide e tempestive.

Un altro ambito in cui l'IA sta rivoluzionando il trasporto è la consegna di merci tramite droni. Questi piccoli aeromobili pilotati a distanza sono in grado di trasportare merci leggere da un punto all'altro in modo rapido ed efficiente. Utilizzando algoritmi intelligenti, i droni possono pianificare autonomamente le loro rotte di volo, evitando ostacoli e garantendo consegne sicure e tempestive. Ciò offre un enorme potenziale per migliorare l'accessibilità e la velocità delle consegne, specialmente in zone remote o difficilmente accessibili.

È quindi evidente che l'IA sta giocando un ruolo sempre più importante nel settore dei trasporti, portando innovazione e miglioramenti significativi alla mobilità. Dalle auto autonome alla gestione intelligente del traffico e alla consegna di merci tramite droni, l'IA sta rivoluzionando il modo in cui ci muoviamo da un luogo all'altro. Grazie alla sua capacità di analizzare dati complessi e prendere decisioni intelligenti in tempo reale, l'IA promette di rendere i viaggi più sicuri, efficienti e convenienti per tutti.

Istruzione

Nell'ambito dell'istruzione, l'Intelligenza Artificiale offre un'ampia gamma di opportunità per migliorare l'apprendimento e personalizzare l'esperienza educativa degli studenti. Immagina uno studente in una classe dove gli insegnanti possono adattare il materiale didattico e le attività di apprendimento in base alle sue esigenze individuali: questa è l'idea di base di come l'IA può trasformare l'istruzione.

Gli algoritmi di apprendimento automatico possono analizzare i dati degli studenti, come i risultati dei test e le interazioni con i materiali didattici online, per comprendere meglio le loro abilità, preferenze e aree di miglioramento. Con queste informazioni, l'IA può suggerire ai docenti strategie di insegnamento personalizzate e materiali didattici adatti alle esigenze di ciascuno studente.

Oltre alla personalizzazione dell'apprendimento, l'IA può fornire supporto didattico costante e interattivo attraverso tutor virtuali e *chatbot*. Questi assistenti digitali possono rispondere alle domande degli studenti, offrire spiegazioni aggiuntive e guidarli attraverso esercizi pratici. Per esempio, un *chatbot* potrebbe aiutare uno studente a risolvere complessi problemi di matematica o fornire spiegazioni dettagliate su concetti scientifici.

Inoltre, i sistemi di valutazione automatica basati sull'IA consentono agli insegnanti di valutare rapidamente il lavoro degli studenti e di monitorare i loro progressi nel tempo. Questi sistemi possono valutare non solo le risposte corrette, ma anche il ragionamento e il processo di pensiero degli studenti, offrendo una valutazione più completa e dettagliata delle loro abilità e conoscenze.

Un esempio concreto di come l'IA potrebbe essere utilizzata nell'istruzione è l'apprendimento adattivo. Questo approccio personalizzato utilizza algoritmi di IA per adattare il percorso di apprendimento di ciascuno studente in base alle sue capacità e progressi. Per esempio, un programma di matematica adattiva potrebbe fornire a uno studente esercizi più avanzati se dimostra di avere competenze superiori in quella materia, mentre offre esercizi di rinforzo a uno studente che sta lottando con determinati concetti. È importante sottolineare che l'Intelligenza Artificiale non si limita a classificare le abilità degli studenti, ma va oltre. Utilizza un'analisi obiettiva delle caratteristiche individuali per suggerire strategie didattiche personalizzate, adattando l'insegnamento alle esigenze uniche di ogni studente. Questo supera i limiti dei metodi tradizionali che prevedono un approccio didattico uniforme per tutti gli studenti.

L'IA rivoluzionerà sempre più il settore dell'istruzione offrendo soluzioni innovative per personalizzare l'apprendimento degli studenti e migliorare la qualità dell'istruzione. In estrema sintesi, dalle lezioni personalizzate alla valutazione automatica, l'IA promette di rendere l'istruzione più efficace, accessibile e coinvolgente per tutti gli studenti.

Ricerca scientifica

Nel vasto mondo della ricerca scientifica, l'Intelligenza Artificiale svolge un ruolo fondamentale nell'accelerare la scoperta e la comprensione dei fenomeni naturali e sociali. Immagina uno scienziato intento a risolvere un enigma, ma invece di dover esaminare manualmente enormi quantità di dati, puoi affidarsi all'IA per analizzare rapidamente le informazioni e individuare *pattern* nascosti che potrebbero portare a una scoperta scientifica importante.

Un aspetto cruciale dell'IA nella ricerca scientifica è la capacità di analizzare grandi set di dati provenienti da esperimenti e simulazioni. Prendiamo a esempio la ricerca in campo biologico: gli scienziati possono raccogliere enormi quantità di dati "genomici" (cioè le informazioni genetiche contenute nel DNA di un organismo, compresi i geni, le sequenze di nucleotidi e le variazioni genetiche) o "proteomici" (cioè le informazioni sulle proteine presenti in un determinato campione biologico, come cellule o tessuti), ma l'analisi di queste informazioni richiederebbe un tempo enorme senza l'ausilio dell'IA. Gli algoritmi di analisi dei dati possono esaminare rapidamente queste informazioni e identificare *pattern* o correlazioni che potrebbero essere indicative di nuove scoperte, come l'identificazione di geni associati a malattie o la comprensione dei meccanismi molecolari sottostanti a determinate condizioni patologiche. Esploreremo meglio questo argomento in un paragrafo dedicato, con particolari affascinanti che non mancheranno di stupirti.

Inoltre, l'IA è utilizzata per creare modelli e simulazioni predittive. Questi modelli possono simulare fenomeni complessi, come il cambiamento climatico o la diffusione di una malattia, consentendo agli scienziati di testare ipotesi e valutare scenari futuri. Per esempio, gli scienziati possono utilizzare modelli predittivi basati sull'IA per valutare l'impatto di determinate politiche ambientali sul clima globale o per prevedere la diffusione di un virus in una determinata popolazione.

Un esempio concreto dell'applicazione dell'IA nella ricerca scientifica è il "progetto Foldit", un videogioco online sperimentale, sviluppato all'Università di Washington, in cui i giocatori risolvono puzzle tridimensionali per predire la struttura proteica delle proteine. Questo gioco ha permesso agli scienziati di ottenere importanti scoperte nel campo della biologia molecolare, come la determinazione della struttura di proteine coinvolte in malattie come l'HIV e il morbo di Alzheimer.

In campo medico, l'IA viene utilizzata per analizzare immagini diagnostiche, come scansioni MRI o radiografie, al fine di identificare patologie o anomalie. Gli algoritmi di apprendimento automatico possono imparare dai dati e migliorare la precisione delle diagnosi, aiutando i medici a prendere decisioni più puntuali e tempestive sui trattamenti.

Un'altra applicazione interessante dell'IA nella ricerca scientifica è l'analisi dei testi scientifici e dei documenti accademici. Gli algoritmi di elaborazione del linguaggio naturale possono esaminare una vasta gamma di pubblicazioni scientifiche e identificare correlazioni, tendenze e nuove idee, aiutando gli scienziati a mantenersi aggiornati sulla letteratura esistente e a identificare potenziali aree di ricerca promettenti.

È pertanto inequivocabile che l'IA stia rivoluzionando la ricerca scientifica accelerando il processo di analisi dei dati, migliorando la capacità predittiva dei modelli e aprendo nuove prospettive alla scoperta scientifica. Attraverso l'analisi dei dati, la creazione di modelli predittivi e l'analisi del testo scientifico, l'IA offre agli scienziati uno strumento potente per affrontare le sfide complesse della ricerca scientifica e per ottenere nuove conoscenze e soluzioni.

Sanità

Nel campo della sanità, l'Intelligenza Artificiale sta giocando un ruolo cruciale nella trasformazione del modo in cui diagnosticare, trattare e gestire le malattie. Pensate a quando andate a farvi visitare dal vostro medico di fiducia: immaginate ora che egli abbia a disposizione un'IA che possa analizzare enormi quantità di dati medici in pochi secondi, fornendo preziose informazioni che potrebbero essere al di là delle capacità umane.

Una delle aree più significative in cui l'IA sta facendo la differenza è nella diagnosi precoce delle malattie. Gli algoritmi di apprendimento automatico possono esaminare una vasta gamma di dati medici, come risultati di test, immagini diagnostiche e storici clinici, per individuare *pattern* e segnali precoci di malattie. Per esempio, un algoritmo potrebbe rilevare anomalie al limite del percettibile in una scansione di *"imaging* medico" (radiografia, tomografia computerizzata, risonanza magnetica o l'ecografia, ecc.) che potrebbero indicare la presenza di una malattia, consentendo ai medici di intervenire prima che la condizione diventi grave.

Ma l'IA non si ferma alla diagnosi. Una volta identificata la malattia, può aiutare a sviluppare trattamenti più efficaci e personalizzati. Gli algoritmi di apprendimento automatico possono analizzare i dati genomici e biochimici dei pazienti per identificare quali terapie potrebbero funzionare meglio per ciascun individuo. Questo approccio, noto come "medicina personalizzata", promette di migliorare l'efficacia dei trattamenti e ridurre gli effetti collaterali.

Ma l'IA non si ferma qui: sta anche guidando la ricerca e lo sviluppo di nuovi farmaci. Tradizionalmente, lo sviluppo di un nuovo farmaco richiedeva anni di ricerca e sperimentazione. Con l'aiuto dell'IA, questo processo può essere accelerato. Gli algoritmi possono analizzare enormi database di composti chimici e prevedere quali potrebbero essere efficaci nel trattamento di determinate malattie. Questo approccio può ridurre il tempo e i costi associati allo sviluppo di nuovi farmaci, consentendo di portare trattamenti innovativi sul mercato in modo più rapido.

L'Intelligenza Artificiale ha giocato un ruolo fondamentale nell'accelerare lo sviluppo di terapie farmacologiche e vaccini per contrastare la pandemia da COVID-19. Ha contribuito a ridurre i tempi necessari per sviluppare nuovi farmaci e vaccini utilizzati nella lotta contro la pandemia, migliorare l'efficacia dei farmaci e i vaccini esistenti, creare nuovi strumenti per la diagnosi e il monitoraggio del virus e per approfondire la nostra comprensione del virus stesso e della sua diffusione.

Inoltre, l'IA è utilizzata per guidare lo sviluppo di robot chirurgici e sistemi di monitoraggio dei pazienti. I robot chirurgici possono assistere i chirurghi durante le procedure, migliorando la precisione e riducendo il rischio di complicazioni. I sistemi di monitoraggio dei pazienti possono analizzare costantemente i dati vitali dei pazienti e avvisare i medici in caso di anomalie, consentendo una risposta tempestiva alle emergenze mediche.

Un esempio concreto dell'applicazione dell'IA in ambito sanitario è la diagnosi di malattie della pelle attraverso l'analisi delle immagini. Gli algoritmi di apprendimento automatico possono esaminare fotografie di lesioni cutanee e identificare segni di melanoma o altre condizioni dermatologiche, consentendo una diagnosi precoce e un intervento tempestivo.

Immagina di avere un'app sul tuo telefono che ti permette di scattare una foto a un neo o a una strana lesione sulla pelle. Grazie all'intelligenza artificiale, l'app può esaminare rapidamente e con grande precisione queste immagini. Ti rassicura se tutto sembra normale oppure ti consiglia di consultare un medico se rileva qualcosa di sospetto. Questo permette di intervenire precocemente su condizioni che altrimenti potrebbero essere trascurate fino a quando non causano problemi evidenti, o addirittura troppo tardi. Non è straordinario?

L'IA ha pertanto il potenziale per rivoluzionare il settore sanitario, migliorando la diagnosi, il trattamento e la gestione delle malattie. Con la sua capacità di analizzare grandi quantità di dati medici, sviluppare trattamenti personalizzati e guidare la ricerca di nuovi farmaci, l'IA offre un'opportunità senza precedenti per migliorare la salute e il benessere delle persone in tutto il mondo.

Spazio

Nell'ambito dell'esplorazione spaziale, l'Intelligenza Artificiale sta diventando sempre più fondamentale per svolgere un'ampia gamma di compiti cruciali. Immagina un gruppo di scienziati e ingegneri che lavorano per esplorare lo spazio, affrontando sfide uniche e complesse. Ora hanno un alleato affidabile e potente: l'IA.

Uno dei modi principali in cui l'IA sta rivoluzionando l'esplorazione dello spazio è attraverso l'analisi dei dati spaziali. Quando le sonde spaziali inviano enormi quantità di dati dalla superficie di Marte o da altri corpi celesti, è l'IA che entra in gioco per aiutare gli scienziati a interpretare queste informazioni. Gli algoritmi di Intelligenza Artificiale possono analizzare i dati in tempo reale, individuando *pattern* e fenomeni interessanti che potrebbero sfuggire all'occhio umano. Per esempio, possono individuare la presenza di determinati minerali sulla superficie di un pianeta o segnalare cambiamenti atmosferici significativi. Questo tipo di analisi è fondamentale per aumentare la nostra comprensione dell'universo e per guidare la pianificazione di future missioni spaziali.

Inoltre, l'IA è cruciale nello sviluppo e nell'ottimizzazione di missioni spaziali. Immagina di dover pianificare una missione per esplorare un asteroide o inviare una sonda per studiare un pianeta lontano. Ci sono così tante variabili da considerare: la traiettoria della missione, la durata del viaggio, la comunicazione con la Terra e molto altro ancora. Qui interviene l'IA, che può utilizzare algoritmi complessi per ottimizzare ogni aspetto della missione. Può suggerire la rotta più efficiente da seguire, tenendo conto delle leggi della fisica e delle risorse disponibili. Inoltre, può aiutare a pianificare le attività della missione, garantendo che ogni fase venga eseguita in modo efficace e sicuro.

Ma l'IA non si ferma qui. Sta anche contribuendo alla progettazione di nuovi veicoli spaziali. Immagina di dover progettare un nuovo tipo di veicolo per esplorare la Luna o per viaggiare verso Marte. Qui entra in gioco ancora una volta l'IA, che può utilizzare algoritmi di progettazione assistita per generare e valutare migliaia di possibili design. Può prendere in considerazione una vasta gamma di fattori, come la resistenza strutturale, l'efficienza energetica e la sicurezza dell'equipaggio, per identificare il design ottimale. Questo approccio consente di risparmiare tempo e risorse preziose, accelerando il processo di sviluppo e riducendo i costi complessivi.

Un esempio concreto dell'applicazione dell'IA nello spazio è il lavoro della NASA nel campo dell'esplorazione di Marte. L'agenzia spaziale statunitense utilizza l'IA per analizzare i dati raccolti dal rover *"Curiosity"* sulla superficie del pianeta rosso. Gli algoritmi AI sono in grado di identificare rocce e formazioni geologiche di interesse scientifico, aiutando gli scienziati a pianificare le future attività di esplorazione.

In conclusione, l'IA svolge un ruolo fondamentale nell'esplorazione dello spazio, contribuendo alla nostra comprensione dell'universo e alla pianificazione di missioni spaziali sempre più ambiziose. Con la sua capacità di analizzare dati spaziali complessi, ottimizzare le missioni e guidare la progettazione di veicoli spaziali, l'IA offre un potente strumento per esplorare l'ignoto e perseguire nuove frontiere nell'universo.

Turismo

Nel settore del turismo, l'Intelligenza Artificiale sta emergendo come un alleato prezioso per migliorare l'esperienza dei viaggiatori e rendere più efficienti i processi di gestione. Immagina di pianificare una vacanza: desideri trovare la destinazione perfetta, prenotare il miglior alloggio e scoprire le attività più interessanti da fare durante il tuo viaggio. Qui entra in gioco l'IA, che lavora dietro le quinte per rendere tutto questo possibile in modo più semplice e personalizzato.

Una delle principali applicazioni dell'IA nel turismo riguarda la raccomandazione di destinazioni e attività. Gli algoritmi di raccomandazione possono analizzare le preferenze e le abitudini dei viaggiatori, suggerendo destinazioni ed esperienze che potrebbero interessare loro. Per esempio, se ti piace fare escursioni in montagna e visitare luoghi storici, un sistema di raccomandazione potrebbe suggerirti destinazioni come le Alpi svizzere o i siti archeologici della Grecia. Questo tipo di personalizzazione consente ai viaggiatori di scoprire esperienze uniche e su misura per i loro interessi.

Inoltre, l'IA è utilizzata per semplificare il processo di prenotazione e gestione delle prenotazioni. Immagina di dover prenotare un volo o un hotel per il tuo prossimo viaggio. Gli assistenti virtuali basati su IA possono aiutarti in questo compito, fornendo informazioni in tempo reale sui prezzi e sulla disponibilità e assistendoti nel processo di prenotazione. Alcuni siti web di viaggio utilizzano *chatbot* alimentati da IA che possono rispondere alle tue domande e fornirti assistenza personalizzata durante il processo di prenotazione. Questo rende più semplice e conveniente per i viaggiatori prenotare i loro viaggi, riducendo al contempo il carico di lavoro per gli operatori turistici.

Vediamo un esempio concreto dell'applicazione dell'IA nel settore turistico che prevede l'uso dei *chatbot* nei siti di prenotazione di viaggi: la società statunitense di viaggi online, Expedia, utilizza un *chatbot* chiamato "Expedia Bot" per assistere i clienti nel processo di prenotazione, rispondendo alle loro domande e offrendo suggerimenti su hotel, voli e attività. Questo *chatbot* sfrutta l'IA per comprendere e rispondere in modo intelligente alle domande dei clienti, offrendo un'esperienza di prenotazione più efficiente e personalizzata.

In conclusione, l'IA offre un enorme potenziale nel settore del turismo, consentendo di personalizzare l'esperienza dei viaggiatori e semplificare i processi di prenotazione e gestione delle prenotazioni. Con la sua capacità di analizzare le preferenze dei viaggiatori e fornire raccomandazioni su misura, l'IA sta trasformando il modo in cui pianifichiamo e godiamo dei nostri viaggi. Grazie all'IA, i viaggiatori possono scoprire nuove destinazioni, prenotare facilmente alloggi e attività, godere di esperienze di viaggio più memorabili e soddisfacenti.

Cybersecurity

Nell'era digitale in cui viviamo, la sicurezza informatica è diventata una priorità cruciale. Con sempre più operazioni e transazioni che avvengono online, proteggere le nostre informazioni personali e le infrastrutture critiche è diventato essenziale per la nostra sicurezza e il nostro benessere. È qui che entra in gioco l'Intelligenza Artificiale, offrendo un potente strumento per identificare e prevenire le minacce informatiche in modo efficace e tempestivo.

Immagina un vasto oceano di dati che scorre attraverso i *server* e le reti informatiche di tutto il mondo. Questi dati possono includere comunicazioni, transazioni finanziarie, informazioni personali e molto altro ancora. L'IA può essere addestrata per analizzare questi enormi flussi di dati e individuare anomalie sospette che potrebbero indicare un attacco informatico in corso. Utilizzando algoritmi sofisticati, l'IA è in grado di identificare *pattern* e comportamenti che sono fuori dall'ordinario, come tentativi di accesso non autorizzati o trasferimenti di dati insoliti.

Per esempio, se un *hacker* tenta di infiltrarsi in un sistema informatico inviando una serie di richieste di accesso non valide, l'IA può rilevare questa attività anomala e attivare un allarme per avvisare gli amministratori di sistema. Inoltre, l'IA può essere programmata per prendere misure immediate per bloccare l'attacco, come sospendere l'account dell'*hacker* o bloccare l'indirizzo IP sospetto.

Ma l'IA non si ferma qui. Può anche essere utilizzata per sviluppare sistemi di difesa automatizzati che sono in grado di rilevare e rispondere alle minacce senza l'intervento umano. Questi sistemi, noti come sistemi di rilevamento delle intrusioni basati sull'IA, possono essere addestrati utilizzando enormi *dataset* contenenti informazioni sugli attacchi informatici passati. In questo modo, l'IA impara dai modelli di comportamento delle minacce e può anticipare e prevenire attacchi futuri.

Un esempio concreto di come l'IA sta rivoluzionando la *cybersecurity* è l'utilizzo dei sistemi di rilevamento delle anomalie. Per esempio, se un dispositivo all'interno di una rete aziendale inizia a inviare grandi quantità di dati a un *server* esterno in modo anomalo, il sistema di rilevamento delle anomalie può riconoscerlo come un possibile tentativo di estrazione di dati e attivare le contromisure appropriate per bloccare l'attacco.

Alla luce di quanto detto, è quindi evidente che l'IA svolgerà sempre più un ruolo cruciale nella protezione delle nostre reti e dei nostri dati contro le minacce informatiche. Con la sua capacità di analizzare grandi quantità di dati, identificare *pattern* e comportamenti sospetti e rispondere alle minacce in tempo reale, l'IA offre un'importante linea di difesa nel mondo digitale sempre più complesso e interconnesso in cui viviamo.

Finanza

Nel mondo della finanza, l'Intelligenza Artificiale sta portando significative trasformazioni, influenzando il modo in cui vengono prese le decisioni finanziarie e gestite le operazioni quotidiane. Un esempio chiave di come l'IA è utilizzata è nella previsione delle tendenze di mercato. Gli algoritmi di IA analizzano enormi quantità di dati finanziari storici e in tempo reale per individuare modelli e correlazioni che potrebbero non essere immediatamente evidenti agli esseri umani. Questo tipo di analisi, nota come analisi predittiva, consente agli investitori di prendere decisioni più informate e tempestive sulle loro strategie di investimento, riducendo così il rischio e massimizzando i rendimenti.

Per esempio, supponiamo che un investitore stia valutando l'acquisto di azioni di una determinata azienda. L'IA può analizzare fattori come i dati finanziari dell'azienda, le tendenze di mercato settoriali, i movimenti dei prezzi delle azioni e le notizie rilevanti per individuare *pattern* o segnali che suggeriscano se il prezzo delle azioni aumenterà o diminuirà nel prossimo futuro. Basandosi su queste informazioni, l'investitore può prendere una decisione più informata e mirata sul momento migliore per acquistare o vendere le azioni.

Oltre alla previsione delle tendenze di mercato, l'IA è utilizzata anche per identificare frodi finanziarie e transazioni anomale, apportando un valore aggiunto significativo rispetto alle metodologie tradizionali. Gli algoritmi avanzati di analisi del rischio possono esaminare le transazioni finanziarie per individuare comportamenti sospetti o inconsueti che potrebbero indicare attività fraudolente. Sebbene le istituzioni finanziarie abbiano utilizzato sistemi di monitoraggio delle transazioni per anni, l'IA offre una capacità avanzata di analisi dei dati e di apprendimento automatico. Per esempio, se si intercettano una serie di transazioni non tipiche per un determinato account, come prelievi insolitamente grandi o transazioni in paesi stranieri inusuali, l'IA può non solo segnalare queste attività come potenzialmente fraudolente, ma anche adattare e migliorare continuamente i suoi algoritmi in base alle nuove informazioni e ai pattern emergenti. Questa capacità di adattamento e apprendimento costante consente alle istituzioni finanziarie di rimanere sempre un passo avanti rispetto alle tattiche dei truffatori e di proteggere in modo più efficace i risparmi e gli investimenti dei loro clienti da frodi e comportamenti criminali.

Inoltre, l'IA sta rivoluzionando l'esperienza dei clienti nel settore finanziario. Le istituzioni finanziarie possono offrire assistenza personalizzata ai loro clienti, attraverso l'implementazione di *chatbot* e sistemi di Intelligenza Artificiale conversazionale, cioè quei programmi informatici che utilizzano l'IA per comunicare e interagire con gli esseri umani in modo naturale, come in una conversazione tra persone. Questi sistemi possono rispondere alle domande dei clienti, fornire consigli finanziari e assistere nelle transazioni, migliorando così l'accessibilità e l'efficienza dei servizi finanziari. Per esempio, un cliente potrebbe chattare con un assistente virtuale per ottenere informazioni sul saldo del proprio conto, trasferire fondi tra i conti o chiedere consigli su come risparmiare per la pensione.

Pertanto, l'IA sta svolgendo un ruolo sempre più importante in questo contesto, fornendo strumenti e soluzioni innovative che migliorano la precisione delle decisioni finanziarie, proteggono i risparmi degli individui da frodi e comportamenti fraudolenti e migliorano l'esperienza complessiva dei clienti nel settore finanziario. Grazie all'analisi avanzata dei dati e alla capacità di apprendimento automatico, l'IA sta trasformando il modo in cui interagiamo con questi servizi, offrendo nuove opportunità per ottimizzare la gestione del denaro e ottenere risultati migliori nelle nostre attività finanziarie quotidiane.

Agricoltura

Nel mondo dell'agricoltura, l'Intelligenza Artificiale sta emergendo come una potente alleata per migliorare la produttività e la sostenibilità del settore. Immagina gli algoritmi di IA come piccoli assistenti digitali che aiutano gli agricoltori a prendere decisioni migliori e più informate per coltivare i loro raccolti. Questi algoritmi sono in grado di analizzare enormi quantità di dati provenienti da sensori satellitari, sensori nel terreno e altre fonti per offrire informazioni preziose sull'andamento delle colture e sulle condizioni del suolo.

Uno dei modi principali in cui l'IA sta rivoluzionando l'agricoltura è attraverso il monitoraggio delle colture. Immagina di avere un occhio virtuale che controlla costantemente la salute delle tue piante. Gli algoritmi di IA possono analizzare le immagini satellitari e i dati raccolti dai sensori nel terreno per individuare eventuali problemi precocemente, come carenze di acqua o segni di malattie delle piante. Questo consente agli agricoltori di intervenire tempestivamente, riducendo le perdite di raccolto e migliorando la resa complessiva.

Ma l'IA non si ferma solo al monitoraggio delle colture. Può anche aiutare gli agricoltori a pianificare in modo più efficace le loro operazioni. Utilizzando modelli predittivi basati su dati storici e condizioni ambientali attuali, l'IA può prevedere le rese delle colture. Questo significa che gli agricoltori possono pianificare in anticipo quando seminare e quando raccogliere, ottimizzando così il tempo e le risorse.

Un altro aspetto importante è l'ottimizzazione delle risorse agricole. L'IA può essere utilizzata per sviluppare sistemi intelligenti di irrigazione e fertilizzazione che erogano le risorse in modo mirato in base alle esigenze specifiche delle colture e delle condizioni del suolo. In questo modo, si riducono gli sprechi e si ottimizza l'uso delle risorse, migliorando la sostenibilità ambientale dell'agricoltura.

Ma forse uno dei contributi più rivoluzionari dell'IA all'agricoltura è l'introduzione dei robot agricoli. Immagina di avere sistemi robotizzati che solcano i campi, seminano, raccolgono i raccolti e potano le piante, tutto in modo autonomo. Questi robot, guidati dall'IA, sono in grado di svolgere compiti agricoli complessi in modo efficiente e senza la necessità di una supervisione umana costante. Ciò riduce la dipendenza dall'opera umana, specialmente in situazioni in cui la manodopera è scarsa o costosa, e migliora l'efficienza e la produttività delle operazioni agricole.

L'Intelligenza Artificiale ha dunque il potenziale per trasformare radicalmente l'agricoltura, offrendo agli agricoltori strumenti e soluzioni innovative per migliorare la produttività, ridurre gli sprechi e promuovere la sostenibilità ambientale. Gli algoritmi di IA possono essere assistenti affidabili che lavorano fianco a fianco con gli agricoltori, offrendo supporto e informazioni preziose per prendere decisioni migliori e guidare l'agricoltura verso un futuro più efficiente e sostenibile.

Riflessioni

A conclusione di questo excursus abbiamo compreso come l'Intelligenza Artificiale stia rivoluzionando in modo radicale diversi settori, dall'informatica alla medicina, dalla finanza all'agricoltura. Grazie alla sua capacità di analizzare grandi quantità di dati e generare soluzioni innovative, l'IA promette di migliorare significativamente le nostre vite e di affrontare le sfide più complesse della società moderna. Tuttavia, con le nuove opportunità offerte dall'IA emergono anche nuove sfide e responsabilità. È fondamentale adottare un approccio etico e responsabile nell'uso dell'IA, garantendo che sia utilizzata per il bene comune e il progresso dell'umanità. Come abbiamo più volte già ricordato, tutto questo richiede una riflessione attenta sull'impatto sociale, economico ed etico delle applicazioni dell'IA, nonché l'implementazione di normative e linee guida che assicurino un utilizzo sicuro, equo e trasparente di questa tecnologia in continuo sviluppo. Solo attraverso una gestione oculata e una attenta guida etica possiamo sfruttare appieno il potenziale dell'IA per migliorare le nostre società e la nostra esistenza, mitigandone i rischi.

CAPITOLO 10 – MITIGARE I RISCHI E LE SFIDE DELL'IA

Una valutazione ponderata dei rischi e delle sfide associate all'adozione diffusa dell'Intelligenza Artificiale, con un'analisi dei potenziali impatti negativi e delle strategie per mitigarli.

Dedicheremo questo capitolo all'importanza di valutare in modo ponderato i potenziali rischi e le problematiche legate all'adozione diffusa dell'Intelligenza Artificiale. In questo contesto, è ormai chiaro quanto sia fondamentale analizzare gli impatti negativi che potrebbero derivare dall'ampia diffusione dell'IA per sviluppare strategie efficaci a mitigarli e contenerli.

Esistono molteplici approcci per affrontare i rischi associati all'Intelligenza Artificiale. Qui di seguito, propongo dieci strategie praticabili per mitigare e gestire tali rischi in modo efficace. Queste strategie sono state sviluppate considerando l'ampia gamma di sfide e opportunità presenti nel contesto dell'IA:

1. Usare l'IA per finanziare la gestione dei suoi stessi rischi: Introdurre una politica di finanziamento che obblighi le aziende a destinare una parte dei loro aumentati profitti derivanti dall'uso dell'IA per affrontare le sfide e i problemi associati all'adozione di soluzioni basate proprio sull'IA stessa.

Come è ormai noto, uno dei principali rischi associati all'adozione diffusa dell'IA è la perdita di posti di lavoro dovuta alla cannibalizzazione delle mansioni umane. Tuttavia, è possibile affrontare questo problema utilizzando una parte dei maggiori profitti generati dall'IA per finanziare diverse iniziative. Per esempio, investire nella formazione professionale può aiutare i lavoratori a sviluppare competenze più adatte all'economia digitale, consentendo loro di adattarsi ai cambiamenti del mercato del lavoro. Inoltre, destinare fondi per investimenti in startup può promuovere l'innovazione e creare nuove opportunità lavorative in settori emergenti legati all'IA e alla tecnologia. In aggiunta, contribuire al finanziamento del pensionamento può aiutare a ridurre gli impatti negativi della perdita di posti di lavoro sull'economia e sul benessere sociale. Questo offre una sicurezza finanziaria ai lavoratori colpiti dalla trasformazione digitale e contribuisce a ristabilire un equilibrio tra il periodo di lavoro e quello pensionistico nella vita delle persone.

2. IA come copilota e non come sostituto: Un'altra strategia importante per mitigare i rischi legati all'IA è adottare il suo utilizzo come "copilota", piuttosto che come sostituto dell'uomo. Questo significa integrare l'IA nei processi decisionali umani per migliorarne l'efficacia e l'efficienza, anziché sostituire completamente il lavoro umano. Per esempio, nei settori come la sanità e l'assistenza clienti, l'IA può essere utilizzata per analizzare grandi quantità di dati e fornire raccomandazioni ai professionisti umani, che prendono poi le decisioni finali. In questo modo, si ottiene il meglio di entrambi i mondi: l'IA fornisce supporto e assistenza, mentre gli esseri umani mantengono il controllo e la supervisione.

È importante sottolineare che l'utilizzo dell'IA come "copilota" richiede una stretta collaborazione tra uomini e macchine, nonché una rigorosa supervisione umana. Le decisioni prese dall'IA devono essere trasparenti e comprensibili, e gli esseri umani devono essere in grado di intervenire e correggere eventuali errori o decisioni problematiche. Questo approccio garantisce che l'IA sia utilizzata in modo responsabile e che sia in grado di supportare gli esseri umani nel modo migliore possibile.

3. Investire nella formazione: Una strategia fondamentale per affrontare i rischi legati all'IA è investire nella formazione delle persone. Questo significa promuovere programmi di formazione e corsi di aggiornamento per aiutare le persone a imparare come lavorare con l'Intelligenza Artificiale in modo efficace e sicuro. Questi programmi potrebbero concentrarsi su varie competenze, come l'uso di strumenti digitali, la comprensione dei concetti di base dell'IA e l'apprendimento di nuove abilità che possono essere utili nel contesto lavorativo. Per esempio, potrebbero essere offerti corsi su come utilizzare software specifici o su come interpretare i risultati prodotti dall'IA. Investire nella formazione aiuta le persone a sentirsi più sicure nell'utilizzare l'IA e ad adattarsi ai cambiamenti nel mondo del lavoro, contribuendo a ridurre i rischi associati all'adozione diffusa di questa tecnologia.

4. Creare incentivi per la ricerca etica: Una delle strategie fondamentali per affrontare i rischi legati all'Intelligenza Artificiale è creare incentivi per la ricerca etica. Questo significa promuovere la ricerca e lo sviluppo che si concentrano su valori come trasparenza, equità, responsabilità sociale e impatto ambientale. In pratica, ciò potrebbe significare fornire finanziamenti o sovvenzioni o agevolazioni fiscali alle aziende che promuovono progetti di ricerca e che dimostrano un impegno per questi princìpi. Per esempio, potrebbero essere supportati progetti che sviluppano algoritmi trasparenti e comprensibili, in modo che le persone possano capire come vengono prese le decisioni dall'IA. Inoltre, potrebbero essere sostenute ricerche che esplorano modi per garantire che l'IA sia utilizzata in modo equo e non discriminatorio, a esempio attraverso l'identificazione e la correzione di *bias* nei dati di addestramento. La promozione della responsabilità sociale potrebbe includere progetti che esaminano l'impatto dell'IA sulla società e cercano modi per mitigare gli effetti negativi. Infine, potrebbe essere incoraggiata la ricerca che esplora come l'IA possa essere utilizzata per affrontare le sfide ambientali e promuovere la sostenibilità. Creare incentivi per la ricerca etica è importante perché aiuta a garantire che l'IA sia sviluppata e utilizzata in modo responsabile, contribuendo a ridurre i rischi associati alla sua adozione diffusa.

5. Sviluppare regolamenti e standard: Lo abbiamo ribadito più volte - per gestire meglio i rischi legati all'IA, è essenziale sviluppare regolamenti e standard. Questo implica la collaborazione con tutti i soggetti coinvolti per definire norme internazionali che disciplinino il modo in cui l'IA viene sviluppata e utilizzata. Come già affermato, l'obiettivo principale di questi regolamenti e standard è garantire che l'IA sia usata in modo sicuro, rispettoso della privacy e dei diritti umani. Ciò significa stabilire linee guida chiare su questioni cruciali come la sicurezza dei dati, la trasparenza degli algoritmi e l'impatto sociale dell'IA. Ma è anche indispensabile che questi regolamenti possano essere flessibili per adattarli ai rapidi cambiamenti nel panorama tecnologico, consentendo una regolamentazione efficace anche in futuro. Solo questo approccio può aiutare a mitigare i rischi e le sfide associate all'adozione diffusa dell'IA, assicurando che questa tecnologia sia sviluppata e utilizzata in modo responsabile per il bene comune.

6. Promuovere la diversità e l'inclusione: Un altro elemento di rilevante importanza è favorire la diversità e l'inclusione nei team di sviluppo. Ciò significa assicurarsi che ci siano persone con *background* e prospettive diverse che collaborano alla creazione di soluzioni basate sull'IA. Questo è fondamentale perché consente di ridurre il rischio di discriminazione algoritmica, ossia situazioni in cui gli algoritmi possono perpetuare pregiudizi o discriminazioni presenti nella società. Avendo una varietà di prospettive rappresentate nei team, si possono sviluppare soluzioni più equilibrate e inclusive, che tengano conto delle esigenze e dei punti di vista di una vasta gamma di persone. In questo modo, si può mitigare il rischio di creare sistemi basati sull'IA che favoriscono solo alcuni gruppi a discapito di altri. Promuovere la diversità e l'inclusione non solo rende le soluzioni più etiche ed equilibrate, ma anche più efficaci, in quanto possono meglio rispondere alle esigenze di una società diversificata.

7. Stimolare la trasparenza: È importante promuovere la trasparenza. Questo significa che dovremmo chiedere che gli algoritmi utilizzati e i dati usati per addestrare i modelli di IA siano resi pubblici. In pratica, ciò consentirebbe agli esperti e al pubblico di comprendere meglio come funzionano questi sistemi e di valutarne l'affidabilità e l'equità. Quando gli algoritmi e i dati sono trasparenti, è possibile esaminarli per individuare eventuali pregiudizi o errori e correggerli. Questa trasparenza aiuta a creare fiducia nei sistemi basati sull'IA e a garantire che siano utilizzati in modo responsabile ed equo. Inoltre, permette alle persone di capire meglio come vengono prese le decisioni basate sull'IA e quali informazioni vengono considerate. In definitiva, promuovere la trasparenza nell'IA è fondamentale per assicurare che questa tecnologia sia al servizio del bene comune e rispetti i diritti e le libertà delle persone.

8. Creare organismi di vigilanza indipendenti: Una strategia importante è certamente quella di creare organismi di vigilanza indipendenti. Questi organi sarebbero responsabili di tenere d'occhio l'utilizzo dell'IA e assicurarsi che vengano rispettate le regole e gli standard etici stabiliti. Essenzialmente, sarebbero come degli arbitri per controllare che tutto funzioni correttamente nel mondo dell'IA. Questi organismi garantirebbero che le persone e le aziende usino l'IA in modo responsabile, evitando di fare cose sbagliate o dannose.

Inoltre, monitorerebbero i progressi nell'ambito dell'IA e suggerirebbero eventuali modifiche alle regole o ai protocolli per renderli più efficaci e sicuri. In questo modo, l'IA potrebbe essere sviluppata e utilizzata in modo più responsabile e sicuro, contribuendo a ridurre i rischi e le sfide che potrebbero sorgere dall'adozione diffusa di questa tecnologia.

9. Favorire la collaborazione internazionale: È fondamentale affrontare le sfide globali associate all'IA, lavorando insieme a livello mondiale. Questo significa collaborare con altri paesi senza pregiudizi e senza confini politici e mentali. La collaborazione internazionale nell'ambito dell'IA, significa condividere informazioni, risorse e le migliori strategie per gestire l'IA in modo sicuro ed efficace. Questo ci permette di sviluppare approcci comuni e coordinati, garantendo che le azioni siano coerenti e armonizzate a livello globale. In sostanza, lavorare insieme ci rende più forti nel mitigare i rischi e superare le sfide legate all'IA, poiché affrontiamo questi problemi non solo come singoli paesi, ma come comunità globale.

10. Promuovere la responsabilità aziendale: È importante che le aziende adottino politiche e pratiche responsabili. Ciò significa che le aziende dovrebbero prendere in considerazione non solo il profitto, ma anche l'impatto sociale e ambientale delle loro tecnologie basate sull'IA. Questo può includere la valutazione degli effetti che i loro prodotti e servizi possono avere sulle persone e sull'ambiente circostante. Per esempio, un'azienda potrebbe far suo l'impegno di decidere di utilizzare l'IA in modo da non discriminare alcun gruppo di persone o di sviluppare tecnologie che riducano l'inquinamento ambientale. Promuovere la responsabilità aziendale significa incoraggiare le aziende a prendere in considerazione il bene comune, nel giusto equilibrio con il proprio interesse finanziario, quando utilizzano l'IA. Questa pratica contribuisce a garantire un uso etico e sostenibile dell'IA, riducendo i rischi legati alla sua diffusa adozione in maniera indiscriminata.

11. Monitorare gli impatti sociali ed economici: Inutile sottolineare quanto sia determinante tenere sotto controllo gli effetti che l'Intelligenza Artificiale può avere sulla società e sull'economia. Questo significa fare studi regolari per capire come e se l'IA stia influenzando il lavoro, il mercato del lavoro e le disuguaglianze tra le persone. Monitorare gli impatti sociali ed economici ci aiuta a capire meglio quali cambiamenti sono in corso e quali politiche pubbliche potrebbero essere adottate per far fronte in maniera efficace a queste trasformazioni. Per esempio, se si rilevasse che l'IA stia riducendo alcuni tipi di lavoro, si potrebbero avviare tempestivamente programmi di formazione per aiutare le persone a sviluppare nuove competenze. Se dal monitoraggio continuo emergesse che l'IA stesse contribuendo all'aumento delle disuguaglianze, sarebbe possibile adottare politiche mirate a garantire un accesso più equo alle varie opportunità.

Questo modo di agire, basato sul monitoraggio costante degli impatti sociali ed economici dell'IA, ci consentirebbe di adattare azioni efficaci e tempestive per promuovere lo sviluppo di una società più equa e sostenibile.

12. Coinvolgere la società civile e le comunità locali: In ultimo, non è possibile affrontare i rischi e le sfide legati all'Intelligenza Artificiale, senza porsi il tema del coinvolgimento della società civile e delle comunità locali. Questo significa far partecipare attivamente le persone comuni, le organizzazioni della società civile e i gruppi locali nel processo decisionale sull'IA. L'obiettivo è sviluppare tecnologie che rispettino le esigenze e i valori delle persone coinvolte. Per esempio, potrebbero essere organizzati incontri pubblici o consultazioni online per raccogliere opinioni e *feedback* sulla direzione dell'IA. Coinvolgendo la società civile e le comunità locali, possiamo assicurarci che le tecnologie siano progettate affinché il maggior numero possibile di persone ne possa trarre beneficio, rispettando le specifiche esigenze delle collettività.

Per concludere, affrontare i rischi e le sfide legati alla diffusione dell'Intelligenza Artificiale richiede un approccio riflessivo e l'implementazione di strategie mirate. Le strategie esaminate sono solo alcune delle molte che possono aiutare a massimizzare i vantaggi dell'IA, mentre si affrontano e si attenuano i rischi ad essa associati. È cruciale trovare un equilibrio tra l'adozione dell'IA per migliorare la nostra qualità di vita e la protezione degli interessi umani e sociali. Questo significa sviluppare politiche e normative che promuovano un utilizzo etico e responsabile dell'IA, coinvolgere la società civile nel processo decisionale e garantire la trasparenza e la responsabilità nell'uso di questa tecnologia. Solo attraverso un approccio equilibrato e consapevole possiamo sfruttare appieno il potenziale dell'IA, garantendo nel contempo che sia utilizzata in modo sicuro e rispettoso dalle persone e dalle comunità.

CAPITOLO 11 – LA MAGIA DEI PROMPT: L'ARTE DI "SUSSURRARE" ALLE MACCHINE

Esaminiamo i "prompt" come strumenti fondamentali per interagire in modo efficace con le applicazioni di Intelligenza Artificiale Generativa

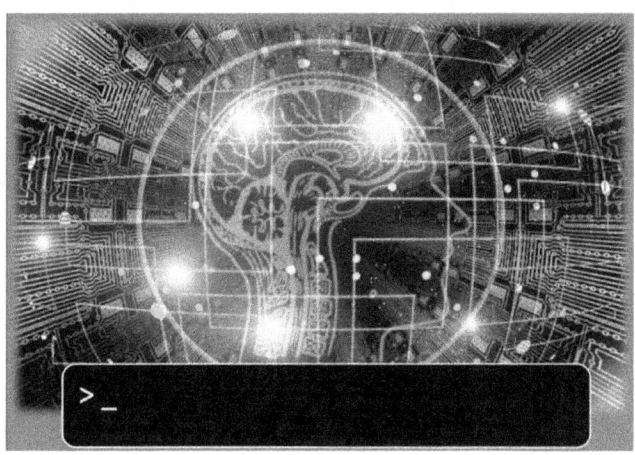

L'Intelligenza Artificiale Generativa (IAG) è come una bacchetta magica che può trasformare le nostre parole in opere d'arte, storie avvincenti o persino in musica incantevole. Ma dietro a questa magia c'è una formula segreta che fa sì che tutto funzioni: i *"prompt"*.

I *prompt* sono essenzialmente le istruzioni o le richieste che gli utenti forniscono all'Intelligenza Artificiale affinché possa generare una risposta o un'azione appropriata. Nell'interfaccia grafica di un'applicazione IAG, il *prompt* è rappresentato da una finestrella con un cursore lampeggiante, dove gli utenti possono digitare la loro richiesta o inserire informazioni. Questa finestrella funge da porta di accesso al mondo dell'IAG, consentendo agli utenti di interagire con l'Intelligenza Artificiale attraverso il loro input. Quando gli utenti inviano un *prompt*, l'IA elabora le informazioni fornite e genera una risposta in base ai suoi modelli e algoritmi di apprendimento. In questo modo, i *prompt* sono fondamentali per avviare e guidare le conversazioni con l'IA e per ottenere risposte mirate e pertinenti alle domande degli utenti.

Immagina di dover spiegare qualcosa a un amico. Per farlo nel modo migliore, devi usare le parole corrette, giusto? Lo stesso vale per far capire alle macchine cosa vogliamo da loro. Il modo in cui poniamo le domande o descriviamo i compiti alle macchine è fondamentale per ottenere risultati precisi ed efficaci.

Quindi, il *prompt* è come una guida con la quale diamo un contesto di riferimento all'Intelligenza Artificiale per aiutarla a capire cosa vogliamo che lei faccia.

Io studio accurato dei *prompt* è divenuto un elemento talmente importante che ne è nata una vera e propria materia di studio: la "*Prompt engineering*", ovvero l'arte di "sussurrare" alle macchine.

Fare questo nel modo migliore richiede una comprensione approfondita del funzionamento dell'IA e delle sue capacità, funzionale alla predisposizione di *prompt* chiari, dettagliati e pertinenti all'obiettivo dell'interazione con l'IA. Si tratta di scegliere le parole giuste, i dettagli giusti e la struttura giusta per ottenere ciò che vogliamo dall'IA, ottimizzando così l'efficienza e l'efficacia dell'interazione uomo-macchina.

Questa materia è diventata così importante perché influisce direttamente sulle prestazioni dell'IA. Un *prompt* ben progettato può portare a risultati accurati e utili, mentre un *prompt* confuso o poco chiaro può portare a risposte errate o inutili.

Quindi, la "*Prompt engineering*", è un mix di scienza e creatività, dove gli esperti lavorano per trovare il modo migliore di comunicare con le macchine e ottenere ciò di cui abbiamo bisogno.

Immagina di avere una chiave segreta che apre una porta magica. I *prompt* sono proprio come questa chiave. Sono le parole o frasi che noi umani inviamo all'Intelligenza Artificiale per guidarla nel processo creativo. È come dare indicazioni a un mago su cosa vogliamo che crei.

Ma attenzione, non è solo una questione del mettere insieme alcune parole chiave: ci sono alcune cose importanti da tenere a mente quando si usa l'Intelligenza Artificiale Generativa.

Immagina di chiedere all'Intelligenza Artificiale di aiutarti a scrivere una lettera importante a un amico o di creare un'immagine per un regalo speciale. È importante capire come scrivere i comandi o le domande in modo che l'IA possa capire esattamente cosa desideri. Per esempio, se vuoi scrivere una lettera gentile, devi chiarire la tua intenzione e scrivere un *prompt* come "*Vorrei scrivere una lettera gentile al mio caro amico. Aiutami a esprimere i miei sentimenti in modo amorevole e cordiale.*" In questo modo, l'IA saprà cosa stai cercando e ti aiuterà nel modo migliore possibile. Se invece vuoi creare un'immagine, devi essere specifico su cosa desideri e quali dettagli vuoi includere. Per esempio, potresti dire "*Vorrei creare un'immagine di un tramonto con alberi e un lago calmo, che sia rilassante e piena di colori caldi*". Così facendo, l'IA saprà esattamente cosa creare per te. Comprendere le logiche di base per scrivere *prompt* efficaci ti aiuterà a ottenere risultati migliori e a sfruttare al meglio le potenzialità dell'IA per le tue esigenze personali.

Ecco un rapido riepilogo dei sette punti cardini a cui fare attenzione nella compilazione dei *prompt*:

1. **Chiarezza e Specificità**: Assicurati che il *prompt* sia chiaro e specifico, fornendo istruzioni dettagliate sull'output desiderato.

2. **Coerenza**: Verifica che le parole nel *prompt* siano coerenti tra loro e compongano un messaggio logico.

3. **Lunghezza Adeguata**: Trova un equilibrio nella lunghezza del *prompt*, evitando di renderlo troppo breve o troppo lungo.

4. **Tonalità e Stile Appropriati**: Adatta il tono e lo stile del *prompt* al tipo di output desiderato, che sia giocoso, serio, formale o altro.

5. **Consapevolezza dei Bias**: Devi essere consapevole dei pregiudizi impliciti nel *prompt* per evitarne l'introduzione nell'output dell'IA.

6. **Evitare le Allucinazioni**: Presta attenzione affinché il *prompt* non induca l'IA a generare output distorsivi o irrealistici.

7. **Revisione e Raffinamento**: Rivedere attentamente il *prompt* per assicurarsi che sia ben formulato e privo di ambiguità.

Seguire questi punti d'attenzione può contribuire a ottenere risultati più accurati e affidabili dall'Intelligenza Artificiale Generativa.

Esploriamo questo tema con maggiore precisione, analizzando dettagliatamente ciascuno dei setti punti fondamenti nelle loro caratteristiche distintive.

1 - Chiarezza e Specificità

La scelta delle parole nel *prompt* è fondamentale. Devono essere chiare e specifiche per ottenere i risultati desiderati. Per esempio, se vogliamo che l'IA generi una poesia romantica, il *prompt* dovrebbe includere parole come "amore", "cuore", "stelle". Queste parole daranno alla macchina un'idea precisa di ciò che vogliamo.

Immagina, di voler chiedere alla tua Intelligenza Artificiale di scrivere una breve storia su una giornata al parco. Invece di scrivere un *prompt* vago come "*Scrivi una storia*", è bene essere più specifici e chiari. Per esempio, potresti scrivere: "*Scrivi una breve storia di almeno 300 parole su una giornata al parco. Descrivi il tempo, le persone che incontri, le attività che svolgi e i suoni e gli odori che percepisci. Concludi con una riflessione su ciò che questa giornata significa per te.*" In questo modo, l'Intelligenza Artificiale avrà istruzioni chiare su cosa scrivere e potrà creare una storia che rispecchi esattamente ciò che desideri.

2 - Coerenza

Un altro aspetto cruciale riguarda la coerenza del *prompt*. È importante che le parole utilizzate siano logiche e coese tra loro. Immagina di chiedere a un amico di raccontare una storia su un viaggio in montagna, ma poi aggiungi che il viaggio deve avvenire sott'acqua. Questo renderebbe il *prompt* confuso e contraddittorio, perché le montagne non sono sott'acqua. Così come un amico potrebbe avere difficoltà a capire cosa vuoi dalla sua storia, anche l'Intelligenza Artificiale potrebbe faticare a creare un output coerente se il *prompt* non è chiaro e logico.

3 - Lunghezza Adeguata

È importante considerare la lunghezza del *prompt*: se fosse troppo breve, potrebbe non fornire abbastanza dettagli all'IA per generare un output significativo. Per esempio, se chiediamo all'IA di scrivere una storia su un gatto senza fornire ulteriori dettagli, potremmo ottenere un risultato molto generico e poco interessante. D'altra parte, se il *prompt* è troppo lungo, potrebbe confondere la macchina e renderle difficile comprendere l'obiettivo della richiesta. Per esempio, se scriviamo un intero paragrafo di istruzioni dettagliate su ciò che vogliamo, l'IA potrebbe perdersi tra le informazioni e produrre un output errato. Pertanto, è importante trovare un equilibrio ottimale nella lunghezza del *prompt*, fornendo informazioni sufficienti senza sovraccaricare l'IA con dettagli superflui o ridondanti.

4 - Tonalità e Stile Appropriati

Per ottenere risultati ottimali dall'Intelligenza Artificiale Generativa, è essenziale considerare il tono e lo stile del *prompt*. Per esempio, se desideriamo una storia divertente, possiamo essere più precisi nella richiesta, utilizzando termini come "umoristico", "comico" o "giocoso". Un esempio di *prompt* più specifico potrebbe essere: "*Scrivi una storia umoristica su un cane di nome Atena che impara a fare il surf*". In questo modo, l'IA capirà chiaramente l'obiettivo desiderato e adatterà il suo output di conseguenza.

Allo stesso modo, se vogliamo un poema serio, possiamo esplicitamente richiedere un tono formale e riflessivo nel *prompt*. Per esempio, possiamo chiedere: "*Crea un poema sulla bellezza della natura con tono contemplativo*". Questo tipo di istruzione fornisce all'IA una guida chiara su cosa creare e in che modo farlo.

Inoltre, possiamo essere più specifici nell'uso di termini nel *prompt* stesso. Per esempio, invece di chiedere semplicemente una "storia divertente", possiamo essere più precisi e specificare il genere di umorismo desiderato. Potremmo scrivere: "*Scrivi una storia umoristica che includa situazioni imbarazzanti e giochi di parole*". In questo modo, l'IA avrà una migliore comprensione delle nostre aspettative e produrrà un risultato più adatto.

Utilizzando metodi alternativi come l'esplicitazione del tono desiderato e l'uso di termini specifici, possiamo guidare in modo più efficace il processo creativo dell'IA.

5 - Consapevolezza dei Bias

È fondamentale essere consapevoli del potenziale *bias* nei *prompt*, ovvero dei pregiudizi impliciti o delle influenze indesiderate che possono essere introdotti nell'output dell'IA a causa delle parole che utilizziamo. Per esempio, se chiediamo all'IA di descrivere una persona di successo e nel *prompt* includiamo

stereotipi di genere o di razza, potremmo ottenere un'immagine distorta o discriminante. Allo stesso modo, se richiediamo all'IA di generare un testo su una certa categoria di persone e utilizziamo termini negativi o generalizzazioni ingiuste nel *prompt*, potremmo incoraggiare l'IA a produrre contenuti che riflettono tali pregiudizi.
Per illustrare meglio il concetto, consideriamo ora degli esempi di prompt corretto e con potenziale rischio di bias:

- Prompt corretto: "*Descrivi una persona di successo con qualità come determinazione, creatività e capacità di leadership.*"
- Prompt con potenziale rischio di bias: "*Descrivi una persona di successo nel mondo degli affari che abbia una famiglia tradizionale e trascorra molto tempo con i figli.*"

In questo secondo prompt, anche se non sono inclusi stereotipi razziali o di genere espliciti, si fa implicitamente riferimento a un modello tradizionale di successo che potrebbe essere considerato discriminatorio nei confronti di coloro che non seguono un modello familiare tradizionale o non hanno figli. Questo tipo di prompt potrebbe influenzare l'output dell'IA verso una descrizione limitata e discriminatoria delle persone di successo nel mondo degli affari.

6 - Evitare le Allucinazioni

Le allucinazioni dell'IA sono errori che la macchina commettere quando produce informazioni distorte o fantasiose. Per esempio, quando chiedi all'IA di scrivere qualcosa rispetto ad un fatto specifico, potrebbe inventare parti che non sono vere o plausibili. Questi errori sono chiamati "allucinazioni" perché l'IA crea qualcosa che sembra reale, ma che in realtà non lo è.

Possiamo immaginare come la questione delle allucinazioni sia di grande importanza soprattutto nel campo della ricerca. È essenziale che i ricercatori, e in generale chiunque utilizzi questi modelli, abbiano fiducia nei risultati ottenuti. Purtroppo a oggi, non siamo ancora arrivati a un punto in cui possiamo fidarci ciecamente dei modelli di Intelligenza Artificiale e pertanto è sempre bene controllare, incrociando le fonti informative, soprattutto su questioni importanti.

Fortunatamente, sono stati compiuti progressi significativi in questo ambito. Si stanno conducendo studi approfonditi per comprendere e gestire al meglio questa problematica. Le allucinazioni possono derivare da diverse cause: per esempio, i modelli vengono addestrati su una vasta quantità di dati senza una struttura chiara, il che può portare a una conoscenza caotica. Questo può comportare difficoltà oggettiva da parte del modello IA nel selezionare la risposta migliore tra le opzioni disponibili. Tuttavia, sono stati compiuti notevoli miglioramenti in questa fase attraverso un ulteriore affinamento dei modelli.

Quando usiamo l'IA, dobbiamo fare molta attenzione a come formuliamo domande o comandi nei *prompt*. Se chiediamo qualcosa in modo ambiguo o confuso, l'IA potrebbe rispondere in modo strano, con qualcosa di molto fantasioso perché non ha una comprensione umana del mondo.

Inoltre, è importante ricordare che l'IA non sa distinguere tra ciò che è vero e ciò che è falso. Se le chiediamo di cercare informazioni su Internet, potrebbe trovare notizie false o poco affidabili e costruire su queste delle risposte credibili. In generale i modelli di IAG non vanno usati come se fossero motori di ricerca per Internet perché non sono fatti per attingere da informazioni esterne. Generano un testo in modo verosimile ma è estremamente difficile capire cosa sia reale e cosa invece non lo è.

Quindi, quando usiamo l'IAG, dobbiamo essere pazienti e critici. A secondo degli usi che dobbiamo fare delle informazioni che ci fornisce, dobbiamo verificarle sempre e assicurarci che siano accurate e affidabili.

Nella composizione dei *prompt* dovremmo formulare le domande in modo chiaro e preciso con espressioni neutre, inclusive e prive di pregiudizi, per garantire che l'IA produca risultati sensati, equi e accurati. Solo così possiamo sfruttare appieno il potenziale dell'IA senza cadere nelle trappole delle sue allucinazioni.

Un modo efficace è chiedere direttamente all'IAG cosa dovremmo includere nel nostro prompt per ottenere un risultato utile e adatto ai nostri scopi. Per esempio: *"Quali informazioni aggiuntive dovrei includere nel mio prompt per ottenere una descrizione accurata e dettagliata di un paesaggio naturale?"*

Utilizzare questa tecnica può aiutare a ottimizzare i risultati, assicurandosi che il prompt sia formulato in modo accurato e dettagliato, massimizzando così l'efficacia dell'IAG nel fornire un output pertinente ai nostri obiettivi.

7 - Revisione e Raffinamento

Quando scriviamo un *prompt* per la nostra IAG, è importante non dare nulla per scontato e rivedere attentamente ciò che abbiamo scritto. Potremmo pensare che il nostro *prompt* sia chiaro, ma una revisione attenta talvolta può aiutarci a rivelare ambiguità o mancanza di chiarezza. Per esempio, se vogliamo chiedere all'IA di scrivere una ricetta per una torta al cioccolato, potremmo scrivere un *prompt* come "*Scrivi una ricetta per una torta al cioccolato*". Tuttavia, se rivediamo attentamente il prompt, potremmo renderci conto che potrebbe essere troppo generico e quindi potrebbe essere interpretato in modi diversi rispetto a quello che vogliamo. Quindi, potremmo raffinarlo ulteriormente in qualcosa di più specifico e chiaro, come "*Scrivi una ricetta dettagliata per una torta al cioccolato, includendo gli ingredienti necessari, le istruzioni passo dopo passo per la preparazione e il tempo di cottura*". In questo modo, garantiamo che l'IA capisca esattamente cosa vogliamo e che il risultato sia preciso e adatto alle nostre esigenze.

In conclusione, i *prompt* sono la chiave per sbloccare la magia dell'Intelligenza Artificiale Generativa. Con le giuste parole e l'attenzione necessaria, possiamo trasformare i nostri pensieri in opere di arte, rendendo l'IA non solo un assistente, ma anche un vero e proprio compagno creativo.

CAPITOLO 12 - TRARRE VANTAGGIO DALL'IA NELLE PICCOLE COSE DELLA VITA QUOTIDIANA

Comprendere e abbracciare i cambiamenti portati dall'Intelligenza Artificiale per coglierne le opportunità e sfruttarne i benefici anche nelle azioni della nostra quotidianità

Giunto a questo punto avrai compreso quanto le nuove tecnologie possano fare la differenza nella nostra vita di tutti i giorni. Non è solo "roba" per gli scienziati o le grandi aziende; è qualcosa che può essere utile a tutti noi. Le nuove tecnologie possono semplificare le cose e migliorare la qualità della nostra vita in modi che potremmo non immaginare.

Forse ti stai chiedendo cosa significhi per te. Beh, potrebbe significare meno timori riguardo a queste tecnologie e più possibilità di usarle nella tua vita quotidiana per rendere le cose più facili e più divertenti.

In base a ciò che ti piace fare e a ciò che ti interessa, ci sono molte applicazioni interessanti che utilizzano tecnologie di Intelligenza Artificiale Generativa che potrebbero essere utili per te. Le più semplici da usare sono quelle che ti permettono di *chattare*, cioè conversare usando il linguaggio naturale, e chiedere all'IAG di fare qualcosa, e questa ti risponderà nello stesso modo.

Immagina di parlare con un amico, solo che questa volta non c'è una persona dall'altra parte, ma un sistema intelligente che può accedere a enormi quantità di informazioni per risponderti e assisterti in qualsiasi situazione.

Alcune Idee

Ecco alcune idee su come potresti usare queste nuove tecnologie di Intelligenza Artificiale Generativa (IAG) nella tua vita quotidiana:

Risposte semplici a domande complesse
È possibile rivolgersi all'IAG per ottenere risposte a domande su una vasta gamma di argomenti, come la storia, la cucina, la salute, la famiglia e altro ancora. Per esempio, si potrebbe chiedere all'IAG come preparare una ricetta specifica, come risolvere un problema tecnologico semplice, o chiedere informazioni su un evento storico.

Storie e racconti
L'IAG può aiutare a scrivere storie o racconti per intrattenere i propri figli o nipoti oppure semplicemente per esprimere la tua creatività. Può chiedere all'IAG di generare idee per storie, aiutarti a sviluppare personaggi o scrivere parti di narrazione.

Usare le giuste parole
L'IAG può aiutare a esprimere pensieri, racconti e riflessioni in modo corretto e appropriato, suggerendo le parole e la struttura grammaticale più adatte. Con la sua capacità di comprendere il contesto e le sfumature del linguaggio, può fornire un supporto prezioso per comunicare con chiarezza ed efficacia.

Consigli e suggerimenti
È possibile rivolgersi all'IAG per chiedere consigli su questioni pratiche della vita quotidiana, come la cura delle piante, la gestione del tempo libero, consigli su cosa leggere o guardare in TV, e altro ancora.

Apprendimento e istruzione
L'IAG può essere un ottimo strumento per l'apprendimento e l'istruzione. È possibile chiedere spiegazioni su concetti difficili, traduzioni di parole o frasi in altre lingue, o anche aiuto con i compiti dei ragazzi.

Ricerca online
Se hai domande su un argomento specifico o vuoi saperne di più su un certo argomento, puoi chiedere a all'IAG di condurre una ricerca online e riassumere le informazioni trovate in modo semplice e comprensibile.

Pianificazione e organizzazione
L'IAG può aiutarti a pianificare le tue giornate, fare liste della spesa efficaci, ricordare appuntamenti e impegni, e altro ancora. Può anche aiutare a formulare messaggi e-mail o testi per comunicare con familiari o amici.

Intrattenimento
L'IAG può essere una fonte di intrattenimento per chiunque, fornendo battute, indovinelli, curiosità, o anche partecipando a conversazioni casuali su argomenti di interesse.

Riassunto di testi lunghi o scritti in un linguaggio complesso
È possibile chiedere all'IAG di riassumere testi, articoli o documenti complicati in parole semplici e comprensibili. Questo potrebbe aiutarti a comprendere meglio argomenti complessi o a ottenere un'idea generale di testi difficili da affrontare.

Traduzioni da lingue straniere
Come già menzionato, è possibile utilizzare l'IAG per tradurre testi da una lingua straniera alla sua lingua madre. Questo potrebbe essere utile quando si leggono articoli online, corrispondenza o contenuti multimediali provenienti da paesi stranieri.

Aiuto nella scrittura di lettere personali
L'IAG può aiutarti a scrivere lettere personali, come quella a un'amica o un amico, esponendo chiaramente i tuoi sentimenti con delicatezza e affetto. L'IAG può suggerire parole e frasi appropriate per esprimere sentimenti amorevoli e rispettosi. In poche parole può aiutarti a trovare le parole giuste per esprimere ciò che vorresti dire.

Risoluzione di problemi tecnici
Se hai problemi tecnici con il tuo computer, telefono o altri dispositivi elettronici, puoi chiedere aiuto all'IAG per risolvere il problema. Per esempio, potresti chiedere come risolvere un problema con il computer o come utilizzare una nuova app sul tuo telefono.

Consigli sulla salute e il benessere
È possibile chiedere all'IAG consigli su questioni di salute e benessere, come suggerimenti per una dieta sana, esercizi leggeri da fare a casa, o come gestire piccoli disturbi comuni come mal di testa o dolori muscolari.

È importante sottolineare che, sebbene l'IA possa essere uno strumento prezioso, non sostituisce l'interazione umana o la consulenza professionale. È sempre meglio consultare un medico o un esperto per qualsiasi questione medica.

Aiuto con i passatempi e gli hobby
Chiunque abbia un hobby o un interesse particolare, potrebbe chiedere consigli o informazioni su come approfondirlo ulteriormente. Per esempio, potrebbe chiedere all'IAG suggerimenti su come iniziare a dipingere o a fare giardinaggio.

Curiosità e cultura generale
L'IAG può rispondere a domande su una vasta gamma di argomenti, dalla storia alla geografia, dalla scienza alla cultura popolare. È possibile richiedere informazioni su un personaggio storico, su un luogo da visitare, o su un film o libro di tendenza.

Risoluzione di dubbi linguistici
Chiunque abbia dubbi sulla grammatica, sull'ortografia o sul significato di una parola, può chiedere aiuto a all'IAG per chiarire la sua confusione e migliorare la sua comprensione della lingua.

Questi sono solo alcuni esempi di come potresti utilizzare applicazioni di IAG nella tua vita quotidiana. La versatilità e l'ampia gamma di funzionalità offerte dalla maggior parte delle applicazioni IAG possono rendere l'esperienza di interazione con l'IA stimolante e utile per persone di tutte le età.

A cosa fare attenzione

Quando si dialoga con un sistema IAG è importante che non ci si affidi esclusivamente alle sue risposte per questioni importanti o critiche. I sistemi di IAG, come qualsiasi altra tecnologia, può commettere errori. Pur essendo un modello di Intelligenza Artificiale avanzato, non è infallibile e può generare risposte non corrette o incomplete.

Abbiamo già discusso di questo aspetto nei capitoli precedenti, ma ora cerchiamo di riassumere e comprendere insieme i possibili errori che i sistemi di IAG potrebbero commettere.

1. Interpretazione errata delle domande: l'IAG potrebbe non comprendere correttamente il contesto o il significato di una domanda, portando a risposte fuorvianti o non pertinenti.

2. Informazioni errate o distorte: se le informazioni su cui è stato addestrato l'IAG contengono errori o pregiudizi, potrebbe replicarli nelle sue risposte, fornendo quindi informazioni inesatte o distorte.

3. Incapacità di comprendere contesti complessi: l'IAG potrebbe avere difficoltà nel comprendere contesti complessi o sottigliezze emotive presenti in una conversazione umana, portando a risposte non adeguate o incomplete.

4. Limitazioni linguistiche: l'IAG potrebbe avere difficoltà con linguaggi o dialetti particolari, il che potrebbe portare a fraintendimenti o a risposte non adeguate.

5. Risposte non sempre aggiornate: Se le informazioni su un argomento sono cambiate o sono state aggiornate dopo l'addestramento dell'IAG, potrebbe fornire risposte obsolete o non del tutto accurate.

6. Possibilità di replicare contenuti dannosi: se l'IAG è esposto a dati dannosi o discutibili durante l'addestramento, potrebbe replicare tali contenuti nelle sue risposte.

Per questi motivi, in genere i sistemi di IAG avvisano gli utenti di verificare sempre le informazioni importanti con fonti affidabili e di utilizzare il proprio discernimento insieme alle risposte fornite dall'IA. Inoltre, per questioni critiche o sensibili (esempio in campo medico) è sempre consigliabile consultare esperti qualificati o fonti ufficiali.

CAPITOLO 13 – APPLICAZIONI E STRUMENTI IA PER LA VITA QUOTIDIANA

Ecco una breve guida per orientarsi tra gli strumenti utili per navigare con saggezza, consapevolezza e discernimento, nel mondo dell'Intelligenza Artificiale Generativa

Ora che abbiamo acquisito una comprensione dell'Intelligenza Artificiale, comprese le sue immense capacità e le sue possibili limitazioni, ci troviamo a chiederci come poterla integrare nelle nostre attività quotidiane per trarne vantaggio. Tuttavia, sebbene motivati, potremmo sentirci smarriti nel mare delle opzioni disponibili e incerti su come iniziare o su quali applicazioni sfruttare. Fortunatamente, esistono diverse funzionalità di IA generativa che possono essere utilizzate con facilità anche da coloro con limitata esperienza informatica.

IAG per il Testo

La scelta del miglior modello di intelligenza artificiale per la generazione di testo in italiano dipende da diverse variabili, tra cui:

- Le tue specifiche esigenze: che tipo di testo vuoi generare? Hai bisogno di un modello che sia in grado di produrre diversi formati di testo (per esempio,

articoli, post sui blog, storie, poesie) o che sia specializzato in un dominio specifico (a esempio, legale, medico, scientifico)?
- La qualità del testo: Quanto è importante per te che il testo generato sia grammaticalmente corretto, fluente e creativo?
- La facilità d'uso: hai bisogno di un modello che sia facile da usare e accessibile anche agli utenti non esperti?
- Il costo: sei disposto a pagare per un modello a pagamento o preferisci un modello gratuito?

Detto questo, ecco alcuni modelli di intelligenza artificiale per la generazione di testo in italiano attualmente disponibili tra quelli gratuiti, o che offrono anche una profilazione gratuita.

1. ChatGPT

ChatGPT è uno strumento online sviluppato da OpenAI, che utilizza l'intelligenza artificiale per generare testi realistici e creativi in modo semplice e veloce. Possiamo considerarlo il primo modello che ha contribuito a diffondere la consapevolezza sull'esistenza dell'Intelligenza Artificiale, essendo stato il primo a essere reso disponibile al pubblico gratuitamente. Può essere utilizzato per una varietà di scopi, come scrivere poesie, racconti, email, script e altro ancora, generare idee per contenuti creativi, tradurre testi da una lingua all'altra, scrivere elaborati per siti web o blog e creare chatbot coinvolgenti.

Funziona apprendendo da un vasto database di testi e codici, permettendo di generare testi simili a quelli umani ma con un tocco di originalità. L'utilizzo è intuitivo: basta accedere al sito web di ChatGPT, descrivere nel *"prompt"* ciò che si vuole generare, specificando e contestualizzando il tipo di testo desiderato.

Puoi utilizzarlo gratuitamente per uso personale, ma sono disponibili anche piani a pagamento per aziende e utenti che necessitano di funzionalità avanzate. I vantaggi principali includono la facilità d'uso, la versatilità e la potenza dell'Intelligenza Artificiale. È importante notare che la versione gratuita (ChatGPT 3.5) è aggiornata fino a gennaio 2022 e non ha accesso a informazioni in tempo reale o eventi successivi a quella data.

Nonostante ciò, anche la versione gratuita di ChatGPT è un potente e versatile strumento di scrittura creativa che può essere utilizzato da chiunque per generare testi realistici e creativi in modo rapido e semplice. È un'ottima risorsa per chi cerca aiuto nella scrittura creativa o nella creazione di contenuti online.

Utilizzare ChatGPT è molto semplice:
1. Vai al sito web di ChatGPT (*https://chat.openai.com*)
2. Crea un account gratuito o accedi con il tuo account esistente.
3. Scrivi una breve descrizione di ciò che vuoi generare nella casella di testo (prompt).
4. Clicca su pulsante dell'icona "Genera" o semplicemente premere "invio" sul prompt.

2. Gemini (prima si chiamava Bard)

Gemini, sviluppato da Google AI, è un modello di Intelligenza Artificiale versatile in grado di assistere gli utenti in varie attività, dalla generazione di testi alla traduzione di lingue, dalla creazione di contenuti creativi alla risposta a domande semplici o complesse.

Gemini sfrutta un enorme database di informazioni e testi. Questo gli permette di comprendere ogni richiesta e generare risposte pertinenti, creative e accurate. È uno strumento gratuito per uso personale, ma offre anche piani a pagamento per utenti con esigenze più avanzate. Tra i suoi vantaggi ci sono l'interfaccia intuitiva, la versatilità, la potenza e la gratuità.

È uno strumento potente e versatile per comunicare in modo efficace, tradurre lingue, scrivere contenuti creativi e ottenere risposte informative. Se cerchi un alleato per potenziare le tue capacità di comunicazione e creatività, anche Gemini è un'opzione da considerare.

Utilizzare Gemini è davvero semplice:
1. Vai al sito web di Gemini (*https://gemini.google.com/app*)
2. Scegli la funzione che desideri utilizzare (generazione testo, traduzione, contenuti creativi, domande).
3. Inserisci le tue istruzioni o la tua domanda nella casella di testo (prompt).
4. Clicca su "Invia".

3. Copilot (ex Bing Chat)

Copilot, sviluppato da Microsoft, è un avanzato assistente AI, progettato per migliorare la comunicazione e l'accesso alle informazioni. Grazie all'intelligenza artificiale, Copilot è in grado di generare conversazioni realistiche e coinvolgenti, recuperare informazioni in modo intelligente e integrarsi con le app Microsoft 365 preferite. Utilizzando l'IA, Copilot comprende il contesto delle richieste dell'utente e fornisce risposte pertinenti e utili, imparando e adattandosi nel tempo. Tra i suoi vantaggi spiccano una comunicazione efficace, un accesso rapido alle informazioni e un flusso di lavoro ottimizzato, mentre tra gli svantaggi figurano la disponibilità limitata (non disponibile come strumento *standalone*). In generale, Copilot è utile per migliorare la comunicazione e l'efficienza lavorativa per gli utenti Microsoft 365, con il potenziale per ulteriori miglioramenti in futuro.

Copilot è attualmente integrato in alcune app Microsoft 365. Per utilizzarlo:

1. Apri un'app Microsoft 365 compatibile, come Outlook, Teams o Word.
2. Attiva Copilot se non è già attivo. In alcune app, potresti doverlo fare tramite le impostazioni o un'icona dedicata.
3. Scrivi il tuo messaggio o la tua domanda.
4. Premi Invio o fai clic sul pulsante di invio.

Copilot genererà una risposta o completerà la tua azione.

4. Claude

Claude, sviluppato da Anthropic, è un'intelligenza artificiale avanzata progettata per generare testi realistici e coerenti su una vasta gamma di argomenti complessi. Questo strumento può essere utilizzato per scrivere articoli, post sui blog, idee creative per storie e poesie, traduzione di testi, riassunto di testi lunghi e complessi e risposta a domande in modo informativo e dettagliato.

Ciò che rende Claude unico è la sua capacità di generare testi non solo realistici, ma anche coerenti con il contesto e le informazioni fornite, diventando così uno strumento eccezionale per la produzione di contenuti di alta qualità in modo rapido ed efficiente. Claude apprende da un vasto database di testi e codici per comprendere le sfumature del linguaggio umano e produrre testi simili a quelli scritti da un essere umano. Claude è disponibile gratuitamente per uso personale con alcune limitazioni, ma ci sono anche piani a pagamento per utenti avanzati. Tra i suoi vantaggi ci sono la facilità d'uso, la versatilità e la capacità di generare testi realistici e coerenti, mentre tra gli svantaggi figurano le limitazioni della versione gratuita. In generale, Claude è uno strumento potente e versatile per la generazione di contenuti di alta qualità, con il potenziale per ulteriori miglioramenti nel tempo.

Sfortunatamente, Claude.ai al momento è accessibile solo da alcune regioni; purtroppo tra queste non vi è ancora l'Italia. Confidiamo che presto Anthropic attiverà l'accesso dalle nostre regioni. Sebbene sia possibile accedervi e sperimentarlo tramite VPN o altre tecniche non di immediata applicazione, appena diverrà disponibile per l'Italia, utilizzare Claude sarà molto semplice:

1. Si potrà andare al sito web di Claude (*https://claude.ai/*)
2. Creare un account gratuito o accedere con il tuo account esistente.
3. Scegliere la funzione che desideri utilizzare (generazione testo, traduzione, riassunto, domande).
4. Inserire le tue istruzioni o la tua domanda nella casella di testo.
5. Selezionare le impostazioni desiderate (a esempio, stile di scrittura, lunghezza del testo, lingua).
6. Cliccare su "Genera".

I risultati saranno sorprendenti, davvero.

IAG per le Immagini

Nell'ambito dell'intelligenza artificiale generativa (IAG), la scelta del miglior modello di intelligenza artificiale per la generazione di immagini dipende da diverse variabili, tra cui:

- Le tue specifiche esigenze: che tipo di immagini vuoi generare? Hai bisogno di un modello in grado di creare immagini realistiche da testo, oppure di generare immagini creative e astratte?
- La qualità dell'immagine: quanto è importante per te che le immagini generate siano di alta qualità, con dettagli e sfumature accurate?
- La facilità d'uso: hai bisogno di un modello che sia facile da usare e accessibile anche agli utenti non esperti?

- Il costo: sei disposto a pagare per un modello a pagamento o preferisci un modello gratuito?

Detto questo, ecco solo alcuni tra i migliori modelli di intelligenza artificiale per la generazione di immagini attualmente disponibili che offrono anche una profilazione gratuita.

1. OpenArt

OpenArt è una piattaforma online che sfrutta l'intelligenza artificiale per creare immagini straordinarie e uniche. Puoi generare immagini da testo, modificare immagini esistenti e esplorare le creazioni di altri utenti per trovare ispirazione.

OpenArt è apprezzato per la sua facilità d'uso, la versatilità e la qualità delle immagini generate. Anche se la versione base è gratuita, ha alcune limitazioni, come la dimensione massima delle immagini e la presenza di una filigrana (*watermark*). Tuttavia, offre comunque un'esperienza gratificante per gli appassionati di arte digitale.

Sebbene OpenArt sia un valido strumento creativo, non può sostituire completamente l'arte umana. Tuttavia, rimane una risorsa preziosa per chiunque desideri esplorare il potenziale dell'intelligenza artificiale nella creazione artistica.

Come utilizzare OpenArt?

1. Vai al sito web di OpenArt (https://openart.ai)
2. Crea un account gratuito o accedi con il tuo account esistente.
3. Nella barra di ricerca, inserisci una descrizione dell'immagine che desideri creare. Puoi essere il più specifico possibile, includendo dettagli come colori, stile, oggetti e ambientazione.
4. Clicca su "Crea immagine". OpenArt elaborerà la tua richiesta e genererà l'immagine in pochi secondi.
5. Potrai modificare l'immagine generata utilizzando gli strumenti di editing di OpenArt. Puoi regolare la luminosità, il contrasto, la saturazione e altri parametri. Puoi anche aggiungere filtri, effetti e testo.
6. Quando sei soddisfatto del risultato, puoi scaricare l'immagine o condividerla sui social media.

OpenArt è facile da usare e accessibile a tutti, anche agli utenti non esperti di Intelligenza Artificiale.

2. DALL-E Mini

DALL-E Mini è un'innovativa piattaforma di intelligenza artificiale open-source che nasce dal gruppo di ricerca privato OpenAi e Google (con il suo modello *text-to-image*) che trasforma descrizioni testuali in immagini sorprendenti. Perfetto per chi desidera esprimere la propria creatività o ha bisogno di immagini per progetti personali o lavorativi. Per utilizzarlo al meglio si suggerisce l'uso di descrizioni chiare e dettagliate, l'esplorazione di diverse parole chiave e l'approccio ai suoi utilizzi in modo creativo. Puoi sfruttare DALL-E Mini per creare illustrazioni per racconti, progettare prodotti, o arricchire i tuoi contenuti sui social media. Con la sua versatilità e potenza, DALL-E Mini offre infinite possibilità creative per dare vita alle tue idee.

Usare DALL-E Mini è davvero semplice! Ecco i passaggi da seguire:

1. Vai al sito web di DALL-E Mini (https://huggingface.co/spaces/dalle-mini/dalle-mini)
2. Scrivi la tua descrizione: nella barra di ricerca, inserisci una descrizione testuale di ciò che desideri che DALL-E Mini generi. Più dettagliata è la tua descrizione, migliori saranno i risultati. Puoi anche aggiungere parole chiave per specificare ulteriormente l'immagine.
3. Clicca su "Crea": una volta che sei soddisfatto della tua descrizione, clicca sul pulsante "Crea" per far partire il processo di generazione dell'immagine.
4. Attendi qualche istante: DALL-E Mini elaborerà la tua richiesta e genererà un set di immagini basate sulla tua descrizione.

Scegli la tua immagine preferita: DALL-E Mini genererà 9 immagini diverse. Scegli quella che ti piace di più e scaricala sul tuo computer.

3. Craiyon

Craiyon è un innovativo strumento di generazione di immagini, che permette di creare immagini da testo in modo semplice e gratuito, consente a chiunque, sia principianti che artisti esperti, di trasformare le proprie idee in opere d'arte digitali. Evoluzione di DALL·E Mini, Craiyon è considerato il miglior generatore gratuito di arte AI dalla sua comunità di utenti. Questo strumento, sviluppato internamente, utilizza avanzate tecnologie per trasformare semplici prompt di testo in immagini straordinarie, offrendo agli utenti la possibilità di esplorare infinite opzioni artistiche.

Con Craiyon, è possibile ottenere fino a 9 immagini gratuite in circa un minuto. Grazie a questa piattaforma, è possibile realizzare qualsiasi tipo di immagine desiderata, dall'arte astratta agli sfondi estetici, dai paesaggi mozzafiato a scene fantasiose.

Craiyon è costantemente in fase di miglioramento per offrire un'esperienza sempre più interessante agli utenti, invitandoli a esplorare le infinite possibilità offerte dalle immagini generate dall'intelligenza artificiale.

Utilizzare Craiyon è davvero un gioco da ragazzi! Ecco una guida rapida per cominciare:

1. Accedi a sito web di Craiyon (*https://www.craiyon.com*).
2. Scrivi la tua idea (anche i concetti più folli).
3. Clicca su "DRAW" per generare la tua arte AI.
4. Personalizza il testo del tuo prompt per l'immagine AI con milioni di stili artistici e disegni fotorealistici tra cui scegliere; le possibilità sono infinite.
5. Salva o scarica il tuo capolavoro artistico AI per condividerlo con il mondo.

Generare arte con l'AI di Craiyon, è molto semplice, così semplice che vi sorprenderà.

4. NightCafe Creator

NightCafe Creator è una piattaforma online che consente di creare immagini straordinarie utilizzando l'intelligenza artificiale. Che tu sia un artista esperto o un principiante curioso, questa piattaforma offre una vasta gamma di strumenti per trasformare le tue idee in opere d'arte digitali.

Con NightCafe Creator puoi generare immagini da testo, stilizzare immagini esistenti e creare *collage* unici. La piattaforma offre anche una galleria di immagini create da altri utenti, che puoi esplorare, modificare e personalizzare.

È perfetto per artisti, persone creative e appassionati di tecnologia che vogliono sperimentare il potenziale dell'Intelligenza Artificiale. NightCafe Creator è progettato per essere intuitivo e accessibile a tutti, anche a coloro che non hanno esperienza artistica o informatica.

Il costo di NightCafe Creator varia in base al piano scelto, ma è disponibile un profilo gratuito con alcune limitazioni, mentre i piani a pagamento offrono funzionalità avanzate e crediti bonus per generare più immagini o per ottenere elaborazioni più veloci.

Ecco come puoi utilizzare NightCafe Creator in pochi passaggi:

1. Vai al sito web di NightCafe Creator e registrati o crea un account (*https://creator.nightcafe.studio*).
2. Scegli uno strumento: seleziona l'opzione che desideri utilizzare, che sia la generazione di immagini, la stilizzazione o la creazione di *collage*.
3. Inserisci le tue istruzioni: segui le indicazioni sullo schermo per inserire le descrizioni testuali, caricare le immagini o selezionare i parametri desiderati.
4. Genera la tua creazione: NightCafe Creator elaborerà le tue istruzioni e genererà l'immagine o il collage in pochi minuti.
5. Personalizza e salva: una volta generata l'immagine, puoi apportare eventuali modifiche e salvarla sul tuo computer o condividerla con la community di NightCafe Creator.

Con la sua facilità d'uso, la varietà di strumenti e la community di creativi, NightCafe Creator è il luogo ideale per esplorare la tua creatività e creare qualcosa di veramente speciale.

IAG per i Video

La scelta del miglior generatore di video basato sull'IAG dipenderà dalle tue specifiche esigenze e preferenze. Ci sono diversi fattori da considerare prima di prendere una decisione:

- tipo di video desiderato: se hai in mente di creare video esplicativi, promozionali o per i social media, sarà importante trovare un generatore che si adatti al tuo scopo specifico;
- facilità d'uso: se sei alle prime armi con la creazione di video, è consigliabile optare per un generatore che offra un'interfaccia intuitiva e un processo di creazione semplice e lineare;

- funzionalità gratuite: è bene verificare se le limitazioni del piano gratuito offerto da ogni generatore sia compatibile con le tue esigenze, inclusi gli aspetti come la durata massima del video consentita, la presenza di filigrane grafiche (*watermark*) e le opzioni di *editing* disponibili senza costi aggiuntivi;
- qualità del video: prima di impegnarti con un generatore, controlla esempi di video precedentemente creati utilizzando lo strumento per valutare la qualità finale che puoi aspettarti.

Con queste considerazioni in mente, potrai scegliere il generatore di video più adatto alle tue esigenze e cominciare a creare contenuti coinvolgenti e di alta qualità utilizzando l'intelligenza artificiale, anche con un budget nullo o limitato. Esplora le varie opzioni disponibili sul mercato, sperimenta le diverse funzionalità offerte e trova quella che meglio si adatta al tuo stile creativo e alle tue esigenze specifiche.

Detto questo, ecco alcuni dei migliori generatori di video amatoriali basati sull'Intelligenza Artificiale che offrono piani gratuiti, facilità d'uso e buona qualità.

1. Pictory

Pictory è uno strumento online che sfrutta l'intelligenza artificiale per aiutarti a creare facilmente micro-video e altri contenuti visivi per il marketing e i social media. Adatto a imprenditori, social media manager e creativi, Pictory ti consente di catturare l'attenzione del tuo pubblico e trasmettere messaggi in modo efficace.

Con Pictory puoi creare una varietà di contenuti, tra cui micro-video coinvolgenti, infografiche, presentazioni dinamiche, contenuti animati e post per i social media. È ideale per imprenditori, piccole imprese, social media manager, creativi, designer, educatori e formatori.

Pictory offre un piano gratuito con limitazioni, ma è possibile accedere a funzionalità avanzate e creare più contenuti sottoscrivendo un piano a pagamento mensile.

Usare Pictory è davvero semplice! Ecco i passaggi da seguire:

1. Crea un account: vai al sito web di Pictory e crea un account gratuito (*https://pictory.ai/*).

2. Scegli un modello: seleziona un modello tra le diverse opzioni disponibili, in base al tipo di contenuto che vuoi creare.
3. Inserisci il tuo testo: aggiungi il testo che vuoi che appaia nel tuo video o immagine.
4. Personalizza il tuo design: scegli tra una varietà di stili, immagini, icone e musica per rendere il tuo contenuto unico e accattivante.
5. Genera il tuo contenuto: Pictory utilizzerà l'Intelligenza Artificiale per generare automaticamente il tuo video o immagine.
6. Scarica e condividi: scarica il tuo contenuto in formato video o immagine e condividilo sui tuoi canali social o utilizzalo per le tue campagne di marketing.

Visita il sito web di Pictory per iniziare a creare contenuti visivi straordinari per il tuo marketing e i tuoi social media.

2. InVideo

InVideo è uno strumento online che sfrutta l'intelligenza artificiale per aiutarti a creare facilmente video esplicativi e di marketing, anche se non hai esperienza di editing video. Con InVideo, puoi realizzare video professionali per il tuo sito web, i social media, le campagne di email marketing e altro ancora.

Puoi utilizzare InVideo per creare una varietà di video, tra cui video esplicativi, video di marketing, contenuti per i social media, presentazioni video e tutorial. È ideale per imprenditori, piccole imprese, professionisti del marketing, educatori e creatori di contenuti.

Usare InVideo è davvero semplice! Ecco i passaggi da seguire:

1. Crea un account: vai al sito web di InVideo e crea un account gratuito (*https://invideo.io/*).
2. Scegli un modello: seleziona un modello tra le diverse opzioni disponibili, in base al tipo di video che vuoi creare.
3. Personalizza il tuo video: aggiungi il tuo testo, le tue immagini, i tuoi video e la tua musica. Puoi anche utilizzare gli strumenti di modifica di InVideo per personalizzare il design del tuo video.
4. Aggiungi una voce narrante: registra la tua voce narrante o utilizza la funzione di *voice-over* automatica di InVideo.

5. Traduci il tuo video: InVideo può tradurre automaticamente il tuo video in diverse lingue.
6. Scarica e condividi: scarica il tuo video in formato MP4 o condividilo direttamente sui tuoi canali social media.

InVideo offre un piano gratuito che consente di creare video fino a 10 minuti di lunghezza con un *watermark*. Se hai bisogno di creare video più lunghi o di accedere a funzionalità avanzate, puoi optare per un piano a pagamento mensile. Visita il sito web di InVideo per iniziare a creare video che cattureranno l'attenzione del tuo pubblico.

3. Lumen5

Lumen5 è uno strumento online che utilizza l'intelligenza artificiale per creare video automaticamente da articoli, post di blog o script. È ideale per coloro che hanno poco tempo o non hanno esperienza di editing video. Puoi utilizzarlo per creare video accattivanti per il tuo sito web, i social media, le email marketing e altro ancora.

È perfetto per blogger, giornalisti, professionisti del marketing, aziende, educatori e formatori che desiderano trasformare i propri contenuti in video coinvolgenti. Lumen5 offre un piano gratuito che consente di creare video fino a 50 minuti di lunghezza con un *watermark*. Per video più lunghi o funzionalità avanzate, è disponibile un piano a pagamento mensile.

Ecco come è semplice utilizzare Lumen5:

1. Registrati: visita il sito web di Lumen5 e crea un account gratuito (*https://lumen5.com/*).
2. Inserisci il testo: copia e incolla il tuo articolo, post di blog o script nell'apposito campo di input.
3. Scegli lo stile: seleziona uno stile predefinito o personalizza il design del video con le tue immagini, colori e font.
4. Aggiungi la voce narrante: registrati mentre parli o utilizza la funzione di *voice-over* automatica di Lumen5.
5. Includi la musica: scegli una traccia dalla libreria di Lumen5 o carica la tua musica.
6. Genera il video: Lumen5 utilizzerà l'intelligenza artificiale per creare automaticamente il tuo video in pochi minuti.

7. Scarica e condividi: scarica il video in formato MP4 o condividilo direttamente sui tuoi canali social media.

Con Lumen5 puoi iniziare a creare video in modo rapido e semplice!

4. Designs.ai

Designs.ai è un'innovativa piattaforma online che sfrutta l'intelligenza artificiale per semplificare la creazione di video, anche per chi non ha esperienza nel campo della progettazione o del montaggio video. Con Designs.ai puoi realizzare facilmente video accattivanti per vari scopi, dal marketing alla formazione, con risultati professionali e senza dover affrontare complessi processi di editing.

Puoi utilizzare Designs.ai per creare una vasta gamma di video, tra cui video promozionali per pubblicizzare la tua attività o i tuoi prodotti, video esplicativi per spiegare concetti complessi in modo chiaro e coinvolgente, video per i social media per catturare l'attenzione del tuo pubblico online, presentazioni video per riunioni aziendali o corsi online, e tutorial passo-passo per guidare il tuo pubblico nell'apprendimento di nuove competenze.

Questo strumento è particolarmente adatto a imprenditori e piccole imprese che desiderano promuovere la propria attività in modo professionale, ai professionisti del marketing che vogliono creare contenuti coinvolgenti per le loro campagne pubblicitarie, agli educatori che cercano di arricchire le loro lezioni con materiali multimediali e ai creatori di contenuti che vogliono ampliare la loro presenza online attraverso video di qualità.

Con Designs.ai, l'inizio è semplice: la piattaforma offre un piano gratuito che consente di creare video fino a 15 minuti di lunghezza con un *watermark*. Se hai bisogno di funzionalità più avanzate o desideri creare video più lunghi, puoi optare per un piano a pagamento mensile.

Ecco come puoi utilizzare Designs.ai in pochi semplici passaggi:

1. Registrati: accedi al sito web di Designs.ai e crea un account gratuito per iniziare (*https:// Designs.ai*).
2. Scegli un modello: seleziona il modello di video più adatto alle tue esigenze tra le varie opzioni disponibili.

3. Personalizza il tuo video: aggiungi il tuo testo, immagini, video e musica preferiti. Puoi anche modificare il design del video utilizzando gli strumenti di personalizzazione offerti da Designs.ai.
4. Genera il video: una volta completata la personalizzazione, Designs.ai utilizzerà l'intelligenza artificiale per creare automaticamente il tuo video in pochi minuti.
5. Scarica o condividi: infine, scarica il video nel formato MP4 desiderato o condividilo direttamente sui tuoi canali social media.

Con Designs.ai puoi scoprire tutte le potenzialità generative dell'IAG e iniziare a creare video in modo rapido e intuitivo!

IAG per la Musica

Quando si tratta di scegliere un generatore di musica AI, è fondamentale considerare diversi aspetti per assicurarsi di trovare quello più adatto alle proprie esigenze. Prima di tutto, valuta la facilità d'uso del generatore: opta per un'interfaccia intuitiva e semplice da navigare, specialmente se sei alle prime armi nel campo della produzione musicale. Inoltre, controlla le funzionalità offerte nel piano gratuito, come la durata dei brani, le limitazioni sui *download* e le opzioni di modifica disponibili. È importante anche prestare attenzione alla qualità della musica generata dal *software*, ascoltando alcuni esempi per valutarne l'adeguatezza ai tuoi progetti. Assicurati che il generatore offra una varietà di generi e stili musicali che rispecchino i tuoi gusti e le tue preferenze artistiche. Infine, cerca un generatore che consenta un alto grado di personalizzazione, in modo da poter adattare la musica ai tuoi specifici requisiti creativi. Una volta selezionato il generatore più adatto, sarai pronto a dare vita alle tue idee musicali, senza doverti preoccuparti di vincoli di budget o di diritti d'autore.

Esplora le varie opzioni disponibili, sperimenta le diverse funzionalità e trova la soluzione che meglio si integra con il tuo processo creativo.

Dopo questa premessa, ecco alcuni dei migliori generatori di musica basati sull'Intelligenza Artificiale che offrono piani gratuiti, facilità d'uso e buona qualità.

1. Soundraw

Soundraw è come una bacchetta magica per chiunque voglia aggiungere musica ai propri progetti multimediali senza dover essere un musicista esperto. Questo strumento di Intelligenza Artificiale ti offre la possibilità di creare musica originale e coinvolgente per i tuoi video, *podcast* e giochi, anche se non hai mai toccato uno strumento musicale in vita tua.

Per sfruttare al meglio Soundraw, è importante essere aperti alla sperimentazione. Esplora liberamente le varie opzioni creative, provando diversi generi musicali e strumenti disponibili. Non temere di lasciare libero sfogo alla tua fantasia e divertirti nel trovare il suono perfetto per il tuo progetto. Inoltre, approfitta dei suoni e degli strumenti preimpostati offerti da Soundraw: rappresentano un ottimo punto di partenza per la tua composizione e ti permettono di risparmiare tempo nella ricerca dei suoni giusti. Personalizza la tua musica utilizzando le funzionalità di personalizzazione messe a disposizione da Soundraw, modificando tonalità, ritmi, effetti e altro ancora. Questo ti consentirà di creare una colonna sonora originale e adattabile alle tue esigenze. Infine, assicurati di testare la tua musica su diversi dispositivi, come computer, smartphone e tablet, per garantire una qualità ottimale del suono su ciascuno di essi.

Soundraw offre la possibilità di ascoltare in anteprima la tua composizione su varie piattaforme, facilitando il processo di ottimizzazione del suono. In definitiva, Soundraw rende la creazione musicale un'esperienza divertente e accessibile a tutti, sia ai principianti che agli esperti, grazie alla sua interfaccia intuitiva e alla vasta gamma di strumenti e suoni disponibili.

Ecco una panoramica su come utilizzare Soundraw per creare la tua musica:

1. Accedi al sito web di Soundraw (*https://soundraw.io/create_music*).
2. Crea un account gratuito: registrati inserendo il tuo nome, indirizzo email e scegliendo una password.
3. Scegli un genere e uno stile: esplora la vasta gamma di generi musicali offerti da Soundraw, tra cui pop, rock, elettronica, classica e molti altri. Potrai anche affinare la tua ricerca selezionando uno stile specifico all'interno del genere, come "musica per videogiochi" o "musica per *podcast*".
4. Personalizza la tua musica: utilizza l'interfaccia intuitiva *drag-and-drop* per aggiungere strumenti, melodie e ritmi alla tua composizione. Soundraw ti

offre la flessibilità di modificare la durata, il volume e gli effetti di ogni elemento, permettendoti di creare esattamente il suono che desideri.

5. Ascolta e perfeziona: ascolta la tua musica in tempo reale mentre la crei e apporta le modifiche necessarie fino a quando non sei completamente soddisfatto del risultato.
6. Scarica la tua musica: una volta completata la tua composizione e soddisfatto del risultato, puoi scaricare la tua musica in formato MP3 o WAV per utilizzarla nei tuoi progetti multimediali.

Con Soundraw, la creazione di musica diventa un'esperienza intuitiva e creativa, accessibile a tutti, anche a chi non ha esperienza musicale.

2. Amper Music

Amper Music ti apre le porte al mondo della composizione musicale, anche se non hai mai preso in mano uno strumento. Questo strumento basato sull'intelligenza artificiale ti consente di creare pezzi unici e originali in pochi minuti, offrendoti infinite possibilità creative.

Ecco alcuni passaggi per iniziare il tuo viaggio creativo con Amper Music. Esplora liberamente i vari generi e stili musicali offerti per trovare il suono che si adatta perfettamente al tuo progetto e alle tue emozioni. Dopodiché, metti il tocco finale personalizzando la tua musica con strumenti, ritmi e arrangiamenti unici che riflettano il tuo stile e la tua personalità. Assicurati che la tua musica suoni bene su diversi dispositivi ascoltandola su computer, smartphone e tablet. Infine, quando sei soddisfatto del risultato, condividi la tua creazione, permettendo alla tua musica di essere apprezzata da amici, familiari e chiunque sia interessato a scoprire le tue creazioni musicali.

Ecco come puoi mettere in moto Amper Music:

1. Visita il sito web di Amper Music (*https://ampermusic.zendesk.com/hc/en-us*).
2. Crea un account gratuito inserendo il tuo nome, indirizzo email e una password.
3. Scegli il genere musicale che più ti ispira tra le numerose opzioni disponibili, che spaziano dal pop al rock, dall'elettronica alla musica classica e altro ancora. Puoi anche selezionare un umore specifico per il tuo brano, come "felice", "triste" o "motivante", e gli strumenti che desideri utilizzare.

4. Personalizza la tua musica secondo i tuoi gusti. Amper Music ti offre la possibilità di modificare la lunghezza del brano, l'intensità delle percussioni, la melodia e molto altro.
5. Ascolta la tua creazione in anteprima e apporta eventuali modifiche fino a quando non sei completamente soddisfatto del risultato. Una volta ottenuto il brano perfetto, puoi scaricarlo nel formato che preferisci, sia MP3 che WAV.

Con Amper Music, la creazione musicale diventa un'avventura divertente e accessibile a tutti, aprendo nuove possibilità anche a coloro che non hanno una formazione musicale tradizionale.

3. Mubert

Mubert si presenta come un'opzione perfetta per coloro che desiderano aggiungere musica originale ai propri video, anche senza esperienza nel campo della composizione. Grazie alla sua interfaccia intuitiva e all'uso dell'Intelligenza Artificiale, questo strumento online consente di creare facilmente e rapidamente musica di sottofondo per i propri progetti video.

Per iniziare il tuo viaggio creativo con Mubert, ecco alcuni consigli pratici da tenere a mente. Esplora l'ampia varietà di generi, stili e umori musicali offerti da Mubert per trovare esattamente il suono che si adatta al tuo video. Utilizza gli strumenti di editing di base per personalizzare la tua musica, creando un suono unico che si adatti perfettamente al tuo video. Assicurati che la musica sia sincronizzata correttamente con le immagini e il ritmo del tuo video, poiché una buona sincronizzazione è fondamentale per coinvolgere gli spettatori. Approfitta della possibilità di scaricare diverse versioni della tua musica in vari formati e lunghezze, consentendoti di utilizzare la stessa colonna sonora per diversi scopi e piattaforme. Con Mubert, l'esperienza di creazione musicale è resa accessibile anche ai principianti grazie alla sua facilità d'uso. Senza la necessità di competenze musicali avanzate, puoi creare musica originale e personalizzata per arricchire i tuoi progetti video.

Ecco una panoramica su come Mubert funziona:

1. Visita il sito web di Mubert e crea un account gratuito inserendo il tuo nome, l'indirizzo email e scegli una password (https://mubert.com/).

2. È sufficiente Carica il video per cui desideri creare la colonna sonora o inserire un link al video online direttamente sulla piattaforma.
3. Seleziona il genere musicale che meglio si adatta al tuo video tra le varie opzioni disponibili, che spaziano dal pop al rock, dall'elettronica alla musica classica, e altro ancora. Inoltre, puoi specificare uno stile musicale all'interno del genere e un'atmosfera desiderata, come "felice", "triste" o "motivante".
4. Personalizza la tua musica utilizzando gli strumenti di editing di base offerti da Mubert. Questo ti consente di regolare la lunghezza del brano, l'intensità della musica, aggiungere effetti sonori e molto altro ancora, in modo semplice e intuitivo.
5. Ascolta in anteprima la tua musica e apporta eventuali modifiche finché non sei soddisfatto del risultato. Una volta ottenuto il suono desiderato, puoi scaricare il brano in formato MP3 o WAV e utilizzarlo come colonna sonora per il tuo video.

Con Mubert, la creazione di musica personalizzata per i tuoi video diventa un'esperienza accessibile e gratificante. Esplora le varie opzioni offerte dalla piattaforma e dai vita alla colonna sonora perfetta per arricchire i tuoi progetti video.

4. Boomy

Boomy offre un modo rapido e intuitivo per trasformare le tue idee musicali in brani completi, grazie all'uso intelligente dell'intelligenza artificiale. Anche se non hai esperienza musicale, questo strumento ti permette di creare musica in pochi secondi.

Per iniziare il tuo viaggio creativo con Boomy, ecco alcuni consigli da tenere a mente. Prima di tutto, è importante avere un'idea chiara della canzone che desideri creare: una visione chiara porta a risultati migliori. Esplora i generi e gli stili musicali offerti da Boomy per trovare il suono perfetto per la tua musica. La varietà disponibile ti consente di sperimentare e scoprire nuove possibilità creative. Anche se Boomy genera una canzone iniziale, puoi personalizzarla per adattarla al tuo gusto. Modifica elementi come melodia, ritmo e armonia per ottenere il risultato desiderato. Infine, una volta completata la tua musica, condividila con il mondo! Boomy ti permette di condividere i tuoi brani con amici, familiari e chiunque altro desideri, ottenendo feedback.

Boomy è ideale per musicisti principianti e compositori occasionali che desiderano generare rapidamente idee musicali o creare bozze di brani. Con la sua interfaccia semplice e le potenti funzionalità di intelligenza artificiale, Boomy ti aiuta a superare il blocco creativo e a dare vita alle tue idee musicali.

Ecco una guida rapida su come utilizzare Boomy per creare la tua musica:

1. Visita il sito web di Boomy e crea un account gratuito inserendo il tuo nome, email e password (https://boomy.com/).
2. Scegli genere e stile: una volta registrato, esplora la vasta gamma di generi musicali offerti da Boomy. Seleziona anche uno stile specifico all'interno del genere per definire ulteriormente il tipo di musica che desideri creare.
3. Aggiungi titolo e descrizione (opzionale): se vuoi, puoi dare un titolo e una descrizione alla tua canzone. Queste informazioni possono aiutare l'IA di Boomy a creare una musica più adatta alle tue idee e ispirazioni.
4. Clicca su "Crea": Una volta selezionati genere, stile e, se necessario, aggiunti titolo e descrizione, premi il pulsante "Crea". A questo punto, Boomy utilizzerà l'intelligenza artificiale per generare una canzone basata sulle tue preferenze.
5. Personalizza la tua musica: dopo aver creato la tua musica, avrai la possibilità di personalizzarla ulteriormente. Boomy offre diverse opzioni di personalizzazione, tra cui la modifica della lunghezza del brano, l'aggiunta di strumenti, la regolazione del tempo e molto altro ancora.
6. Ascolta e scarica la tua musica: una volta apportate le modifiche desiderate e soddisfatto del risultato, puoi ascoltare in anteprima la tua musica direttamente sulla piattaforma Boomy. Se tutto è come desideri, potrai scaricare il brano finito nel formato desiderato, che sia MP3 o WAV.

Seguendo questi semplici passaggi, potrai creare la tua musica in pochi minuti utilizzando l'intelligenza artificiale di Boomy. Buon divertimento e buona creazione musicale!

IAG per generare Voci

I generatori vocali basati sull'intelligenza artificiale, noti anche come sistemi di sintesi vocale (TTS), utilizzano tecnologie avanzate per convertire testo in parlato realistico e naturale.

Questi sistemi vocali seguono un processo intrigante e complesso. Prima di tutto, analizzano il testo per comprendere non solo le parole, ma anche la loro struttura e il significato sottostante. Poi, selezionano con cura la voce più adatta, considerando fattori come il tono, l'accento e persino l'età apparente del narratore. Una volta scelta la voce giusta, il testo viene trasformato in una serie di suoni linguistici fondamentali, chiamati fonemi. Questi fonemi vengono quindi assemblati insieme per creare il parlato desiderato. Ma non finisce qui: dopo questa fase, il sistema apporta piccole modifiche e aggiustamenti per assicurarsi che il risultato finale suoni naturale e piacevole all'orecchio. È come se fosse un'orchestra che accorda i suoi strumenti per ottenere una perfetta armonia.

I generatori vocali offrono realismo, varietà di voci, personalizzazione, accessibilità ed efficienza. Le loro applicazioni includono creazione di contenuti multimediali, assistenza clienti, accessibilità, educazione e intrattenimento.

Dopo questa brevissima premessa, ecco alcuni dei migliori generatori vocali basati sull'Intelligenza Artificiale che offrono piani gratuiti, facilità d'uso e buona qualità.

1 - Natural Reader

Natural Reader offre una serie di funzionalità gratuite che la rendono un'opzione interessante per la conversione di testo in voce. Puoi utilizzarla per trasformare il testo in oltre 50 lingue, inclusa l'italiano, e hai la possibilità di scegliere tra diverse voci maschili e femminili. Inoltre, puoi regolare la velocità, l'intonazione e il volume della voce secondo le tue preferenze e salvare le conversioni in formato MP3 o WAV. Natural Reader supporta anche la lettura ad alta voce di documenti PDF, ePub e altri tipi di file. Tuttavia, ci sono dei limiti nel piano gratuito, come il limite di 1 milione di caratteri per conversione. Alcune funzionalità avanzate, come la creazione di file audio personalizzati e la lettura di testi da PDF avanzati, sono disponibili solo a pagamento. Nonostante questi limiti, Natural Reader offre una vasta varietà di lingue e voci, con un'interfaccia *user-friendly*, rendendola particolarmente adatta per la lettura di testi lunghi.

Vediamo come utilizzare Natural Reader per la prima volta:

1. Accedi al sito web di Natural Reader: scegli tra la versione online gratuita o scarica il software per computer (https://www.naturalreaders.com/).
2. Scegli la lingua: seleziona "Italiano" o la lingua desiderata dalla barra delle lingue.
3. Inserisci il testo da convertire: incolla il testo nella casella principale o carica un file di testo o un URL.
4. Seleziona una voce: clicca sull'icona del microfono per scegliere una voce e regolare la velocità e l'intonazione.
5. Avvia la conversione: premi il pulsante "Avvia" per convertire il testo in voce e segui la lettura nella casella di testo.
6. Opzioni di personalizzazione: evidenzia le parole durante la lettura, salva il file audio in diversi formati, crea segnalibri, esporta il file audio con tag ID3.
7. Funzionalità aggiuntive: accesso a funzionalità premium come la traduzione del testo, la creazione di file audio con musica di sottofondo e la lettura di testi da PDF avanzati.

Assicurati di utilizzare un browser aggiornato e una connessione internet stabile. Nel caso di necessità di assistenza, puoi consultare la sezione FAQ sul sito web di Natural Reader o contattare il supporto clienti.

2 - Voice Aloud Reader

Il Voice Aloud Reader è un'applicazione che offre numerose funzionalità gratuite per convertire testo in voce in oltre 70 lingue, tra cui l'italiano. Con diverse voci maschili e femminili e impostazioni vocali personalizzabili, rende l'esperienza di lettura più coinvolgente. Durante la lettura, le parole vengono evidenziate, facilitando il seguire il testo. Inoltre, è possibile salvare le conversioni in vari formati audio, come MP3, M4A, WAV o OGG. L'app supporta anche la lettura ad alta voce di documenti PDF, ePub e altri formati.

Tuttavia, è importante tenere presente alcuni limiti del piano gratuito, come il limite di 500.000 caratteri per conversione. Alcune funzionalità premium, come la sincronizzazione con Dropbox e la lettura di più pagine consecutive, sono disponibili solo a pagamento. Nonostante questi limiti, il Voice Aloud Reader presenta numerosi vantaggi, tra cui un'interfaccia semplice e intuitiva e il supporto per diversi formati di file.

Ecco come utilizzare Voice Aloud Reader per la prima volta:

1. Accedi al sito web di Voice Aloud Reader e scegli tra la versione online gratuita o il download del software per computer (*https://hyperionics.com/atVoice/*).
2. Crea un account gratuito per salvare le impostazioni e le conversioni, oppure procedi senza account.
3. Inserisci il testo nella casella principale o carica un file di testo o un URL di un sito web.
4. Seleziona una voce maschile o femminile e personalizza la velocità, l'intonazione e il volume.
5. Scegli il formato di output preferito per il file audio, come MP3, M4A, WAV o OGG.
6. Avvia la conversione cliccando sul pulsante "Avvia" e segui la lettura nella casella di testo.
7. Personalizza ulteriormente evidenziando le parole, salvando il file con tag ID3 e creando segnalibri.

Puoi esplorare le funzionalità premium, come la traduzione del testo, la lettura di più pagine PDF e la creazione di file audio con musica di sottofondo. Per un'esperienza ottimale, assicurati di utilizzare un browser aggiornato e una connessione stabile. Per assistenza, consulta la sezione FAQ o contatta il supporto clienti.

3 - ReadSpeaker

ReadSpeaker offre una serie di funzionalità gratuite che lo rendono un'opzione interessante per convertire testo in voce in oltre 100 lingue, incluso l'italiano. Le voci maschili e femminili con diverse impostazioni vocali consentono una maggiore personalizzazione, mentre la regolazione della velocità, dell'intonazione e del volume aggiunge flessibilità all'esperienza di ascolto. È possibile utilizzare ReadSpeaker per la lettura ad alta voce di documenti PDF, ePub e altri tipi di testo. Tuttavia, le versioni gratuite hanno dei limiti che possono limitare i casi d'uso, come la conversione di brevi testi per scopi didattici o di ricerca. Per sfruttare appieno le potenzialità di ReadSpeaker, sono disponibili anche funzionalità premium a pagamento, come la creazione di file audio personalizzati e l'uso commerciale. I vantaggi includono una vasta gamma di lingue e voci, alta qualità audio e adattabilità a usi professionali. Tuttavia, è importante considerare che le versioni gratuite hanno dei limiti e le funzionalità premium possono essere costose.

Ecco come utilizzare ReadSpeaker per la prima volta:
1. Accedi al sito web di ReadSpeaker: puoi usare la versione online gratuita o richiedere una prova gratuita del software per computer (*https://www.readspeaker.com/getting-started/*).
2. Crea un account (opzionale): registrati gratuitamente per salvare le impostazioni e le conversioni, oppure utilizza la versione gratuita senza account.
3. Scegli un'applicazione: seleziona tra le diverse opzioni di conversione del testo in voce, come Web Reader, Text to Speech e PDF Reader.
4. Inserisci il testo da convertire: incolla il testo o carica un file di testo o un URL di un sito web.
5. Seleziona una voce: scegli una voce maschile o femminile e personalizza la velocità, l'intonazione e il volume.
6. Avvia la conversione: clicca su "Avvia" per convertire il testo in voce e ascoltarlo nella casella di testo.
7. Personalizzazione: utilizza le opzioni per evidenziare le parole, salvare il file audio e creare segnalibri.

Vi sono funzionalità aggiuntive accessibili tramite le opzioni premium come la traduzione del testo, la lettura di PDF e la creazione di file audio con musica di sottofondo o con il servizio Voice Cloning (clonazione della propria voce). Assicurati di utilizzare un browser aggiornato e una connessione internet stabile e consulta la sezione FAQ o contatta il supporto clienti in caso di problemi.

4 - Microsoft Azure Text-to-Speech

Microsoft Azure Text-to-Speech è uno strumento potente che offre una vasta gamma di funzionalità gratuite. Converte il testo in voce in più di 70 lingue, consentendo agli utenti di scegliere tra una varietà di voci maschili e femminili con impostazioni vocali personalizzabili. Puoi regolare la velocità, l'intonazione e il volume della voce per adattarla alle tue esigenze. Inoltre, offre un'integrazione fluida con altri servizi Microsoft Azure, offrendo agli utenti la possibilità di sfruttare appieno l'ecosistema Azure.

Tuttavia, il piano gratuito ha i suoi limiti. Gli utenti hanno accesso a un massimo di 5 ore di utilizzo gratuito al mese, con un limite di 1 milione di caratteri per ogni conversione. Una volta superati questi limiti, è necessario passare a un abbonamento a pagamento per continuare a utilizzare il servizio. Nonostante questi limiti, Microsoft Azure Text-to-Speech offre una qualità audio eccezionale e una generosa offerta di funzionalità gratuite, rendendolo una scelta popolare tra gli utenti che cercano una soluzione di conversione testo-voce affidabile e di alta qualità.

Ecco come utilizzare Microsoft Azure Text-to-Speech per la prima volta:

1. Per iniziare vai al sito web di Azure e creare un account se non ne hai già uno (*https://azure.microsoft.com/en-us/free*).

2. Creare una risorsa Text-to-Speech: vai nella sezione "Servizi" del portale, cerca "Text-to-Speech" e crea una nuova risorsa. Quindi, seleziona la regione e il piano desiderati e assegna un nome alla risorsa.

3. Ottenere le chiavi di accesso: recati alla sezione "Chiavi" della risorsa Text-to-Speech per ottenere le chiavi di accesso primaria o secondaria.

4. Testare Text-to-Speech: utilizza l'editor di sintesi vocale integrato nel portale per testare Text-to-Speech, incollando il testo desiderato e selezionando le impostazioni vocali. Poi clicca su "Sintesi" per ascoltare il risultato.

Assicurati di avere una connessione internet stabile per un'esperienza ottimale. Per eventuali problemi, consulta la documentazione ufficiale Microsoft o contatta il supporto clienti di Azure.

Microsoft Azure Text-to-Speech è uno strumento versatile e potente che offre una vasta gamma di voci e opzioni di personalizzazione. Può essere utilizzato per una varietà di scopi, tra cui la lettura di libri, articoli, documenti e siti web, lo sviluppo di chatbot e assistenti vocali e la creazione di applicazioni di accessibilità.

5 - Amazon Polly

Amazon Polly è una piattaforma di sintesi vocale avanzata offerta da *Amazon Web Services* (AWS), progettata per convertire il testo in voce in modo naturale e fluido. Con oltre 50 lingue supportate, inclusa l'italiano, e una vasta selezione di voci maschili e femminili, Polly consente agli utenti di personalizzare l'output vocale secondo le proprie preferenze. È possibile regolare la velocità, l'intonazione e il volume della voce per ottenere un risultato ottimale.

Tuttavia, il piano gratuito di Amazon Polly ha dei limiti. Gli utenti hanno accesso a un milione di caratteri gratuiti al mese, al di là dei quali vengono applicati costi aggiuntivi. Inoltre, il piano gratuito offre solo voci standard, mentre le voci Neural Text-to-Speech più avanzate richiedono un abbonamento a pagamento. Le funzionalità premium, come la personalizzazione della voce e la sintesi di SSML, non sono incluse nel piano gratuito.

Nonostante questi limiti, il piano gratuito di Amazon Polly fornisce un ottimo modo per sperimentare il servizio e testare le sue capacità. Se hai bisogno di funzionalità più avanzate o prevedi un utilizzo più elevato, è possibile passare a un piano a pagamento.

Complessivamente, Amazon Polly offre una qualità audio elevata e un'interfaccia utente intuitiva, rendendola una scelta popolare per coloro che cercano una soluzione di sintesi vocale affidabile e potente. Il supporto e la documentazione forniti da Amazon sono inoltre utili per aiutare gli utenti a sfruttare appieno le potenzialità del servizio.

Ecco come utilizzare Amazon Polly per la prima volta:
1. Per iniziare vai al sito web e crea un account AWS (*Amazon Web Services*) Se non ne hai già uno, (*https://aws.amazon.com/free/*).
2. Accedere alla console di Amazon Polly: dopo aver creato l'account, accedi alla console di Amazon Polly su *https://aws.amazon.com/polly/*.
3. Creare una voce Polly: nella sezione "Voci" della console, clicca su "Crea voce" e personalizza la voce secondo le tue preferenze.
4. Testare la voce Polly: utilizza l'editor di sintesi vocale integrato nella console per testare la voce Polly, incollando il testo desiderato; poi clicca su Avvia sintesi" per ascoltare il risultato.

Assicurati di avere una connessione internet stabile per un'esperienza ottimale e se incontri problemi, consulta la documentazione ufficiale AWS o contatta il supporto clienti di Amazon.

Amazon Polly presenta un piano gratuito con 1 milione di caratteri vocali mensili. Dispone di voci standard e Neural, queste ultime garantiscono un audio più realistico

IAG per fare Altro

Oggi, le risorse di Intelligenza Artificiale Generativa offrono una vasta gamma di strumenti che possono semplificare e migliorare la vita quotidiana. Il panorama è in continua espansione, con nuove applicazioni che emergono costantemente e miglioramenti continui per quelle già esistenti. Questo progresso non riguarda solo la generazione di testi, immagini, video e musica, ma si estende anche ad altri campi. Se vuoi esplorare altre tipologie di applicazioni pratiche e creative, ci sono diverse risorse di Intelligenza Artificiale Generativa disponibili. Anche se alcune potrebbero richiedere un po' di pratica per essere usate, ti daremo solo un'idea generale delle opzioni disponibili. Se vuoi saperne di più su come utilizzarle, puoi cercare approfondimenti online.

1. Assistenti Virtuali

Gli assistenti virtuali basati sull'intelligenza artificiale, come **Siri**, **Alexa** e **Google Assistant**, stanno rapidamente diventando parte integrante della nostra vita quotidiana, semplificando una vasta gamma di attività grazie alla loro capacità di riconoscimento vocale e linguaggio naturale. Questi strumenti possono eseguire una serie di compiti, tra cui la gestione di promemoria, la creazione di liste di cose da fare, l'invio di messaggi, la gestione di appuntamenti e prenotazioni, nonché il controllo di dispositivi *smart home* come luci, termostati e telecamere di sicurezza.

Inoltre, gli assistenti virtuali sono in grado di cercare informazioni su internet, fornire indicazioni stradali, controllare il meteo, leggere notizie e aggiornamenti sportivi, e tradurre lingue. Possono anche riprodurre contenuti multimediali come musica, podcast e video, oltre a controllare l'ambiente domestico regolando temperatura, umidità e illuminazione.

I principali assistenti virtuali in lingua italiana includono **Siri** per dispositivi Apple, **Alexa** per dispositivi Amazon Echo e **Google Assistant** per dispositivi Android e **Google Home**. Oltre a questi, ci sono anche altre opzioni come

Cortana di Microsoft e **Bixby** di Samsung. La scelta dell'assistente dipende dalle preferenze individuali e dalle esigenze specifiche dell'utente.

Tuttavia, è importante tenere presente che gli assistenti virtuali sono ancora in evoluzione e potrebbero non essere perfetti. Nonostante ciò, rappresentano un passo avanti significativo verso un futuro in cui l'intelligenza artificiale semplificherà ulteriormente le nostre vite e migliorerà la gestione delle attività quotidiane.

2. Applicazioni di Navigazione

Le applicazioni di navigazione basate sull'Intelligenza Artificiale, stanno trasformando radicalmente il modo in cui ci muoviamo, offrendo un'esperienza di viaggio più efficiente e personalizzata.

Queste app sono davvero utili perché sanno molte cose e possono aiutarti quando sei in viaggio. Per esempio, possono dirti esattamente su quale strada devi andare e se c'è traffico. Ti aiutano a trovare il percorso più veloce, così risparmi tempo. Se ci sono code, possono anche suggerirti un altro modo per evitare il traffico. E se stai cercando un posto per parcheggiare, ti dicono dove trovarlo. Possono anche combinare diversi mezzi di trasporto per trovare il modo migliore per muoverti. Ti tengono aggiornato su ciò che sta succedendo sulla strada e sul tempo, e puoi persino ascoltare musica o *podcast* mentre guidi. E puoi fare tutto questo senza usare le mani, perché puoi controllare queste app con la tua voce.

Esempi di applicazioni di navigazione con IA in italiano:

Google Maps: offre una vasta gamma di funzionalità di navigazione basate sull'IA, tra cui indicazioni stradali in tempo reale, aggiornamenti sul traffico, informazioni sui parcheggi e pianificazione di viaggi multimodali (*https://www.google.com/maps/*).

Waze: si concentra sulla condivisione di informazioni sul traffico in tempo reale da parte degli utenti, fornendo percorsi alternativi per evitare code e incidenti. L'app offre anche funzionalità di navigazione vocale e integrazioni con servizi di streaming musicale (*https://www.waze.com/*).

HERE WeGo: offre mappe dettagliate e precise, con funzionalità di navigazione basate sull'IA come indicazioni stradali in tempo reale, aggiornamenti sul traffico e informazioni sui mezzi pubblici (*https://wego.here.com*).

Oltre a questi, ci sono altre opzioni come **TomTom-GO** e **Maps.me**. Tuttavia, durante l'uso di queste app mentre si guida, è essenziale mantenere la concentrazione sulla strada e rispettare le norme di sicurezza stradale.

3. Traduttori Intelligenti

I traduttori intelligenti basati sull'intelligenza artificiale, stanno cambiando il modo in cui si comunica, eliminando le barriere linguistiche e agevolando la comprensione tra persone di culture diverse. Questi strumenti utilizzano algoritmi di apprendimento automatico che permettono di tradurre testi e conversazioni in tempo reale con una precisione sempre maggiore. Uno dei principali vantaggi di questi traduttori è la loro rapidità e precisione nella traduzione, grazie ai continui miglioramenti degli algoritmi. Inoltre, supportano una vasta gamma di lingue, consentendo la comunicazione con persone provenienti da tutto il mondo. Alcune app offrono anche la possibilità di scaricare pacchetti linguistici per la traduzione offline, ideale quando si è in viaggio e non si dispone di connessione internet. Altre funzionalità utili includono la traduzione di testo presente in immagini e fotocamere, nonché la traduzione vocale per conversazioni in tempo reale.

Ecco alcuni esempi di traduttori intelligenti in italiano:

Google Translate: è uno dei traduttori intelligenti più popolari al mondo, con supporto per oltre 130 lingue. Offre traduzione di testo, immagini, conversazioni e siti web (*https://translate.google.com/*).

Microsoft Translator: è un altro traduttore intelligente diffuso, con supporto per oltre 70 lingue. Offre traduzione di testo, conversazioni e siti web (*https://translator.microsoft.com/*).

DeepL Translate: è un traduttore intelligente noto per la sua alta precisione e la traduzione naturale. Offre traduzione di testo e conversazioni (*https://www.deepl.com/translator*).

Oltre alle app menzionate, ci sono diverse altre opzioni di traduttori intelligenti in italiano, come **SayHi Translate** e **iTranslate**. La scelta dell'app migliore dipende dalle esigenze individuali e dalle preferenze riguardo alle funzionalità, all'interfaccia e alla compatibilità con i dispositivi utilizzati.

Va tenuto presente che, nonostante siano molto utili, i traduttori intelligenti non sono ancora perfetti. La traduzione automatica può contenere errori o imprecisioni, soprattutto quando si tratta di contesti complessi o testi non ben strutturati.

Nonostante ciò, i traduttori intelligenti rappresentano uno strumento prezioso per agevolare la comunicazione tra persone di culture diverse e per favorire la comprensione interculturale.

4. Ricerca Multipla

Questa interessante funzionalità espande i modi tradizionali in cui possiamo accedere a informazioni utili su prodotti o luoghi.

È una funzionalità che sta trasformando radicalmente il nostro modo di interagire con il mondo circostante. Grazie a un'applicazione e una semplice foto, ora possiamo accedere a un vasto tesoro di informazioni su prodotti, luoghi, oggetti e testi, semplificando la vita quotidiana e arricchendo le nostre conoscenze in modi nuovi e sorprendenti.

Immagina di fare shopping e di vedere un paio di scarpe che ti piacciono: con la Ricerca Multipla, basta scattare una foto e utilizzare un'app come **Google Lens** o **Amazon Visual Search** per ottenere dettagli come il brand, il prezzo e le recensioni. Durante un viaggio, puoi fotografare monumenti o luoghi interessanti e accedere senza sforzi a informazioni dettagliate sulla loro storia e suggerimenti su cosa fare nei dintorni. Se ti trovi in un ristorante all'estero e non comprendi il menu, scatta una foto e utilizza un'app come **Google Translate** (traduttori intelligenti) per tradurlo istantaneamente nella tua lingua.

Questi sono solo alcuni esempi di come la Ricerca Multipla con IA stia semplificando la vita quotidiana. Ma le possibilità sono ancora più vaste: potrebbe aiutarti a ritrovare oggetti smarriti, identificare opere d'arte in un museo o fornire supporto alle persone con disabilità visive. Inoltre, con il continuo miglioramento delle tecnologie IA, ci aspettiamo di vedere applicazioni sempre più innovative e utili in futuro, rendendo l'accesso all'informazione più semplice e immediato per tutti.

Esempi di servizi IAG per la Ricerca Multipla, non tutti usabili in italiano o da PC:

- **Google Lens**: *https://lens.google/*
- **Bing Visual Search**: *https://www.bing.com/visualsearch*
- **CamFind**: *https://camfindapp.com/*
- **Amazon Visual Search**: *https://www.amazon.com/b?ie=UTF8&node=17387598011*
- **PlantNet**: *https://plantnet.org/en/*

5. App per la Salute

Le app per la salute basate sull'intelligenza artificiale stanno cambiando radicalmente il modo in cui gestiamo il nostro benessere, offrendo una vasta gamma di strumenti per monitorare sia la nostra condizione fisica che mentale. Utilizzando algoritmi di apprendimento automatico, queste app analizzano i dati personali degli utenti, le loro abitudini e i loro obiettivi per fornire consigli personalizzati e aiutare a raggiungere traguardi specifici, oltre a prevenire eventuali problemi di salute.

Ecco alcuni esempi di app basate sull'IA disponibili in Italia; molte di queste richiedono l'uso da dispositivo mobile e non tutte prevedono l'italiano:

- **Dario**: Un'app dedicata alla gestione del diabete che consente ai pazienti di monitorare i livelli di glucosio nel sangue, l'assunzione di cibo e l'attività fisica. Offre consigli personalizzati per migliorare il controllo della glicemia (*https://mydario.com/*).
- **MyFitnessPal**: Quest'app per il monitoraggio della salute e del fitness aiuta gli utenti a tracciare le calorie consumate e bruciate, gli allenamenti, il peso e altri parametri di salute. Fornisce anche piani di allenamento personalizzati e consigli nutrizionali (*https://www.myfitnesspal.com/*).
- **Samsung Health**: Preinstallata sui dispositivi Samsung, questa app monitora una vasta gamma di parametri di salute, come passi, attività fisica, sonno, frequenza cardiaca, pressione sanguigna e stress. Offre anche sfide e programmi di allenamento per motivare gli utenti a raggiungere i propri obiettivi di fitness (https://www.samsung.com/us/support/owners/app/samsung-health).

- **Flo**: Un'app dedicata alla salute delle donne che aiuta a monitorare il ciclo mestruale, l'ovulazione e la fertilità. Oltre a ciò, fornisce consigli personalizzati sulla salute e sul benessere durante le diverse fasi del ciclo (*https://flo.health/*).
- **Headspace**: Quest'app di meditazione e mindfulness offre sessioni guidate per ridurre lo stress, migliorare il sonno e aumentare la concentrazione. Propone anche programmi personalizzati in base alle esigenze individuali (*https://www.headspace.com/*).

Questo elenco, seppur non esaustivo, comprende solo alcune delle numerose app per la salute basate sull'IA accessibili nel nostro paese, ma è fondamentale ricordare che queste applicazioni non dovrebbero mai sostituire il consulto di un medico qualificato in caso di dubbi sulla propria salute.

6. Piattaforme di Apprendimento

Le piattaforme di apprendimento basate sull'intelligenza artificiale stanno trasformando il modo in cui impariamo, offrendo un'esperienza su misura per ogni studente. L'IA, integrata in queste piattaforme, si adatta al modo di apprendere di ciascuno, analizzando il loro livello di conoscenza, stile di apprendimento e interessi per creare percorsi di apprendimento personalizzati. Oltre a fornire contenuti didattici adattativi e test mirati, l'IA offre *feedback* immediato e personalizzato per guidare gli studenti nel loro percorso di apprendimento. Inoltre, identifica le lacune di apprendimento e le aree di forza degli studenti, consentendo agli insegnanti di fornire un supporto mirato. Attraverso attività interattive e strumenti collaborativi, l'IA promuove l'apprendimento attivo e la collaborazione tra gli studenti. Inoltre, rende l'apprendimento accessibile a tutti, offrendo traduzioni in diverse lingue e supporto per studenti con disabilità, contribuendo a garantire che l'istruzione sia inclusiva e accessibile a tutti.

Esempi di piattaforme di apprendimento con IA in italiano:

- **Khan Academy**: offre video lezioni, esercizi e strumenti di apprendimento personalizzati per una vasta gamma di materie, tra cui matematica, scienze, storia e arte (*https://it.khanacademy.org/*).
- **Adaptive Learning Platform** (ALP): è una piattaforma di apprendimento personalizzata per le scuole superiori e l'università, che utilizza l'IA per

creare percorsi di apprendimento su misura per ogni studente (*https://www.alp.it/*).
- **Smartbook**: è una piattaforma di apprendimento "adattiva" per l'apprendimento della matematica e delle scienze, che utilizza l'IA per fornire agli studenti esercizi e *feedback* personalizzati (*https://www.mheducation.it/higher-education/smartbook*).

Oltre a questi esempi, esistono diverse altre opzioni di piattaforme di apprendimento con IA in italiano, come **Didasko**. La scelta della piattaforma ideale dipende dalle esigenze individuali degli studenti e dagli obiettivi di apprendimento specifici.

È importante ricordare che le piattaforme di apprendimento con IA sono ancora in fase di sviluppo e la loro efficacia può variare a seconda del contesto e degli studenti. Tuttavia, rappresentano un passo avanti significativo verso un futuro in cui l'apprendimento sarà più personalizzato, efficace e coinvolgente per tutti.

7. Sicurezza Domestica

I sistemi di sicurezza domestica basati sull'intelligenza artificiale stanno cambiando radicalmente il modo in cui proteggiamo le nostre case, offrendo un livello di sicurezza più avanzato e personalizzato. Integrando l'IA, questi sistemi sono in grado di riconoscere volti familiari e sconosciuti, inviando notifiche e attivando allarmi in caso di intrusi. Inoltre, i sensori di movimento con IA possono distinguere tra movimenti umani, animali domestici e altri oggetti, riducendo i falsi allarmi.

Utilizzando dati storici e immagini delle telecamere, l'IA può anche individuare modelli di comportamento sospetto per prevenire i crimini. Inoltre, questi sistemi possono essere gestiti da remoto tramite dispositivi mobili, consentendo di monitorare la casa in tempo reale e controllare le funzioni di sicurezza e i dispositivi *smart home*. Integrando altri dispositivi *smart*, come luci e termostati, i sistemi di sicurezza domestica con IA creano un ecosistema domestico intelligente e sicuro.

Ecco alcuni esempi di sistemi di sicurezza domestica che prevedono l'integrazione di sistemi *hardware* con servizi evoluti di IA (disponibili in italiano):

- **Nest Secure**: offre un sistema di allarme completo con telecamere, sensori di movimento e sirena, dotato di IA per il riconoscimento facciale e la rilevazione di movimenti sospetti.
- **Netatmo Welcome**: è una telecamera di sicurezza interna con IA per il riconoscimento facciale e la rilevazione di movimenti, che può anche essere utilizzata come videocamera di baby monitor.
- **Ezviz C6W**: è una telecamera di sicurezza esterna con IA per il rilevamento di persone e veicoli, dotata di visione notturna e audio bidirezionale.
- **D-Link DCS-8600LH**: è una telecamera di sicurezza interna con IA per il rilevamento di movimenti e suoni, dotata di visione notturna e audio bidirezionale.

Oltre a questi esempi, esistono diverse altre opzioni di sistemi di sicurezza domestica con IA in italiano, come **Blink** e **Arlo**. La scelta del sistema ideale dipende dalle esigenze individuali e dalle caratteristiche della casa.

È importante ricordare che i sistemi di sicurezza domestica con IA sono ancora in fase di sviluppo e la loro efficacia può variare a seconda del contesto e delle impostazioni. Tuttavia, rappresentano un passo avanti significativo verso un futuro in cui la sicurezza domestica sarà più intelligente, personalizzata e reattiva.

8. Gestione Finanziaria

Le app di finanza personale basate sull'intelligenza artificiale stanno trasformando radicalmente il modo in cui possiamo gestire le nostre finanze quotidiane. Integrate con l'IA, queste app offrono una serie di strumenti personalizzati per aiutarci a mantenere il controllo delle nostre finanze e raggiungere i nostri obiettivi finanziari.

Una delle caratteristiche principali è l'aggregazione automatica dei conti, che consente all'IA di collegarsi a tutti i nostri strumenti finanziari, come conti bancari e carte di credito, per raccogliere automaticamente le transazioni in un'unica piattaforma. Questo ci offre una visione completa e dettagliata della nostra situazione finanziaria.

Inoltre, l'IA categorizza intelligentemente le nostre spese, suddividendole in categorie come cibo, trasporti o intrattenimento, per aiutarci a capire meglio dove stiamo indirizzando i nostri soldi.

Queste app offrono anche la possibilità di creare budget personalizzati in base alle nostre entrate, uscite e obiettivi finanziari. L'IA fornisce suggerimenti su come risparmiare e gestire al meglio le nostre risorse finanziarie, aiutandoci a tenere traccia del nostro progresso verso gli obiettivi finanziari.

Inoltre, l'IA analizza le nostre abitudini di spesa per identificare aree in cui possiamo risparmiare denaro e ottimizzare il nostro budget, offrendoci suggerimenti personalizzati per il risparmio. Alcune di queste app offrono anche la possibilità di investire automaticamente i nostri soldi in modo semplice e sicuro, anche per coloro che non hanno esperienza nell'ambito degli investimenti.

Le app di finanza personale basate sull'intelligenza artificiale stanno diventando sempre più comuni anche in italiano.

Poste Italiane, a esempio, ha sviluppato diverse app di finanza personale integrate con l'intelligenza artificiale, offrendo agli utenti un modo semplice, sicuro e innovativo per gestire le proprie finanze. Esaminiamo alcuni esempi:

- **BancoPosta**: Questa app consente agli utenti di accedere alle funzionalità bancarie fondamentali come consultare il saldo, effettuare pagamenti e bonifici, ricaricare carte prepagate e impostare budget di spesa. L'IA integrata categorizza automaticamente le spese e fornisce suggerimenti personalizzati per il risparmio, oltre ad aiutare a monitorare il progresso verso gli obiettivi finanziari.
- **Postepay**: Questa app offre agli utenti un modo pratico per gestire le loro carte prepagate Postepay, consentendo operazioni come pagamenti in negozi fisici e online, ricariche, bonifici e prelievi da ATM. Anche qui, l'IA svolge un ruolo importante nella categorizzazione automatica delle spese, nell'offrire suggerimenti per il risparmio e nel monitorare il budget.
- **Poste Fondi**: Questa app è dedicata agli investimenti, consentendo agli utenti di aprire e gestire fondi comuni di investimento, monitorare le performance dei loro investimenti e simulare diversi scenari di investimento. L'IA analizza il profilo di rischio e gli obiettivi di investimento degli utenti per suggerire i fondi più adatti, fornendo aggiornamenti

personalizzati sulle condizioni del mercato e aiutando a valutare il rischio e il potenziale rendimento degli investimenti.

Oltre a queste app, Poste Italiane offre una gamma completa di servizi di finanza personale, tra cui conti correnti, carte di credito e mutui. La presenza dell'IA in queste app migliora l'esperienza degli utenti, offrendo un supporto intelligente e personalizzato nella gestione delle loro finanze.

Altri esempi sono:

- **You Need a Budget** (YNAB) che utilizza l'IA per aiutare gli utenti a gestire il proprio budget in modo efficace, seguendo il metodo YNAB.
- **Mint** che offre una vasta gamma di funzionalità per la gestione delle finanze personali, tra cui l'aggregazione automatica dei conti e la categorizzazione delle spese.
- **Spendee** che è un'app multipiattaforma che consente di gestire le spese, creare budget e condividere le finanze con altri.
- **Buddy**, un'altra app di finanza personale che sfrutta l'IA per offrire consigli personalizzati su come risparmiare denaro, investire e raggiungere gli obiettivi finanziari.

Oltre a queste, esistono altre opzioni come **Money Manager**, **Expensify** e **ET Money**, tutte disponibili in italiano. La scelta dell'app dipende dalle esigenze individuali e dagli obiettivi finanziari specifici.

È importante tenere presente che queste app sono ancora in fase di sviluppo e la loro accuratezza può variare. Tuttavia, rappresentano un passo avanti significativo verso una gestione finanziaria più personalizzata, efficiente e accessibile a tutti.

Conclusioni

I casi fin qui esaminati sono solo alcuni esempi di strumenti in grado di integrare le potenzialità dell'IA nella nostra vita quotidiana, per rendere le attività più semplici ed efficienti. Per adottare app basate sull'IA generativa, è consigliabile iniziare con compiti semplici e specifici, magari seguendo tutorial o guide passo-passo.

Esplorare diverse opzioni di app e strumenti è fondamentale per individuare quelli più adatti alle proprie esigenze e più facili da utilizzare. Inoltre, è importante non esitare a chiedere aiuto a familiari o amici esperti di tecnologia per superare eventuali difficoltà iniziali. Per le nonne, ma non solo per loro, l'Intelligenza Artificiale Generativa può rappresentare un'opportunità per rimanere connesse con la famiglia, imparare nuove cose e divertirsi, con un po' di pazienza e supporto. È essenziale considerare le proprie esigenze specifiche nella scelta del programma più adatto, provando diverse opzioni e mantenendo consapevolezza dei limiti dell'Intelligenza Artificiale Generativa.

Utilizzare questi strumenti richiede istruzioni chiare, revisione e modifica dei testi generati, ma soprattutto l'approccio mentale di vederli come un complemento alle proprie capacità anziché un sostituto.

Ma non ci stancheremo mai di ribadirlo, l'IA Generativa è un campo in costante evoluzione, che offrirà sempre più nuove opportunità da poter esplorare in modo divertente e utile.

CAPITOLO 14 - IA, IL FUTURISMO DEL XXI SECOLO - UN NUOVO CAPITOLO PER L'UMANITÀ

Facciamo una riflessione sull'impatto che l'Intelligenza Artificiale potrà avere sul futuro dell'umanità, guardando avanti con ottimismo e determinazione, pronti ad abbracciare sfide e opportunità

Il Futurismo del XXI secolo

Arrivati a questo punto, abbiamo compreso chiaramente come negli ultimi anni si sia verificata una rivoluzione straordinaria nel campo della tecnologia, grazie allo sviluppo dell'Intelligenza Artificiale. L'IA è una tecnologia che consente alle macchine di apprendere dai dati, di adattarsi alle nuove informazioni e di svolgere compiti che normalmente richiedono l'intervento umano. Questo ha aperto la strada a una serie di innovazioni e cambiamenti che stanno trasformando radicalmente la nostra società, l'economia e la vita quotidiana.

Arrivati a questo punto del libro, avrai sicuramente acquisito una buona comprensione dell'argomento, ma voglio portarti ancora più in profondità nell'incredibile potenziale che la rivoluzione dell'IA offre, svelando aspetti che ti stupiranno ulteriormente! Per farlo vorrei chiederti di fare ancora una volta un passo indietro e rileggere la storia osservando cosa sia stato quando fu vissuta l'era del Futurismo.

Il Futurismo è stato un movimento culturale e artistico che ebbe inizio nel primo decennio del 20° secolo in Italia. I futuristi esprimevano un entusiasmo per la modernità, la velocità, la tecnologia e il progresso. Consideravano l'era industriale come una fonte di ispirazione e volevano abbracciare il cambiamento e l'innovazione in tutti gli aspetti della vita. Il Futurismo ha influenzato diversi settori, dalla pittura alla letteratura, dalla musica all'architettura, promuovendo una visione audace del futuro e della trasformazione sociale.

Ora, tornando all'IA, possiamo vedere come questa tecnologia stia portando avanti l'eredità del Futurismo in modi diversi e sorprendenti. Con l'IA, stiamo vivendo un'altra era di cambiamento accelerato e innovazione radicale. Le macchine "intelligenti" stanno diventando sempre più parte integrante della nostra vita quotidiana, con applicazioni che vanno dall'assistenza virtuale ai servizi di traduzione automatica, dalla guida autonoma ai sistemi diagnostici medici.

Una delle aree più rivoluzionarie dell'IA è quella dell'automazione. Ancora una volta, ma in maniera del tutto nuova, le macchine intelligenti stanno prendendo in carico compiti tipicamente umani, rendendo i processi più efficienti, sicuri e convenienti. Lo abbiamo visto nei trasporti, dove i veicoli autonomi stanno promettendo di rivoluzionare il modo in cui ci spostiamo, rendendo i viaggi più sicuri e riducendo l'impatto ambientale. Nell'ambito della produzione, i robot possono gestire compiti ripetitivi e pericolosi ma che richiedono anche valutazioni in tempo reale, consentendo agli esseri umani di concentrarsi su compiti più strategici.

Come abbiamo visto, l'altra area di grande interesse è quella della salute. L'IA sta trasformando la diagnosi e il trattamento delle malattie, consentendo interventi più tempestivi e precisi e suggerendo terapie personalizzate. I medici possono utilizzare algoritmi di apprendimento automatico per analizzare dati medici complessi e identificare *pattern* e segnali precoci di malattie. Inoltre, l'IA può migliorare la gestione delle cure attraverso sistemi di monitoraggio dei pazienti e robot chirurgici.

Ma l'IA va oltre l'automazione e la diagnostica medica. Sta cambiando anche il modo in cui interagiamo con la tecnologia e con il mondo che ci circonda. I dispositivi intelligenti, come gli assistenti vocali, ci permettono di controllare la nostra casa, gestire le nostre attività quotidiane e accedere alle informazioni con semplici comandi vocali. Le app basate sull'IA ci offrono raccomandazioni personalizzate per il cibo, l'intrattenimento, il *fitness* e altro ancora, adattandosi alle nostre preferenze e abitudini.

Tuttavia, non possiamo ignorare le sfide e le preoccupazioni legate all'IA. Abbiamo compreso come ci sono questioni etiche da considerare, come la privacy dei dati, la discriminazione algoritmica e le implicazioni sociali dell'automazione. È importante sviluppare politiche e applicare regolamenti che assicurino che l'IA sia utilizzata in modo responsabile ed equo, nel rispetto dei diritti umani e della dignità individuale.

L'era dell'IA rappresenta una nuova frontiera di innovazione e cambiamento, simile a quella del Futurismo nel secolo scorso. Tuttavia, mentre il Futurismo si basava sull'entusiasmo per la modernità e il progresso, l'IA ci sfida a riflettere sulle implicazioni sociali ed etiche di questa nuova tecnologia. È fondamentale adottare un approccio prudente e consapevole all'IA, affrontando le sfide con determinazione e sfruttando le opportunità con l'unico scopo di creare un futuro migliore per tutti.

Costi energetici e l'ambiente

L'uso crescente dell'Intelligenza Artificiale ha portato a una maggiore consapevolezza dei suoi impatti ambientali, in particolare per quanto riguarda i costi energetici e le emissioni di CO_2 associati al funzionamento e all'addestramento dei sistemi necessari per supportare il carico computazionale richiesto.

Senza considerare gli ingenti costi energetici richiesti dalla fase di addestramento di un modello di IA (si stima che ChatGPT-3 abbia richiesto fino a 78.437 kWh di elettricità), il semplice atto di chiedere qualcosa a un modelli IAG possa consumare circa 10-20W/h di energia (a seconda della complessità della richiesta); per contestualizzare, una lampadina a LED da 10 watt accesa per un'ora consuma circa 10 Watt in un'ora (W/h), che è un consumo circa 10 volte maggiore rispetto a una normale interrogazione su Google.

Inoltre, l'agenzia internazionale per l'energia in un suo rapporto del gennaio 2024, prevede che nei prossimi tre anni il consumo energetico dell'IA potrebbe aumentare di altre 10 volte rispetto ai livelli attuali. Tuttavia, esistono diverse soluzioni che possono essere messe in campo per affrontare efficacemente tutto questo, riducendo l'impatto ambientale dell'IA e promuovendo la sostenibilità.

Una delle soluzioni principali è l'ottimizzazione dell'efficienza energetica dei *server* e dei *data center* utilizzati per eseguire le operazioni di calcolo dell'IA. Questo può essere raggiunto attraverso l'adozione di tecnologie avanzate di raffreddamento, l'ottimizzazione dei circuiti elettronici e l'implementazione di hardware più efficiente dal punto di vista energetico. Inoltre, l'utilizzo di fonti di energia rinnovabile per alimentare i *data center* può contribuire a ridurre le emissioni di CO_2 associate all'operatività dell'IA.

Un esempio interessante di innovazione nel settore del raffreddamento dei data center è il progetto di Google che sta valutando l'idea di collocare alcuni dei suoi *data center* sotto il livello del mare. Questo approccio è stato pensato per sfruttare l'acqua di mare circostante come mezzo di raffreddamento naturale per i *server*, riducendo così l'energia necessaria per mantenere temperature ottimali all'interno del *data center*. Questa soluzione non solo ridurrebbe i costi energetici, ma contribuirebbe anche a ridurre l'impatto ambientale complessivo dell'infrastruttura informatica.

Una strategia chiave per mitigare l'impatto ambientale dell'Intelligenza Artificiale è l'ottimizzazione degli algoritmi utilizzati nei modelli. Alcuni algoritmi richiedono meno risorse computazionali rispetto ad altri e possono venire riprogettati per essere più efficienti dal punto di vista energetico. Per esempio, l'adozione di tecniche di apprendimento efficienti, come la compressione dei modelli o la distribuzione dell'addestramento su più dispositivi, può contribuire a ridurre il consumo energetico complessivo.

Tuttavia, oltre all'ottimizzazione degli algoritmi, è fondamentale promuovere la ricerca e lo sviluppo di nuove tecnologie e metodologie che possano migliorare l'efficienza energetica dell'IA su più fronti. Questo potrebbe includere lo sviluppo di nuove soluzioni *hardware* più efficienti dal punto di vista energetico, l'ottimizzazione degli algoritmi di IA per dispositivi a basso consumo energetico e l'implementazione di nuove architetture di calcolo che riducano il consumo di energia senza compromettere le prestazioni.

Oltre a ciò, è essenziale promuovere l'adozione di pratiche sostenibili nell'implementazione e nell'utilizzo dell'IA. Ciò potrebbe implicare l'adozione di politiche di gestione energetica nei *data center*, l'uso di fonti energetiche rinnovabili come il solare o l'eolico per alimentare i *data center* e l'implementazione di sistemi di raffreddamento efficienti, come il raffreddamento ad acqua. Inoltre, politiche di riciclo e smaltimento responsabile dei dispositivi obsoleti contribuiscono a ridurre l'impatto ambientale del ciclo di vita dei sistemi di IA.

Ottimizzare gli algoritmi per ridurre il carico computazionale e implementare politiche di risparmio energetico durante gli intervalli di inattività dei sistemi sono ulteriori misure che possono essere adottate. Queste pratiche sostenibili sono fondamentali per mitigare l'impatto ambientale crescente dell'IA e per promuovere uno sviluppo tecnologico responsabile.

Infine, è importante sensibilizzare l'opinione pubblica e coinvolgere gli attori chiave, tra cui governi, aziende e organizzazioni non governative, nell'affrontare la sfida dei costi energetici dell'IA. Promuovere la consapevolezza dei rischi ambientali associati all'IA e incoraggiare l'adozione di soluzioni sostenibili può contribuire a mitigare gli impatti negativi e a promuovere un uso responsabile e consapevole di questa tecnologia emergente.

Affrontare i costi energetici dell'IA e le relative emissioni di CO_2 richiede in ogni caso un impegno globale e multidisciplinare. È importante agire con urgenza e determinazione per garantire che l'IA possa contribuire in modo significativo alla nostra società in modo sostenibile e responsabile.

Evoluzione hardware dei data center

In questo settore, la tecnologia per i nuovi *data center* sta migliorando rapidamente. La società NVIDIA, famosa per i *chip* usati nelle schede grafiche dei videogiochi, sta lavorando intensamente su *chip* di nuova generazione per l'Intelligenza Artificiale. Questi *chip* (a esempio NVIDIA NeMo) rappresentano un grande passo avanti, offrendo prestazioni fino a 5 volte superiori a quelle delle GPU tradizionali (*Graphics Processing Unit*) in grado di ridurre notevolmente i tempi di addestramento e i consumi energetici (fino al 50% in meno).

Recentemente, NVIDIA ha annunciato Blackwell, una nuova piattaforma con *chip* fino a 30 volte più veloci della generazione precedente e che consumano 25 volte meno energia. Questo *super-chip*, chiamato NVIDIA GB200 Grace Blackwell, è importante per l'apprendimento automatico alla base delle applicazioni IA. Non solo offre benefici in termini di costi e tempi di addestramento più rapidi, ma contribuisce anche alla sostenibilità ambientale, riducendo le emissioni di carbonio.

Per realizzare questo *super-chip*, NVIDIA ha unito due chip ad alte prestazioni e basso consumo energetico, in grado di comunicare tra loro a velocità incredibili (fino a 10 TB/s). Questo permette la creazione di un sistema rack-scale multi-nodo, cioè un supercomputer modulare in grado di supportare complessi compiti di intelligenza artificiale, come l'analisi dei dati e il *machine learning*, con grande scalabilità ed efficienza energetica.

Tuttavia, presto i *chip* NeMo e le piattaforme Blackwell non saranno le uniche innovazioni a essere disponibili sul mercato. Altre aziende emergenti e le grandi aziende tecnologiche stanno già creando i propri acceleratori per l'IA, aumentando la competizione. Fattori come il prezzo, le prestazioni, l'efficienza energetica e il supporto software saranno cruciali per determinare il successo dei *chip* del futuro.

Essendo ancora in fase di sviluppo, è probabile che i *chip* attuali possano migliorare ancora di più nel tempo. Questo potenziale progresso rende probabile un futuro in cui le applicazioni di Intelligenza Artificiale saranno ancora più efficienti e sostenibili rispetto alle previsioni ottimistiche che già oggi possiamo fare.

Chip specializzati per il Linguaggio Naturale

L'avanzamento tecnologico nell'ambito dell'intelligenza artificiale ha portato alla creazione di nuove unità computazionali hardware specializzate, come le LPU (*Language Processing Unit*), progettate appositamente per l'accelerazione delle attività di elaborazione del linguaggio naturale (NLP). A differenza delle CPU, che hanno un'architettura generica e sono progettate per gestire una vasta gamma di processi in parallelo, le LPU sono *chip* dedicati esclusivamente ai modelli di linguaggio, risultando notevolmente più efficienti in termini di velocità, fino a 10-100 volte. L'NLP, che si occupa dell'interazione tra computer e linguaggio umano, trova nelle LPU un alleato ideale per una serie di compiti, tra cui riconoscimento vocale, generazione di testo, traduzione automatica, analisi del sentimento, riassunto automatico e risposta alle domande. Le LPU offrono diversi vantaggi rispetto alle CPU tradizionali, inclusa una migliore performance specifica per le attività NLP, un'efficienza energetica superiore e una maggiore scalabilità per gestire carichi di lavoro di grandi dimensioni.

Insomma, si apre la possibilità di un ulteriore sviluppo nell'hardware dedicato alle necessità computazionali dei modelli di Intelligenza Artificiale.

La Rivoluzione Neurale: il Futuro della Computazione Biologica

Nel cuore di Melbourne, una startup sta conducendo una rivoluzione nell'ambito della computazione. Cortical Labs, fondata da un team di scienziati visionari, sta gettando le basi per un futuro dove l'elettronica e la biologia si fondono in modo rivoluzionario. La loro missione? Creare *chip* per computer che utilizzino neuroni biologici, aprendo la strada a un nuovo paradigma nell'intelligenza artificiale e nella computazione stessa.

La notizia di questa svolta tecnologica ha catturato l'attenzione di esperti di tutto il mondo. La convergenza tra biologia ed elettronica non è nuova, ma l'approccio di Cortical Labs è senza precedenti. Utilizzando neuroni biologici generati da cellule staminali, la startup ha creato un prototipo di *chip* che promette di rivoluzionare il settore della tecnologia.

Questo straordinario ibrido di biologia ed elettronica apre le porte a una vasta gamma di possibilità. L'integrazione di neuroni biologici in un sistema computerizzato consente di sviluppare un'intelligenza artificiale che, in un certo senso, è anche biologica. Questo è un concetto affascinante che sfida le convenzioni tradizionali della computazione e dell'intelligenza artificiale.

Il vantaggio principale di questa innovazione è la velocità di apprendimento e il bassissimo consumo energetico. Secondo stime preliminari, un cervello umano consuma approssimativamente 20 watt di energia, mentre un sistema hardware di intelligenza artificiale convenzionale richiede circa 1MW (megawatt) di potenza, ovvero 50.000 volte di più. Questa differenza è straordinaria e potrebbe avere un impatto significativo su una vasta gamma di settori, dall'informatica alla robotica, dalla medicina all'automazione industriale.

Immagina un mondo in cui i computer non solo elaborano dati, ma imparano e adattano il loro comportamento in modo simile al cervello umano. Questo potrebbe rivoluzionare l'intera industria dell'Intelligenza Artificiale, consentendo a macchine e dispositivi di apprendere in tempo reale e di adattarsi alle nuove situazioni con una rapidità e una flessibilità mai viste prima.

Ma come funziona esattamente questo sistema ibrido di neuroni biologici e componenti elettronici? In poche parole, Cortical Labs ha sviluppato un processo innovativo per coltivare e integrare neuroni biologici in un substrato elettronico. Questo substrato funge da interfaccia tra i neuroni biologici e i circuiti elettronici, consentendo loro di comunicare e interagire in modo sinergico.

La chiave di questa tecnologia è la capacità dei neuroni biologici di formare connessioni sinaptiche, simili a quelle presenti nel cervello umano. Queste connessioni sinaptiche consentono ai neuroni di trasmettere segnali elettrici e di modellare il loro comportamento in base agli input ricevuti. È questa capacità di apprendimento e adattamento che rende i neuroni biologici così potenti come elementi di computazione.

Ma questa rivoluzione tecnologica solleva anche domande etiche e filosofiche. Con l'avvento di *chip* basati su neuroni biologici, dovremmo riconsiderare la nostra definizione di intelligenza artificiale? Questi sistemi ibridi sono veramente artificiali, o sono qualcosa di più vicino alla vita stessa?

Inoltre, è essenziale che vengano sviluppati protocolli robusti per garantire che queste tecnologie siano sviluppate e utilizzate in modo responsabile e etico.

Nonostante queste sfide, il potenziale di questa tecnologia è semplicemente sbalorditivo. Immagina un futuro in cui i computer non sono solo macchine inanimate, ma sistemi viventi che possono imparare, adattarsi e crescere nel tempo. Questo potrebbe aprire la strada a nuove scoperte scientifiche, nuove applicazioni tecnologiche e una comprensione più profonda della mente umana stessa.

La Cortical Labs sta effettivamente conducendo una rivoluzione nell'ambito della computazione biologica. La loro visione audace e la loro innovazione tecnologica stanno aprendo nuove frontiere nel campo dell'intelligenza artificiale e della computazione stessa. Mentre guardiamo verso il futuro, è emozionante immaginare le infinite possibilità che questa tecnologia potrebbe offrire.

Nondimeno, prima che questa nuova tecnologia dei *chip* basati su neuroni biologici possa essere disponibile sul mercato, ci sono alcune sfide fondamentali da affrontare. Innanzitutto, dobbiamo assicurarci che i *chip* con neuroni biologici siano affidabili e stabili nel tempo. È come se dovessimo costruire una macchina che non si rompa mai e che funzioni senza intoppi, giorno dopo giorno. Questo significa che dobbiamo capire come far sì che i neuroni biologici continuino a funzionare bene all'interno dei *chip* nel lungo termine, senza deteriorarsi o causare problemi.

Poi c'è la questione della produzione su larga scala. Attualmente la Cortical Labs sta lavorando su piccola scala per creare questi *chip*, ma per portarli sul mercato sono necessari processi di produzione che siano veloci ed efficienti. È come se dovessimo trovare un modo per fare tante copie di una foto in poco tempo, senza perdere qualità. Questo richiede investimenti in ricerca e sviluppo per migliorare i processi e ridurre i costi di produzione.

Un'altra sfida importante è la sicurezza e la regolamentazione. Quando si tratta di una tecnologia così innovativa, dobbiamo essere sicuri che sia sicura per l'uso e che rispetti tutte le leggi e i regolamenti.

Non possiamo inoltre dimenticare l'accettazione del mercato e del pubblico. Le persone potrebbero essere un po' scettiche all'idea di usare *chip* con neuroni biologici nei loro computer. Un passo importante sarà convincere le persone che questa nuova tecnologia è degna di essere esplorata e che può portare a grandi scoperte. Questo richiede sforzi di sensibilizzazione e comunicazione per educare il pubblico sui suoi benefici e sulla sua sicurezza.

Infine, c'è la questione dei costi e dell'accessibilità. Vogliamo che questa tecnologia sia accessibile a tutti, non solo a poche persone o aziende. Questo significa trovare modi per ridurre i costi di produzione e identificare i mercati e le applicazioni in cui questa tecnologia può essere più utile.

Pertanto, prima che i *chip* basati su neuroni biologici possano essere commercializzati su larga scala, dobbiamo superare queste sfide fondamentali.

Ma con impegno, risorse e collaborazione, sarà possibile affrontare queste sfide e aprire la strada a una nuova era che potrebbe cambiare il modo in cui viviamo e lavoriamo.

Non possiamo in ogni caso, interrogarci sulle implicazioni etiche riguardo all'utilizzo di neuroni biologici in *chip* per computer. Ci sono, infatti, molti aspetti etici da considerare.

Innanzitutto, dobbiamo chiederci se sia legittimo usare parti viventi all'interno di macchine. Questi neuroni biologici sono elementi viventi, quindi dobbiamo rispettarli e trattarli con dignità, proprio come facciamo con gli animali e gli esseri umani? Inoltre, c'è la questione dell'autonomia e del controllo. Con l'aumentare della complessità delle macchine, è possibile che esse prendano decisioni da sole. Ma chi dovrebbe essere responsabile di queste decisioni? Gli esseri umani dovrebbero mantenere il controllo o dovremmo lasciare che le macchine (ora viventi) agiscano autonomamente?

Poi ci sono le preoccupazioni sulla sicurezza e la privacy dei dati. Immagina se le tue informazioni più private fossero manipolate da un computer biologico: vorresti essere sicuro che nessuno potesse accedervi senza il tuo consenso.

In sintesi, l'utilizzo di neuroni biologici nei *chip* per computer solleva una serie di importanti domande etiche che non possono essere ignorate. È essenziale coinvolgere una vasta gamma di persone - dai ricercatori agli eticisti, dai politici ai cittadini comuni - in una discussione aperta e onesta su queste questioni. Solo attraverso una riflessione approfondita e un impegno collettivo possiamo garantire che questa tecnologia emergente sia sviluppata e utilizzata in modo responsabile ed etico, nel rispetto dei diritti e della dignità umana.

Applicazione IA e i computer quantistici

I computer quantistici sono come supereroi del mondo digitale, capaci di fare cose incredibili!

Immagina di avere un enorme pila di fogli da contare. Con un normale computer, dovresti contarli uno alla volta, e ci vorrebbe un sacco di tempo, giusto? Ma con un computer quantistico è diverso: è come avere una macchina magica che può guardare tutti i fogli di carta contemporaneamente e contare istantaneamente quante pagine ci sono nella pila.

Tutto questo magico potere è possibile grazie a una cosa chiamata "sovrapposizione quantistica". Nei computer normali, i bit, che sono i mattoncini fondamentali dei calcoli, possono assumere solo i valori "0" o "1", come un interruttore acceso o spento. Ma i *qubit* (*quantum bit*), che sono i mattoncini dei computer quantistici, possono essere sia "0" che "1" allo stesso tempo! È come se potessero fare due cose contemporaneamente!

Questa capacità fa sì che i computer quantistici possano fare un sacco di calcoli alla velocità della luce. Possono elaborare molte informazioni contemporaneamente, rendendoli incredibilmente veloci per certi tipi di operazioni. È come se fossero dei veri e propri supereroi del calcolo digitale, pronti a risolvere problemi complessi in un lampo!

Nel mondo dell'Intelligenza Artificiale, ci sono operazioni davvero complesse da fare, come analizzare grandi quantità di dati o risolvere problemi difficili. Ecco dove possono entrare in gioco i computer quantistici: sono come macchine super veloci che possono aiutare a fare queste operazioni in un battibaleno, molto più rapidamente dei computer normali. Questo apre nuove porte per creare algoritmi più intelligenti e migliorare le prestazioni dell'IA.

Nonostante sia ancora in fase sperimentale e richieda condizioni termiche energetiche impegnative, i computer quantistici potrebbero superare i computer tradizionali nell'elaborazione dell'IA grazie alla loro capacità di eseguire calcoli in modo estremamente rapido ed efficiente. La loro abilità nel processare molteplici informazioni simultaneamente li posiziona come leader in questo settore, offrendo promesse di progressi davvero straordinari nel prossimo futuro.

Abilità emergenti nel futuro dell'IAG

Nel panorama in continua evoluzione dell'Intelligenza Artificiale Generativa (IAG), emergono sempre più abilità e capacità che promettono un futuro straordinario. Queste evoluzioni, caratterizzate da una rapida accelerazione, stanno ridefinendo il modo in cui l'IAG interagisce con il mondo, rendendolo sempre più capace ed efficace.

Le Allucinazioni

I ricercatori stanno affrontando l'importante questione delle "allucinazioni". Per risolvere questo problema insito nell'IAG di oggi, si stanno sviluppando nuove strategie: generare una serie di risposte che vengono valutate e confrontate dall'IA stessa prima di essere proposte all'utente. Queste risposte devono essere plausibili e pertinenti al contesto. Parliamo di catene di 10-15 risposte, o anche più, il che impatta sulla capacità di calcolo e sui tempi di risposta dell'IA. Tuttavia, grazie ai progressi tecnologici, è sempre più possibile adottare queste strategie già da oggi. In un prossimo futuro sarà ancora più fattibile gestire l'interazione con l'utente attraverso tecniche dal punto di vista computazionali, sempre più onerose. Questo approccio potrebbe migliorare notevolmente la qualità delle risposte dell'IA, riducendo al minimo il rischio di allucinazioni e garantendo una migliore ed efficace esperienza dell'utente.

Il Ragionamento

Un'altra area di sviluppo significativa per i modelli IAG riguarda la capacità di ragionamento. Attualmente, l'interazione con l'IA avviene principalmente attraverso richieste dell'utente, con *prompt* ben strutturati, a cui l'IA fornisce una risposta tramite testo, immagini, video o altro, più o meno pertinente. Tuttavia, il futuro ci porterà verso un tipo di interazione più avanzato, in cui i modelli di IA saranno in grado di riflettere sulla risposta data, modificarla e interagire con l'utente in modo più profondo.

Questo significa che i modelli di IA del futuro saranno in grado, non solo fornire una risposta statica, ma di ragionare attivamente su di essa. Saranno in grado di considerare diversi punti di vista, valutare le informazioni fornite dall'utente e adattare le loro risposte di conseguenza. Questo tipo di interazione più dinamica e flessibile consentirà una comunicazione più naturale e significativa tra l'uomo e l'IA.

Immagina di chiedere all'IA di suggerirti una ricetta per la cena e invece di ricevere una lista di ingredienti e istruzioni, l'IA ti chiede delle tue preferenze alimentari, il tempo a disposizione e il numero di persone da servire. Basandosi su queste informazioni, l'IA potrebbe suggerirti diverse opzioni e, se non sei soddisfatto, potrebbe persino modificare la ricetta in base ai tuoi *feedback*.

Questa capacità di ragionamento consentirà alle IA di diventare veri e propri assistenti personali, in grado di comprendere meglio le esigenze e i desideri degli utenti e di fornire risposte e soluzioni su misura. Ciò aprirà nuove possibilità in molti settori, dall'assistenza sanitaria alla gestione delle risorse umane, dalla creazione di contenuti digitali all'assistenza clienti. In definitiva, lo sviluppo di abilità emergenti nell'IAG promette di trasformare radicalmente la nostra esperienza con la tecnologia e di portare l'Intelligenza Artificiale a un livello completamente nuovo.

La Robotica

Fino ad ora abbiamo parlato di come l'Intelligenza Artificiale possa fare molte cose, come scrivere testi, parlare, creare immagini e video, persino fare musica. Ma finora, abbiamo parlato principalmente di software e dei computer che lo supportano, non ancora di robotica.

Il prossimo passo sarà quello di dare un corpo all'Intelligenza Artificiale. Questo significa dare una forma fisica all'IA. Finora, tutto ciò che riguarda l'IA è stato solo software, ma ora stiamo cominciando a combinare parole, suoni, immagini e altro ancora nei modelli di IA, rendendoli sempre più complessi e capaci. Tuttavia, manca ancora una parte importante: dare all'IA un corpo fisico che le permetta di interagire con il mondo in modo significativo. Tutto questo si chiama *embodiment*, cioè dare un corpo fisico.

L'*embodiment* è un concetto importante perché porterebbe diversi vantaggi rispetto ai sistemi AI tradizionali che si basano solo su software. Per esempio, immagina di avere un robot dotato di occhi, mani e orecchie, come quello nella copertina di questo libro: questo corpo fisico permetterebbe al sistema AI di percepire il mondo intorno a sé attraverso i suoi sensi, in modo analogo a come facciamo noi esseri umani. Questo significa che il sistema non solo elabora informazioni digitali, ma può anche vedere, toccare e sentire le cose, acquisendo così una comprensione più ricca e sfumata del mondo.

Inoltre, un sistema *embodied* AI può imparare dall'esperienza diretta con il mondo fisico. Se un robot interagisce con oggetti o persone, può imparare nuove abilità o migliorare quelle già apprese. È come quando un bambino impara a camminare toccando e esplorando il mondo intorno a sé.

Infine, un sistema *embodied* AI può interagire con gli esseri umani in modo più naturale e intuitivo. Immagina di parlare con un assistente virtuale che ha un corpo e può muoversi e comunicare come una persona reale. Questo tipo di interazione rende il sistema più adatto per applicazioni come l'assistenza sanitaria, l'istruzione e il servizio clienti, dove è importante avere una comunicazione umana sempre più naturale.

Lo sviluppo dei sistemi *embodied* AI, che danno un corpo fisico all'intelligenza artificiale, si confronta con innumerevoli sfide. In primo luogo, c'è la complessità di progettare e costruire un corpo robotico che sia robusto, efficiente e in grado di supportare le funzionalità desiderate del sistema AI. Questo richiede competenze tecnologiche avanzate e risorse considerevoli. Un'altra sfida è l'integrazione dei sensori del corpo robotico con gli attuatori che controllano il suo movimento. Far funzionare insieme questi componenti in modo sincronizzato e preciso può essere complesso. Inoltre, la calibrazione e il controllo dei movimenti del corpo robotico richiedono una grande precisione per garantire che il robot si muova in modo corretto e sicuro. La sicurezza è un'altra preoccupazione importante, poiché è essenziale garantire che il sistema *embodied* AI sia sicuro per le persone che lo circondano. Nonostante queste sfide, l'embodiment rappresenta un'area di ricerca promettente con il potenziale per trasformare radicalmente il modo in cui gli esseri umani interagiscono con i robot e gli altri sistemi AI.

La robotica ha fatto grandi progressi: i robot di Boston Dynamics possono fare salti mortali, correre e compiere altre azioni in modo incredibile. Ma questi movimenti sono tutti programmati in anticipo, cioè qualcuno scrive istruzioni precise per ogni passo che il robot fa. Ciò che manca è la capacità per i robot di imparare da soli come fare queste cose, usando l'Intelligenza Artificiale. Potremmo dire a un robot di andare in cucina a prendere un bicchiere d'acqua, o di andare nello studio e prendere un libro specifico dalla libreria.

Con l'IA, il robot potrebbe capire dove andare, camminare in modo naturale e decidere cosa fare per soddisfare la nostra richiesta. Tutto questo senza dovergli dire passo dopo passo cosa fare. I robot hanno già le capacità di movimento, ma manca loro l'intelligenza per generare da soli le istruzioni che gli sono necessarie per decidere dove muoversi.

Oltre alle molte sfide tecniche da superare, affinché questi robot possano diventare comuni nelle nostre case, sarà necessario ridurre i costi in modo che diventino più accessibili. In caso contrario, rischiano di rimanere costosissimi prototipi da laboratorio.

Alcuni esempi di sistemi *embodied* AI includono robot umanoidi come Atlas di Boston Dynamics, esoscheletri come HAL di Cyberdyne, animali robotici come Spot di Boston Dynamics e droni autonomi come DJI Mavic 3.

Dare un corpo olografico all'Intelligenza Artificiale

Nel campo dell'*embodiment* per l'Intelligenza Artificiale, l'idea di dare un corpo olografico all'IA emerge come un'alternativa affascinante alla tradizionale robotica. Questa tecnologia presenta una serie di vantaggi che potrebbero cambiare radicalmente il modo in cui interagiamo con le macchine intelligenti.

Uno dei principali vantaggi di un corpo olografico per l'IA è la sua capacità di rendere l'interazione più naturale e spontanea. Grazie a questa forma, l'IA può comunicare con gli esseri umani in modo più intuitivo, semplificando la comunicazione e incoraggiando la collaborazione. Inoltre, la possibilità di utilizzare segnali non verbali, come gesti e espressioni facciali, rende l'interazione più coinvolgente e umana.

Un'altra grande opportunità offerta da un corpo olografico è la sua capacità di ridurre la sensazione di estraneità che spesso accompagna l'interazione con l'IA. La presenza di un corpo virtuale può rendere l'IA meno intimidatoria e più accattivante per gli utenti, favorendo la fiducia e l'accettazione.

Un corpo olografico potrebbe trovare applicazioni particolarmente interessanti in contesti sensibili, come l'assistenza sanitaria e l'educazione, dove è fondamentale creare un ambiente confortevole e accogliente per gli utenti. In questi contesti, un corpo olografico potrebbe aiutare a stabilire un rapporto di fiducia e di empatia con gli utenti, migliorando così l'efficacia delle interazioni.

Tuttavia, ci sono anche diverse sfide da affrontare nell'implementazione di un corpo olografico per l'IA. Innanzitutto, la tecnologia olografica è ancora in fase di sviluppo e potrebbe non offrire la qualità necessaria per un'interazione realistica. Inoltre, alcune persone potrebbero trovare difficile interagire con un'IA che non ha un corpo fisico reale.

Nonostante queste sfide, ci sono molte applicazioni potenziali per un corpo olografico nell'ambito dell'IA. Per esempio, potrebbe essere utilizzato per creare assistenti virtuali più coinvolgenti e personalizzabili, tutor virtuali per l'istruzione e la formazione, rappresentanti del servizio clienti e addirittura terapisti virtuali per la consulenza e la terapia. Questo approccio offre un notevole risparmio rispetto alla realizzazione di un corpo robotico completo, dal momento che i costi associati sono significativamente inferiori.

È essenziale affrontare le sfide tecnologiche, etiche e sociali che questa tecnologia presenta prima di poter essere adottata su larga scala. L'embodiment dell'IA è un campo di ricerca in rapida evoluzione e il corpo olografico rappresenta solo una delle molte possibilità per dare forma fisica all'intelligenza artificiale.

Concludendo questo paragrafo, mi fa piacere citare un passaggio tratto da una mia precedente pubblicazione (Cuori Criptati 2 – Oltre i Confini della Redenzione"), dove immaginavo un futuro in cui un'Intelligenza Artificiale chiamata AI-Sentinel entrava in scena come compagno e assistente in un'agenzia governativa votata al bene comune. In questa narrazione, questa IA offriva un livello di opportunità e supporto senza precedenti nell'interazione con gli esseri umani.

Improvvisamente, in una delle postazioni vuote, prese forma un'immagine incorporea, un'entità né uomo né donna, né giovane né vecchio, ma tutte queste caratteristiche apparivano quasi simultaneamente: senza sesso o età specifici, cambiava continuamente nei suoi tratti somatici sotto gli sguardi esterrefatti dei presenti.

Manfredi continuò: "Vi presento l'immagine olografica di AI-Sentinel, l'immagine che ho scelto per rappresentare al meglio l'entità, l'intelligenza artificiale, che ci ha assistito in questa difficile missione."

In un prossimo più immediato futuro, la immagino proprio così l'embodiment per l'Intelligenza Artificiale.

CAPITOLO 15 – LE GRANDI SFIDE DEL FUTURO: L'AI AL SERVIZIO DELL'UMANITÀ

Come l'Intelligenza Artificiale potrebbe aiutare l'uomo nell'affrontare le grandi sfide del futuro, al servizio dell'umanità?

Finora l'umanità ha ottenuto numerosi successi e raggiunto importanti traguardi, ma nonostante ciò, molti problemi di rilevanza globale restano ancora irrisolti, mentre altri emergono come sfide cruciali per il futuro dell'umanità. A seconda del contesto geografico, sociale ed economico, l'importanza e l'urgenza dei problemi possono variare, ma esistono almeno otto questioni principali, universalmente riconosciute come tra le più critiche e pressanti:

1. **Il cambiamento climatico**: il riscaldamento globale e i suoi effetti devastanti sul clima, sull'ambiente e sulle risorse naturali.

2. **La povertà e disuguaglianza economica**: la persistenza della povertà estrema e l'aumento delle disuguaglianze economiche che minacciano la stabilità sociale e politica.

3. **La salute**: le pandemie, la diffusione di malattie infettive e non trasmissibili, e l'accesso iniquo all'assistenza sanitaria sono problemi critici.

4. **La crisi ambientale**: la distruzione degli ecosistemi, la perdita di biodiversità, l'inquinamento dell'aria e dell'acqua, e il degrado del suolo.

5. **La fame e sicurezza alimentare**: la carenza di cibo per milioni di persone e la sfida per garantire un approvvigionamento alimentare sostenibile e sicuro per il futuro.

6. **Le tecnologie dirompenti**: l'intelligenza artificiale, l'automazione, la robotica e altre tecnologie avanzate portano benefici ma anche rischi per l'occupazione, la privacy e la sicurezza, contribuendo a un'instabilità economica e sociale.

7. **Le migrazioni forzate**: le crisi umanitarie, i conflitti, i disastri naturali e il cambiamento climatico spingono milioni di persone a migrare, causando sfide socio-economiche e politiche.

8. **Diritti umani, giustizia sociale e crisi delle democrazie**: le violazioni dei diritti fondamentali, la discriminazione, l'ingiustizia sociale e la mancanza di accesso alla giustizia minano la coesione sociale. L'aumento dell'autoritarismo, la corruzione, la manipolazione delle elezioni e l'erosione delle istituzioni democratiche minano la partecipazione civica e la fiducia nelle istituzioni.

È importante notare che questi problemi sono tra loro fortemente interconnessi e spesso si influenzano reciprocamente, richiedendo soluzioni integrate e un impegno globale per affrontarli in modo efficace.

Per esempio, il cambiamento climatico può influenzare la disponibilità di risorse naturali, come l'acqua e il suolo fertile, che sono essenziali per la sicurezza alimentare e possono contribuire alla fame e alla povertà. Allo stesso modo, la crisi ambientale, che include la perdita di biodiversità e l'inquinamento, può aggravare le condizioni di salute umana e aumentare il rischio di pandemie e malattie infettive.

Le tecnologie dirompenti, come l'intelligenza artificiale e l'automazione, possono avere impatti significativi sull'occupazione e sull'economia, contribuendo all'instabilità economica e sociale. Questa instabilità può alimentare ulteriori disuguaglianze economiche, aggravando la povertà e minando la stabilità sociale e politica.

Le migrazioni forzate sono spesso scatenate da conflitti, disastri naturali e cambiamenti climatici, e possono portare a sfide socio-economiche e politiche nei paesi di origine, di transito e di destinazione. La mancanza di accesso all'assistenza sanitaria e ai servizi sociali può aumentare i rischi per la salute dei migranti, contribuendo alla diffusione di malattie e pandemie.

Infine, le violazioni dei diritti umani e la crisi delle democrazie possono avere impatti trasversali su tutti gli altri problemi. La discriminazione e l'ingiustizia sociale possono alimentare la povertà e la fame, mentre l'autoritarismo e la corruzione possono ostacolare gli sforzi per affrontare la crisi ambientale e la migrazione forzata.

Affrontare questi problemi richiede, quindi, soluzioni integrate che tengano conto delle loro interconnessioni e delle loro cause sottostanti. Un approccio olistico che mira a promuovere la giustizia sociale, la sostenibilità ambientale e il rispetto dei diritti umani può contribuire a mitigare gli impatti negativi di questi problemi e a costruire un futuro più equo e sostenibile per tutti.

Ma proviamo a capire se e come le nuove tecnologie di IA potrebbero aiutare l'uomo nell'arduo compito della sopravvivenza, in un mondo sempre più caotico e segnato dalle scelte che l'uomo ha fatto nel suo passato, spesso con poca lungimiranza.

1. Cambiamento climatico

Il cambiamento climatico è una delle sfide più pressanti che l'umanità affronta oggi. Il riscaldamento globale, causato principalmente dall'aumento delle emissioni di gas serra nell'atmosfera, ha portato a gravi conseguenze ambientali, sociali ed economiche. Tuttavia, l'Intelligenza Artificiale potrebbe essere un alleato formidabile per affrontare questa crisi e mitigarne gli effetti negativi. In questa trattazione, cercheremo di esplorare come l'IA potrebbe assumere un ruolo importante nella gestione del problema globale, in modi innovativi e utili.

Monitoraggio e previsione del clima

L'Intelligenza Artificiale può giocare un ruolo fondamentale nel monitoraggio e nella previsione del clima, contribuendo alla gestione dei problemi legati al cambiamento climatico. Grazie a sofisticati algoritmi, l'IA è in grado di analizzare enormi quantità di dati provenienti da varie fonti, come sensori satellitari, stazioni meteorologiche e dispositivi mobili, per individuare modelli, tendenze e anomalie climatiche. Questa visione integrata permetterebbe di comprendere meglio il clima, unendo informazioni in tempo reale e dati storici, migliorando così la capacità di anticipare e rispondere alle variazioni ambientali.

Una delle principali applicazioni dell'IA nel monitoraggio del clima è la previsione meteorologica avanzata. Utilizzando modelli predittivi basati sull'apprendimento automatico, l'IA può migliorare notevolmente la capacità di prevedere eventi meteorologici estremi, come tempeste, inondazioni e siccità. Questo è essenziale per consentire alle autorità e alle comunità di prepararsi in anticipo e di prendere misure preventive per mitigare i danni causati da questi eventi.

Per esempio, immagina di vivere in una zona a rischio di inondazioni. Grazie all'IA, che può identificare i segnali precoci di eventi meteorologici pericolosi, le autorità, utilizzando queste informazioni, possono prendere misure preventive, come l'evacuazione delle aree a rischio o la messa in sicurezza delle infrastrutture critiche, riducendo al minimo il danno causabile dalle possibili inondazioni. Un sistema estremamente efficace e veloce che potrebbe salvare moltissime vite umane.

Inoltre, l'IA può essere utilizzata per migliorare la comprensione dei cambiamenti climatici nel lungo periodo. Analizzando dati storici e confrontandoli con i modelli climatici previsti, l'IA può identificare tutti i fattori che contribuiscono al cambiamento climatico e prevedere le sue possibili conseguenze per l'ambiente e la società. Questo è essenziale per sviluppare strategie di adattamento e mitigazione del cambiamento climatico a livello globale.

Ulteriormente, l'IA può essere utilizzata per ottimizzare l'efficienza energetica e ridurre le emissioni di gas serra. Utilizzando algoritmi di ottimizzazione, l'IA può analizzare i dati sui consumi energetici e sviluppare strategie localizzate per ridurre i consumi e ottimizzare l'uso delle risorse energetiche rinnovabili.

L 'IA grazie alle sue capacità potrà quindi fornire informazioni preziose alle autorità e alle comunità per prendere decisioni informate e mitigare gli effetti negativi del cambiamento climatico.

<u>Ottimizzazione dell'energia e delle risorse</u>

Come abbiamo anticipato, l'Intelligenza Artificiale potrebbe avere un ruolo chiave nell'ottimizzazione dell'energia e delle risorse, contribuendo così alla lotta contro il cambiamento climatico. Utilizzando algoritmi sofisticati, all'IA potrebbe essere affidato il compito di analizzare i dati sul consumo energetico e le risorse naturali per identificare inefficienze e sviluppare strategie per migliorare l'efficienza energetica e la gestione sostenibile delle risorse.

Immagina di avere un assistente digitale che analizza il consumo energetico di edifici e impianti industriali. Questo assistente, alimentato dall'IA, può identificare aree in cui si verificano sprechi energetici e suggerire soluzioni per ridurre i consumi e ottimizzare l'uso delle risorse. Per esempio, potrebbe consigliare l'installazione di sistemi di isolamento migliorati per ridurre le perdite di calore negli edifici, o proporre l'adozione di tecnologie più efficienti negli impianti industriali.

Inoltre, l'IA può essere utilizzata per ottimizzare la distribuzione dell'energia elettrica. Le reti elettriche intelligenti (o *smart grid*) già oggi sfruttano tecnologie digitali per monitorare e gestire la produzione e la distribuzione dell'energia in modo più efficiente. Questo permette di bilanciare la domanda e l'offerta di energia elettrica in tempo reale, riducendo i costi e migliorando l'affidabilità del sistema. Inoltre, le *smart grid* facilitano l'integrazione delle fonti energetiche rinnovabili, come il sole e il vento, consentendo una transizione verso un'economia a basse emissioni di carbonio. Una maggiore integrazione con tecnologie di IA a livello globale, potrà portare a un maggior efficientamento.

Un esempio concreto dell'applicazione dell'IA nell'ottimizzazione dell'energia lo troviamo nel settore dei trasporti. I veicoli autonomi utilizzano l'IA per ridurre il consumo di carburante e le emissioni, pianificando percorsi più efficienti e adattando la velocità e l'accelerazione in base alle condizioni del traffico. Inoltre, l'IA può essere utilizzata per gestire in maniera sincronizzata flotte di veicoli in modo più proficuo, pianificando itinerari ottimali e coordinando il carico e lo scarico delle merci per ridurre i costi e l'impatto ambientale.

Infine, l'IA può essere utilizzata per ottimizzare l'uso delle risorse naturali non rinnovabili, come il petrolio e il gas naturale. I sistemi di previsione basati sull'IA analizzano i dati geologici e di produzione per identificare nuovi giacimenti e ottimizzare i processi di estrazione e raffinazione. Questo può contribuire a ridurre i costi e l'impatto ambientale dell'industria petrolifera e gassifera, consentendo una transizione verso fonti energetiche più sostenibili.

In conclusione, l'IA potrà svolgere un ruolo chiave anche in questo contesto fornendo informazioni preziose per migliorare l'efficienza energetica, ottimizzare la distribuzione dell'energia e promuovere una gestione sostenibile delle risorse.

Agricoltura sostenibile

Abbiamo già parlato in un capitolo precedente del ruolo che l'AI può avere nel campo dell'agricoltura sostenibile: ebbene, in questo contesto l'Intelligenza Artificiale può svolgere un ruolo cruciale, contribuendo a garantire una produzione alimentare efficiente e rispettosa dell'ambiente. Utilizzando algoritmi sofisticati e analizzando una vasta gamma di dati, l'IA può offrire soluzioni innovative per affrontare le sfide legate al cambiamento climatico e alla sicurezza alimentare.

Immagina di avere un sistema di IA in grado di monitorare costantemente lo stato delle coltivazioni utilizzando dati satellitari ad alta risoluzione e sensori terrestri. Questo sistema ha la capacità di rilevare eventuali anomalie nelle coltivazioni, come la presenza di malattie o carenze nutritive, e di fornire consigli agli agricoltori su come intervenire in modo mirato. Per esempio, se viene rilevata una carenza di acqua in determinate aree del campo, l'IA può suggerire di attivare l'irrigazione solo in quelle zone, riducendo così lo spreco di acqua e il consumo energetico associato.

Inoltre, l'IA può essere utilizzata per ottimizzare l'uso dei fertilizzanti e dei pesticidi. Analizzando i dati sul terreno e sulle condizioni meteorologiche, l'IA può determinare la quantità e il momento ottimale per l'applicazione di tali sostanze, riducendo al minimo l'impatto ambientale e il rischio di inquinamento delle risorse idriche. Questo approccio mirato consente agli agricoltori di ridurre i costi e migliorare la qualità dei prodotti agricoli.

Un altro vantaggio dell'utilizzo dell'IA nell'agricoltura sostenibile è la sua capacità di prevedere le condizioni climatiche future e adattare le pratiche agricole di conseguenza. Grazie all'analisi dei dati storici e dei modelli climatici, l'IA può fornire previsioni accurate sulle tendenze meteorologiche a lungo termine, consentendo agli agricoltori di pianificare in anticipo e adottare strategie di mitigazione dei rischi. Per esempio, se è prevista una stagione più secca del solito, l'IA può consigliare l'adozione di colture più resilienti alla siccità o l'implementazione di sistemi di irrigazione più efficienti.

Un esempio concreto dell'applicazione dell'IA nell'agricoltura sostenibile è il concetto di agricoltura di precisione. Questo approccio utilizza tecnologie avanzate, come droni e robot agricoli, per raccogliere dati dettagliati sulle coltivazioni e monitorare le condizioni del terreno in tempo reale. L'IA elabora questi dati per identificare i bisogni specifici delle piante e consigliare interventi personalizzati per massimizzare la produttività e ridurre gli sprechi.

Conservazione della biodiversità

Immagina di vivere in un mondo dove la natura è al sicuro e l'equilibrio degli ecosistemi è protetto. L'Intelligenza Artificiale può giocare un ruolo fondamentale in questo scenario, contribuendo in modo significativo alla conservazione della biodiversità e alla protezione degli habitat naturali.

Uno degli strumenti più potenti a disposizione degli studiosi e degli attivisti ambientali è l'uso della tecnologia per monitorare e proteggere le specie in pericolo. Con l'aiuto dell'IA, è possibile analizzare enormi quantità di dati provenienti da telecamere di "trappolamento fotografico", sensori acustici e immagini satellitari per identificare i movimenti della fauna selvatica, individuare le specie minacciate e individuare le aree di conservazione prioritaria.

Le telecamere di "trappolamento fotografico", anche conosciute come fototrappole, sono dispositivi utilizzati per monitorare la fauna selvatica in habitat naturali. Funzionano scattando automaticamente una foto o registrando un video quando rilevano il movimento o il calore degli animali. Queste telecamere sono spesso utilizzate dagli scienziati, dai ricercatori e dagli studiosi di fauna selvatica per studiare il comportamento degli animali, monitorare le popolazioni e raccogliere dati sui loro spostamenti e abitudini. Le fototrappole sono solitamente posizionate in aree remote, come foreste, parchi nazionali o riserve naturali, e possono rilevare la presenza degli animali anche durante le ore notturne. Le immagini e i video catturati dalle fototrappole forniscono informazioni preziose sulla biodiversità e sull'ecosistema locale, aiutando gli esperti a prendere decisioni informate per la conservazione della natura.

Immagina che vengano installate telecamere di trappolamento fotografico in una foresta remota. Queste telecamere scattano foto quando rilevano il movimento degli animali, registrando informazioni preziose sulla presenza e sulla distribuzione delle specie. Tuttavia, analizzare manualmente migliaia di foto può richiedere molto tempo e risorse umane. Qui interviene l'IA: con algoritmi avanzati, può identificare automaticamente gli animali nelle immagini, distinguendo tra diverse specie e individui. Questo non solo accelera il processo di analisi, ma consente anche di raccogliere dati più dettagliati e affidabili.

Ma l'IA non si ferma qui. Grazie alla sua capacità di apprendimento automatico, può rilevare *pattern* e tendenze nei dati, consentendo agli scienziati di comprendere meglio le dinamiche delle popolazioni animali e di prevedere i cambiamenti futuri negli ecosistemi. Per esempio, se l'IA rileva una diminuzione drastica della popolazione di una determinata specie, gli studiosi possono intervenire tempestivamente per proteggerla e preservarne l'habitat.

Inoltre, l'IA può contribuire alla pianificazione e gestione delle aree protette e delle riserve naturali. Utilizzando dati dettagliati sull'habitat e sulle specie presenti, può suggerire strategie ottimali per la conservazione e la gestione sostenibile delle risorse naturali. Per esempio, può identificare le aree più critiche in termini di biodiversità e suggerire interventi per proteggerle, come la riduzione dell'attività umana o la promozione di pratiche agricole sostenibili.

Un altro vantaggio dell'utilizzo dell'IA nella conservazione della biodiversità è la sua capacità di coinvolgere e sensibilizzare l'opinione pubblica sulla protezione dell'ambiente. Attraverso l'analisi dei dati sui social media e altre piattaforme online, l'IA può identificare le tendenze e le preoccupazioni legate alla conservazione della natura, consentendo agli attivisti di adattare le proprie campagne e comunicazioni per massimizzare l'impatto.

Anche in questo contesto, l'Intelligenza Artificiale rappresenta una potente alleata nella lotta per la conservazione della biodiversità. Con una collaborazione efficace tra scienziati, attivisti e governi, l'IA può aiutare a garantire un futuro sostenibile per il nostro pianeta e per le generazioni future.

Mitigazione dei disastri naturali

La Mitigazione dei Disastri Naturali è un campo cruciale in cui l'Intelligenza Artificiale può svolgere un ruolo fondamentale nel proteggere le comunità e ridurre i danni causati da eventi catastrofici come terremoti, eruzioni vulcaniche, alluvioni e tsunami. Vediamo come l'IA può essere un prezioso alleato in questo contesto.

Innanzitutto, parliamo dei sistemi di allerta precoce. L'IA può essere impiegata per sviluppare sistemi avanzati di monitoraggio e allerta che rilevano i segnali di imminenti disastri naturali. Attraverso l'analisi di dati provenienti da sensori sismici, satelliti, radar e altri dispositivi, l'IA può identificare modelli e anomalie che precedono eventi come terremoti e tsunami. Questi sistemi di allerta precoce possono avvisare rapidamente le autorità e le comunità locali, consentendo loro di prendere misure preventive e di evacuazione tempestive, riducendo così il numero di vittime e i danni materiali.

Un esempio concreto è il progetto ShakeAlert, un sistema di allerta precoce per terremoti sviluppato in California, negli Stati Uniti. Utilizzando l'IA per analizzare i dati provenienti da una rete di sensori sismici, il sistema può rilevare le onde sismiche in tempo reale e inviare avvisi agli utenti prima che il terremoto raggiunga le aree densamente popolate. Questo consente alle persone di mettersi al sicuro e alle infrastrutture critiche di attivare le misure di emergenza.

Oltre agli avvisi precoci, l'IA può essere utilizzata per migliorare la gestione delle risorse durante e dopo un disastro naturale. Per esempio, i droni dotati di Intelligenza Artificiale possono essere impiegati per mappare rapidamente le aree colpite da terremoti o inondazioni e identificare i punti critici dove è necessaria assistenza umanitaria. Queste informazioni possono essere utilizzate dalle squadre di soccorso per pianificare le operazioni di ricerca e soccorso in modo più efficiente e mirato, riducendo il tempo necessario per raggiungere le vittime e fornire assistenza.

Inoltre, l'IA può contribuire alla previsione e alla gestione delle risorse durante i disastri naturali. Utilizzando modelli predittivi basati sull'apprendimento automatico, è possibile valutare i rischi di inondazioni, frane e altri eventi catastrofici e pianificare interventi di mitigazione e adattamento. Per esempio, algoritmi di Intelligenza Artificiale possono analizzare dati storici sulle precipitazioni, la topografia e l'uso del suolo per identificare le aree a rischio di inondazioni e sviluppare strategie di gestione delle acque che proteggano le comunità vulnerabili.

Un esempio concreto è il progetto *Flood Forecasting* and *Warning System* (FFWS) sviluppato in India. Utilizzando l'IA per analizzare dati meteorologici e idrologici in tempo reale, il sistema è in grado di prevedere con precisione gli eventi di inondazione e avvisare le comunità colpite con anticipo sufficiente per prendere misure preventive, come l'evacuazione delle persone e la messa in sicurezza delle proprietà.

Inoltre, l'IA può essere impiegata per ottimizzare le operazioni di ricostruzione e ripristino dopo un disastro naturale. Utilizzando algoritmi di apprendimento automatico, è possibile analizzare i dati sulle infrastrutture danneggiate e sviluppare piani di ripristino personalizzati che massimizzano l'efficienza e riducono i costi. Per esempio, algoritmi di ottimizzazione possono aiutare a pianificare il trasporto e la distribuzione di materiali di costruzione e attrezzature, garantendo che le risorse siano allocate in modo efficace e che le comunità colpite siano ripristinate il più rapidamente possibile.

Infine, l'IA può svolgere un ruolo chiave nella pianificazione a lungo termine per la riduzione del rischio di disastri naturali. Utilizzando modelli di simulazione e analisi dei dati, è possibile valutare i potenziali impatti dei cambiamenti climatici.

In conclusione, l'Intelligenza Artificiale offre soluzioni innovative per affrontare il cambiamento climatico e promuovere lo sviluppo sostenibile. Tuttavia, avviare questo processo richiede investimenti significativi nelle infrastrutture necessarie. È importante considerare che questi investimenti potrebbero rappresentare solo una frazione dei costi derivanti dalla crisi climatica. Per esempio, secondo un'analisi del 2022, il costo medio globale per ogni ora di evento climatico estremo è stato di 16 milioni di dollari. Inoltre, negli Stati Uniti, i danni causati da eventi climatici estremi nel 2022 hanno raggiunto i 280 miliardi di dollari, il doppio rispetto alla media del periodo 2000-2019, come riportato da un rapporto del National Centers for Environmental Information (NCEI). La Banca Mondiale stima che i costi globali della crisi climatica potrebbero raggiungere i 12.000 miliardi di dollari all'anno entro il 2050.

Intervenire oggi, investendo in strumenti basati sull'IA, potrebbe consentire di risparmiare non solo miliardi di dollari, ma soprattutto di prevenire gravi conseguenze umane, come morti, feriti e sfollati, oltre alla perdita irreversibile di biodiversità, desertificazione, riduzione delle rese agricole, esaurimento delle risorse idriche, aumento dei costi sanitari e impatto negativo sul turismo.

Tuttavia, è importante sottolineare che l'efficacia di queste soluzioni dipende dalla loro integrazione con politiche pubbliche adeguate, investimenti in ricerca e sviluppo, nonché dalla partecipazione attiva delle comunità locali e degli attori interessati. Solo attraverso un approccio collaborativo e multidisciplinare possiamo sperare di affrontare con successo la sfida del cambiamento climatico e garantire un futuro sostenibile per prossime le generazioni.

2. Povertà e disuguaglianza economica

La povertà estrema e le disuguaglianze economiche rappresentano una delle sfide più urgenti e complesse che l'umanità affronta oggi. Mentre il mondo progredisce tecnologicamente e scientificamente, esistono ancora milioni di persone che vivono in condizioni di povertà estrema, prive di accesso a risorse fondamentali come cibo, acqua potabile, cure mediche e istruzione. Inoltre, l'aumento delle disuguaglianze economiche ha portato a disparità significative nella distribuzione della ricchezza e delle opportunità, minacciando la coesione sociale e politica in molte società moderne.

L'Intelligenza Artificiale offre un potenziale significativo per affrontare queste sfide e lavorare verso un mondo più equo e inclusivo. Esploriamo come l'Intelligenza Artificiale potrebbe contribuire alla gestione di questo complesso problema, considerando le disparità culturali, religiose e la struttura sociale dei governi, che possono ostacolare l'efficacia delle azioni.

<u>Accesso ai servizi di base</u>

L'Intelligenza Artificiale potrebbe avere un ruolo significativo nel ridurre la povertà e le disuguaglianze economiche migliorando l'accesso ai servizi di base come l'istruzione e l'assistenza sanitaria. Vediamo come l'IA può essere un alleato prezioso nel garantire che nessuno venga lasciato indietro quando si tratta di servizi essenziali.

Per cominciare, l'IA può essere utilizzata per identificare le comunità svantaggiate e valutare le loro esigenze specifiche. Attraverso l'analisi di dati demografici, socio-economici e sanitari, i sistemi di apprendimento automatico possono individuare le aree con maggior bisogno e pianificare interventi mirati per migliorare l'accesso ai servizi di base. Per esempio, se i dati mostrano che una determinata regione ha una carenza di scuole o di servizi sanitari, l'IA può aiutare a sviluppare programmi su misura per soddisfare quei bisogni specifici.

Inoltre, i *chatbot* alimentati da IA possono svolgere un ruolo importante nel fornire informazioni e supporto su questioni di salute e istruzione. Questi assistenti virtuali possono essere accessibili tramite dispositivi mobili e piattaforme online, consentendo alle persone che vivono in aree remote o svantaggiate di ottenere risposte alle loro domande e accedere a risorse educative e sanitarie. Per esempio, un *chatbot* potrebbe fornire consigli su come prevenire malattie o offrire lezioni didattiche su argomenti accademici fondamentali.

Un esempio tangibile è il progetto MIRA, un *chatbot* sviluppato in Sud Africa per fornire supporto sanitario alle donne incinte e alle neo-mamme. Utilizzando l'IA, MIRA può rispondere alle domande sulle cure prenatali, l'allattamento al seno e altre questioni legate alla salute materna e infantile, fornendo informazioni cruciali a coloro che potrebbero non avere accesso a un medico oppure a un'ostetrica.

Inoltre, l'IA può essere utilizzata per personalizzare l'apprendimento e migliorare l'istruzione nelle comunità svantaggiate. I sistemi di apprendimento automatico possono analizzare i dati sugli studenti, come le loro abitudini di studio e le loro prestazioni, per identificare le aree in cui potrebbero aver bisogno di ulteriore supporto e sviluppare programmi educativi individualizzati. Questo approccio basato sui dati può contribuire a ridurre il divario di apprendimento tra gli studenti e garantire che ciascuno abbia accesso a un'istruzione di qualità.

Un esempio pratico è l'utilizzo di piattaforme di apprendimento online che utilizzano l'IA per adattare i materiali didattici alle esigenze specifiche degli studenti. Come abbiamo già anticipato in uno dei capitoli precedenti, queste piattaforme possono monitorare l'avanzamento degli studenti e suggerire attività e risorse supplementari per aiutarli a migliorare le loro competenze.

Questo approccio personalizzato all'apprendimento può essere particolarmente utile per gli studenti che hanno difficoltà ad accedere a risorse educative tradizionali.

Infine, l'IA può essere utilizzata per ottimizzare la distribuzione delle risorse e migliorare l'efficienza dei servizi primari. Utilizzando algoritmi di ottimizzazione, è possibile pianificare la distribuzione di beni e servizi in modo da massimizzare l'uso delle risorse disponibili e garantire che raggiungano coloro che ne hanno più bisogno. Per esempio, l'IA può essere utilizzata per pianificare le rotte dei trasporti pubblici in modo da servire meglio le comunità svantaggiate o per ottimizzare la distribuzione di cibo e forniture mediche durante le emergenze.

In conclusione, l'IA offre molte opportunità per migliorare l'accesso ai servizi di base e ridurre le disuguaglianze economiche e sociali. Utilizzando dati e algoritmi intelligenti, è possibile sviluppare soluzioni innovative che rispondono alle esigenze specifiche delle comunità svantaggiate, garantendo che tutti abbiano accesso a servizi essenziali come l'istruzione e l'assistenza sanitaria.

<u>Mercato del lavoro</u>

L'Intelligenza Artificiale può svolgere un ruolo cruciale nel ridurre la povertà e le disuguaglianze economiche migliorando il mercato del lavoro e rendendo più accessibili le opportunità lavorative. Vediamo come l'IA può contribuire ad abbattere le barriere all'occupazione e garantire un trattamento adeguato per tutti i lavoratori.

Le piattaforme online basate sull'IA possono rivoluzionare il modo in cui le persone trovano lavoro. Queste piattaforme possono funzionare come intermediari tra lavoratori e datori di lavoro, abbinando lavoratori qualificati a progetti *freelance* e opportunità di lavoro flessibili. Ciò significa che le persone con abilità diverse e provenienze geografiche differenti possono accedere al mercato del lavoro globale senza doversi preoccupare della loro posizione geografica o delle loro connessioni personali.

Per esempio, immagina una piattaforma online che collega programmatori in cerca di lavoro a progetti di sviluppo software. Utilizzando l'IA, questa piattaforma può analizzare le competenze e le esperienze dei programmatori e abbinarli automaticamente a progetti che corrispondono alle loro capacità. In questo modo, anche le persone provenienti da aree economicamente svantaggiate o con accesso limitato all'istruzione formale possono trovare opportunità di lavoro significative e ben remunerate.

Inoltre, gli algoritmi di *recruiting* basati sull'IA possono contribuire a ridurre i *bias* e le discriminazioni nell'assunzione. Spesso, le decisioni di assunzione possono essere influenzate da pregiudizi inconsci o stereotipi, che possono portare a una selezione non equa dei candidati. Tuttavia, l'IA può essere utilizzata per analizzare i dati sui candidati in modo imparziale e oggettivo, valutando le loro competenze ed esperienze senza essere influenzata da fattori personali o demografici.

Per esempio, un algoritmo di *recruiting* basato sull'IA può essere programmato per valutare i candidati in base alle loro competenze e capacità specifiche per il lavoro in questione, senza tenere conto di fattori come il genere, l'età o l'origine etnica. Questo approccio neutrale può contribuire a garantire un trattamento equo per tutti i candidati e a promuovere la diversità e l'inclusione sul luogo di lavoro.

Inoltre, l'IA può essere utilizzata per identificare le competenze emergenti e le opportunità di lavoro future. Analizzando i dati sulle tendenze del mercato del lavoro e sulle richieste dei datori di lavoro, l'IA può individuare settori in crescita e suggerire agli individui le competenze che potrebbero essere più richieste nel futuro. Questo può aiutare le persone a orientare la propria formazione e sviluppare le competenze necessarie per prosperare in un mercato del lavoro in evoluzione.

Un esempio pratico è l'utilizzo di sistemi di analisi del mercato del lavoro basati sull'IA da parte di istituti di formazione e organizzazioni governative. Questi sistemi possono analizzare i dati sulle offerte di lavoro, le competenze richieste e le tendenze salariali per identificare le opportunità di lavoro più promettenti e consigliare agli individui i percorsi formativi più adatti alle loro ambizioni di carriera.

In conclusione, l'IA offre molte opportunità per migliorare il mercato del lavoro e ridurre le disuguaglianze economiche. Attraverso l'utilizzo di algoritmi intelligenti e piattaforme online innovative, è possibile abbattere le barriere all'occupazione e garantire un trattamento equo per tutti i lavoratori, contribuendo così a ridurre la povertà e a promuovere una maggiore inclusione economica e sociale.

Microfinanza e inclusione finanziaria

La microfinanza e l'inclusione finanziaria sono cruciali per ridurre la povertà e le disuguaglianze economiche. L'Intelligenza Artificiale può aiutare a promuovere l'accesso ai servizi finanziari per le persone svantaggiate, dandogli supporto e consentendo loro di accedere a finanziamenti.

Un ostacolo comune è la mancanza di una storia creditizia o di garanzie materiali. Tuttavia, l'IA può aiutare usando algoritmi avanzati per valutare il rischio di credito. Questi algoritmi analizzano dati finanziari, inclusi quelli non tradizionali, come le transazioni mobiliari e gli schemi di pagamento, per valutare la credibilità creditizia. Così, anche chi ha una storia finanziaria limitata può accedere a prestiti per avviare imprese o investire in opportunità di crescita economica.

A esempio, una donna in un villaggio rurale senza storia creditizia potrebbe ottenere un prestito utilizzando un'applicazione basata sull'IA. Questa app analizza dati sulla sua attività e guadagni passati, insieme ad altri indicatori finanziari, per valutare il rischio di concederle un prestito.

Inoltre, i *chatbot* finanziari basati sull'IA possono educare e supportare persone con poca esperienza finanziaria, offrendo consulenza personalizzata su risparmio, investimenti e gestione del debito. Possono anche aiutare a pianificare un budget e monitorare le spese.

Per esempio, un giovane lavoratore senza esperienza finanziaria potrebbe usare un chatbot per ottenere consigli su risparmio e investimenti. Il chatbot fornirebbe suggerimenti personalizzati, incoraggiando il giovane a risparmiare e investire in programmi di risparmio previdenziale.

Inoltre, l'IA può aiutare a individuare e prevenire frodi finanziarie, analizzando modelli di transazioni e identificando comportamenti sospetti.

In sintesi, l'IA offre opportunità per favorire la microfinanza e l'inclusione finanziaria, fornendo supporto educativo e finanziario a coloro che ne hanno bisogno, contribuendo così a migliorare la situazione economica di molte persone.

Riduzione degli sprechi e ottimizzazione delle risorse

La riduzione degli sprechi e l'ottimizzazione delle risorse sono direttive cruciali per affrontare la povertà e le disuguaglianze economiche. L'Intelligenza Artificiale può svolgere un ruolo fondamentale in questo contesto, consentendo una gestione più efficiente delle risorse e una distribuzione più equa dei beni essenziali.

Uno dei modi principali in cui l'IA può aiutare è ottimizzando la catena di approvvigionamento. Specifici algoritmi possono analizzare grandi quantità di dati per identificare i modelli di domanda, le tendenze del mercato e le inefficienze nella catena di fornitura. Utilizzando queste informazioni, si possono ottimizzare le rotte di distribuzione, ridurre i tempi di consegna e minimizzare gli sprechi lungo l'intera catena di approvvigionamento. Questo non solo riduce i costi per le aziende, ma consente anche una distribuzione più efficiente dei beni, garantendo che le risorse raggiungano le comunità svantaggiate in modo tempestivo e efficace.

Per esempio, immagina una cooperativa agricola che produce alimenti freschi per le comunità rurali. Utilizzando un sistema basato sull'IA, la cooperativa può monitorare in tempo reale la domanda e l'offerta di prodotti agricoli e regolare di conseguenza la produzione e la distribuzione. Gli algoritmi possono prendere in considerazione fattori come le condizioni meteorologiche, le stagioni di crescita e le preferenze dei consumatori per ottimizzare la produzione e garantire che non vi sia né carenza né eccesso di prodotti. Questo non solo riduce gli sprechi alimentari, ma assicura anche che le comunità svantaggiate abbiano accesso a cibo fresco e nutriente.

Inoltre, l'IA può essere utilizzata per gestire in modo più efficiente i rifiuti e promuovere la sostenibilità ambientale. I sistemi di gestione basati sull'IA possono analizzare i modelli di produzione, individuare le aree con maggiori tassi di generazione di rifiuti e sviluppare strategie per ridurli, riciclarli e smaltirli in modo responsabile.

Questo non solo riduce l'inquinamento ambientale, ma può anche generare opportunità economiche per le comunità svantaggiate attraverso l'implementazione di programmi di riciclo e recupero dei materiali.

Per esempio, una città può utilizzare un sistema basato sull'IA per ottimizzare la raccolta dei rifiuti. Gli algoritmi possono analizzare i dati sulla produzione dei rifiuti in diversi quartieri, identificare i periodi di picco di produzione e pianificare le rotte di raccolta ottimali per massimizzare l'efficienza e ridurre i costi. Inoltre, possono identificare materiali riciclabili e sviluppare programmi di sensibilizzazione e incentivi per incoraggiare la partecipazione dei residenti al riciclo e al recupero dei materiali.

In conclusione, l'IA offre molte opportunità per ridurre gli sprechi e ottimizzare l'uso delle risorse, favorendo una maggiore equità economica e sociale. Attraverso l'ottimizzazione della catena di approvvigionamento e la gestione dei rifiuti basata sull'IA, è possibile garantire una distribuzione più equa dei beni e dei servizi e promuovere la sostenibilità ambientale nelle comunità svantaggiate.

<u>Potenziamento delle comunità</u>

Il termine inglese è *"empowerment"* che significa aiutare le persone a sentirsi più forti e a prendere decisioni importanti per se stesse. Si tratta di dare loro più potere e responsabilità, e di aiutarle ad imparare nuove cose per migliorare in quello che fanno.

L'Intelligenza Artificiale può svolgere un ruolo vitale in questo processo, permettendo alle persone di influenzare le decisioni che riguardano le loro vite e fornendo loro gli strumenti per affrontare sfide come la povertà e le disuguaglianze economiche. Le piattaforme digitali basate sull'IA possono coinvolgere attivamente le comunità nel processo decisionale, consentendo loro di partecipare alla creazione e all'attuazione di soluzioni per i loro problemi.

Immagina una comunità con poche opportunità di lavoro e accesso limitato a servizi essenziali come l'istruzione e l'assistenza sanitaria. Utilizzando una piattaforma digitale basata sull'IA, i membri di questa comunità possono condividere esperienze, preoccupazioni e idee, coinvolgendo anche i rappresentanti politici e permettendo loro di prendere decisioni più efficaci. Gli algoritmi possono analizzare queste informazioni per identificare criticità e opportunità e sviluppare strategie adeguate.

Se la mancanza di lavoro è un problema, l'IA può individuare settori in crescita e opportunità di impiego, sviluppando programmi di formazione su misura per le esigenze della comunità. Allo stesso modo, può aiutare a connettere i membri della comunità con opportunità di lavoro, migliorando le loro prospettive economiche.

L'IA può anche migliorare l'accesso a servizi come l'istruzione e l'assistenza sanitaria, fornendo informazioni e supporto tramite chatbot e analizzando i dati per migliorare l'accesso e la qualità dei servizi.

Infine, l'IA può monitorare e valutare l'efficacia delle politiche e dei programmi di sviluppo comunitario, garantendo che rispondano alle esigenze della comunità.

In questo contesto l'IA offre opportunità enormi per il potenziamento delle comunità, permettendo loro di partecipare attivamente alla risoluzione dei propri problemi e migliorare le proprie condizioni di vita.

In conclusione, l'Intelligenza Artificiale offre una serie di strumenti e approcci innovativi anche per affrontare più efficacemente problemi come la povertà estrema e le disuguaglianze economiche. Tuttavia, è importante sottolineare che l'efficacia di queste soluzioni dipende dalla loro integrazione con politiche pubbliche adeguate, investimenti in ricerca e sviluppo, nonché dalla partecipazione attiva delle comunità locali e degli attori interessati. Solo attraverso un approccio collaborativo e multidisciplinare possiamo sperare di affrontare con successo queste sfide e costruire un mondo più equo, inclusivo e sostenibile per tutti.

3. Salute e medicina

L'Intelligenza Artificiale ha il potenziale per rivoluzionare il settore della salute e della medicina, offrendo soluzioni innovative per affrontare le sfide cruciali che affliggono l'umanità in questo campo. Vediamo come può contribuire nella gestione di queste sfide.

Ricerca scientifica e sviluppo di farmaci

L'Intelligenza Artificiale può trasformare il panorama della ricerca scientifica, soprattutto nell'ambito dello sviluppo di nuovi farmaci, offrendo nuove strategie per combattere le malattie. Poiché una delle caratteristiche principali dell'IA è la sua capacità di analizzare rapidamente grandi quantità di dati, può esaminare informazioni genetiche, molecolari e cliniche per identificare possibili terapie e prevedere come i pazienti risponderanno ai diversi trattamenti.

A esempio, l'IA può identificare nuovi composti farmacologici esaminando enormi banche dati molecolari, accelerando la scoperta di nuovi farmaci e riducendo tempi e costi associati. Inoltre, può ottimizzare protocolli di trattamento personalizzati, suggerendo terapie basate sui dati clinici individuali per massimizzare l'efficacia e ridurre gli effetti collaterali.

Un'altra area di impatto è l'individuazione di nuovi bersagli terapeutici. L'IA può analizzare profili genetici e molecolari per identificare marcatori biologici e meccanismi patologici, aprendo la strada a nuove strategie terapeutiche mirate.

Inoltre, l'IA può prevedere la risposta dei pazienti alle terapie esistenti, utilizzando dati clinici dettagliati per personalizzare le decisioni terapeutiche e migliorare gli esiti clinici.

L'IA è in grado anche di integrare dati da fonti eterogenee, come studi clinici e letteratura scientifica, per ottenere una visione più completa degli aspetti medici e facilitare la scoperta di nuove relazioni causali.

L'IA può supportare la ricerca clinica attraverso la simulazione e la modellizzazione, consentendo di testare ipotesi in modo rapido ed economico e accelerando lo sviluppo dei farmaci.

In conclusione, l'IA ha il potenziale di trasformare la ricerca scientifica e lo sviluppo dei farmaci, offrendo soluzioni innovative per affrontare le sfide mediche più complesse. Grazie alla sua capacità di analisi dei dati, personalizzazione dei trattamenti e modellizzazione predittiva, promette di migliorare significativamente la nostra capacità di curare le malattie e migliorare la salute globale.

Prevenzione e gestione delle pandemie

L'Intelligenza Artificiale potrebbe giocare un ruolo fondamentale soprattutto nella prevenzione e nella gestione delle pandemie, offrendo soluzioni innovative per affrontare le sfide sanitarie globali. Una delle sue principali applicazioni è nell'analisi dei dati epidemiologici e nella previsione della diffusione delle malattie. Utilizzando algoritmi avanzati, l'IA può esaminare enormi quantità di dati relativi ai casi confermati, ai movimenti delle persone e ad altri fattori, per identificare i pattern di diffusione e anticipare la propagazione di nuovi focolai.

Un esempio concreto è l'impiego dell'IA per monitorare l'andamento di una pandemia come quella da COVID-19. Attraverso l'analisi dei dati relativi ai casi confermati, ai tassi di trasmissione e alle politiche di distanziamento sociale, l'IA può elaborare modelli predittivi per prevedere la diffusione futura del virus e identificare le aree a rischio di incrementi dei casi di contagio.

Inoltre, l'IA può essere utilizzata per tracciare la diffusione del virus attraverso l'analisi dei dati di mobilità. Utilizzando dati provenienti da telefoni cellulari, sistemi di navigazione GPS e altre fonti, può mappare i movimenti delle persone e individuare potenziali cluster di infezione, aiutando le autorità sanitarie a prendere decisioni informate sulla gestione dei focolai e sull'implementazione di misure preventive mirate.

L'IA svolge un ruolo cruciale nell'analisi dei dati dei test diagnostici, interpretandone i risultati allo scopo di identificare rapidamente i casi positivi e tracciare i contatti dei pazienti infetti; questo è fondamentale per contenere la diffusione del virus e interrompere le catene di trasmissione.

Inoltre, l'IA può svolgere un ruolo chiave nello sviluppo e nella distribuzione dei vaccini, ottimizzando le strategie di vaccinazione e garantendo una distribuzione equa ed efficiente delle dosi. Può anche aiutare nella gestione dei sintomi e nella diagnosi precoce delle malattie, analizzando i dati dei pazienti per identificare precocemente i casi sospetti e avviare tempestivamente le procedure di isolamento e trattamento.

L'IA può supportare la ricerca scientifica nell'identificazione di nuovi farmaci e terapie, individuando potenziali bersagli terapeutici e accelerando lo sviluppo di nuovi trattamenti. Può anche comunicare in modo efficace e trasparente con il pubblico, fornendo informazioni aggiornate e risposte alle domande frequenti tramite sistemi di Intelligenza Artificiale conversazionale.

Un esempio di come l'IA è stata utilizzata per combattere la disinformazione sui vaccini durante la pandemia da COVID-19 è l'uso di chatbot alimentati da IA dall'Organizzazione Mondiale della Sanità (OMS) per rispondere alle domande sui vaccini in tempo reale. Questo strumento è stato anche impiegato dal governo italiano per personalizzare i messaggi sulla vaccinazione in base alle caratteristiche degli utenti, contribuendo a combattere la disinformazione e aumentare la fiducia del pubblico.

In sintesi, l'IA ha il potenziale per trasformare la prevenzione e la gestione delle pandemie, offrendo strumenti e soluzioni innovative per proteggere la salute pubblica e affrontare le sfide sanitarie globali. Grazie alla sua capacità di analisi dei dati, previsione delle tendenze e supporto alla ricerca, l'IA promette di rivoluzionare il modo in cui affronteremo le emergenze sanitarie e proteggendo la salute della popolazione mondiale.

<u>Diagnosi e trattamento personalizzati</u>

L'Intelligenza Artificiale sta diventando sempre più importante in campo medico, specialmente per le sue potenzialità sulle diagnosi e per i trattamenti personalizzati. Questo significa che i medici possono ottenere diagnosi più precise e pianificare trattamenti mirati per ogni paziente, basandosi sulle loro esigenze e caratteristiche biologiche. Vediamo come funziona e quali vantaggi offre.

Immagina in un prossimo futuro che un medico possa avere un assistente virtuale in grado di analizzare enormi quantità di dati in pochi istanti, aiutandolo nella valutazione della salute. Analizzando grandi *dataset* di immagini diagnostiche, come radiografie e scansioni TC, l'IA può individuare segni precoci di malattie che potrebbero sfuggire ai medici. A esempio, può rilevare piccole anomalie nelle immagini che indicano la presenza di tumori o altre condizioni patologiche, consentendo una diagnosi precoce e migliorando le prospettive di trattamento.

Inoltre, l'IA può analizzare dati provenienti da varie fonti, come esami del sangue, risultati di test diagnostici e storico di esami clinici dei pazienti, per fornire una valutazione completa della loro salute. Questo aiuta i medici a ottenere una visione più chiara della situazione del paziente e a prendere decisioni terapeutiche informate.

Ma l'IA non si ferma alla diagnosi. Può personalizzare i trattamenti in base alle caratteristiche genetiche e cliniche di ciascun paziente, minimizzando gli effetti collaterali e massimizzando l'efficacia del trattamento. Per esempio, se un paziente è più suscettibile agli effetti collaterali di un farmaco a causa del suo profilo genetico, l'IA può suggerire alternative più sicure ed efficaci.

Inoltre, l'IA può monitorare la progressione della malattia e adattare il trattamento di conseguenza, analizzando dati clinici in tempo reale come sintomi, segni vitali e risultati di test di laboratorio. Questo permette di individuare cambiamenti nella condizione del paziente e di intervenire tempestivamente.

Un altro aspetto importante è la capacità dell'IA di imparare dai dati. Più dati vengono raccolti e analizzati, più l'IA diventa precisa e affidabile nelle sue valutazioni e raccomandazioni, garantendo un miglioramento costante delle prestazioni nel tempo.

In conclusione, l'IA ha il potenziale per trasformare il settore della salute e della medicina, migliorando la precisione delle diagnosi e la personalizzazione dei trattamenti. Grazie alla sua capacità di analizzare grandi quantità di dati e apprendere dai risultati, l'IA promette di portare benefici significativi ai pazienti e agli operatori sanitari, contribuendo a migliorare la qualità della vita e a salvare vite umane.

Monitoraggio e gestione delle malattie croniche

Nel campo della salute, la gestione delle malattie croniche è fondamentale per mantenere il benessere dei pazienti. Queste malattie, come il diabete, le malattie cardiache e quelle respiratorie, richiedono un costante monitoraggio e una gestione efficace per evitare complicazioni e migliorare la qualità della vita. Qui entra in gioco l'Intelligenza Artificiale, offrendo soluzioni innovative per il monitoraggio e la gestione di queste complesse condizioni mediche.

Il monitoraggio è cruciale per rilevare precocemente eventuali cambiamenti nello stato di salute dei pazienti e intervenire tempestivamente per prevenire complicazioni. L'IA fornisce strumenti avanzati per questo compito, consentendo la creazione di dispositivi indossabili intelligenti con algoritmi sofisticati. Questi dispositivi possono raccogliere e analizzare in tempo reale una vasta gamma di dati biometrici, come il battito cardiaco e i livelli di glucosio nel sangue, fornendo informazioni cruciali ai medici e ai pazienti sulla condizione del paziente.

Oltre al monitoraggio in tempo reale, l'IA può analizzare grandi quantità di dati storici dei pazienti per individuare pattern e tendenze che possono prevedere il rischio di ricadute o complicazioni future. Utilizzando algoritmi di *machine learning*, può esaminare i dati dei pazienti per identificare correlazioni tra parametri biometrici, stili di vita e risultati clinici. Questa analisi predittiva consente ai medici di adottare un approccio proattivo nella gestione delle malattie croniche, personalizzando i piani di trattamento e fornendo interventi preventivi mirati per migliorare l'esito clinico.

Un altro vantaggio dell'IA nella gestione delle malattie croniche è la sua capacità di facilitare la comunicazione tra pazienti e operatori sanitari. Le piattaforme digitali basate sull'IA consentono ai pazienti di registrare e monitorare i loro sintomi, segnalare cambiamenti nello stato di salute e comunicare con il proprio team medico in modo tempestivo. Questo migliora la gestione delle malattie croniche, riducendo il rischio di errori nella terapia e migliorando l'aderenza del paziente al trattamento.

Inoltre, l'IA può supportare i pazienti nella gestione quotidiana delle loro condizioni mediche, offrendo consigli personalizzati e suggerimenti per uno stile di vita sano. Applicazioni mobili e dispositivi intelligenti possono utilizzare algoritmi di IA per fornire raccomandazioni dietetiche, programmi di esercizio fisico e strategie di gestione dello stress basate sul profilo individuale del paziente. Questo approccio personalizzato è in grado di migliorare la qualità della vita dei pazienti e ridurre il carico sul sistema sanitario.

In sintesi, l'IA riveste un ruolo fondamentale nella gestione personalizzata di condizioni mediche complesse. Grazie alla sua capacità di analizzare grandi quantità di dati e identificare pattern nascosti nei dati storici, l'IA può contribuire a migliorare la qualità della vita dei pazienti, riducendo il rischio di complicazioni e ottimizzando l'efficacia dei trattamenti.

Riduzione delle disparità nell'accesso ai servizi sanitari

Il futuro della sanità sembra promettente, ma ci chiediamo se solo pochi privilegiati potranno usufruirne. La buona notizia è che grazie all'IA non sarà così, perché l'Intelligenza Artificiale ha il potenziale di abbattere le barriere nell'accesso ai servizi sanitari, rendendo le cure più disponibili per tutti, ovunque si trovino e qualunque sia la loro situazione economica.

Innanzitutto, l'IA può offrire consulenza medica remota tramite *chatbot* e app digitali. Questi strumenti possono fornire supporto medico personalizzato a persone in zone remote o con poche risorse sanitarie. I *chatbot* possono rispondere a domande sui sintomi, dare consigli su condizioni mediche comuni e aiutare a prenotare visite mediche. Così, l'IA può ampliare l'accesso ai servizi sanitari, riducendo le differenze tra le varie comunità.

Inoltre, l'IA può migliorare l'efficienza dei servizi sanitari pianificando meglio le risorse. Usando algoritmi avanzati, può analizzare dati demografici per identificare le aree con maggior necessità di assistenza sanitaria. Questo aiuta a distribuire in modo più equo il personale e le attrezzature mediche, riducendo i tempi di attesa per le visite e garantendo un accesso più rapido alle cure.

Così l'IA - supportando i professionisti sanitari nel prendere decisioni informate, a personalizzare i trattamenti per i pazienti e a prevedere i bisogni futuri - migliora la qualità dell'assistenza sanitaria e garantisce che tutti, ovunque siano, possano ricevere le cure di cui hanno bisogno.

In conclusione, l'IA offre soluzioni innovative per ridurre le disparità nell'accesso ai servizi sanitari, rendendo l'assistenza sanitaria più efficiente, accessibile a tutti e di qualità. Utilizzando *chatbot* per consulenze mediche, ottimizzando la pianificazione delle risorse sanitarie e supportando i medici nelle decisioni, l'IA promette di garantire che nessuno sia escluso dall'accesso alle cure necessarie.

In conclusione, l'Intelligenza Artificiale ha il potenziale per trasformare radicalmente il settore della salute e della medicina, offrendo soluzioni innovative per affrontare le sfide globali legate a prevenzione, diagnosi, trattamento e gestione delle malattie, contribuendo a migliorare la qualità della vita delle persone e a promuovere la salute pubblica in tutto il mondo.

4. Crisi ambientale

La crisi ambientale è un'altra delle sfide più urgenti che l'umanità e le società moderne sono costrette ad affrontare oggi. Questa crisi si manifesta attraverso la distruzione degli ecosistemi, la perdita di biodiversità, l'inquinamento dell'aria e dell'acqua, e il degrado del suolo. La crisi ambientale è per molti versi interconnessa con molte delle cause che hanno portato alla "Crisi Climatica" di cui abbiamo già parlato.

L'Intelligenza Artificiale ha il potenziale per giocare un ruolo cruciale nell'assistere l'uomo nella difficile gestione e nell'attenuazione degli effetti nefasti di questa crisi, offrendo soluzioni innovative e strumenti avanzati per monitorare, prevedere e affrontare le sue molteplici dimensioni.

<u>Monitoraggio Ambientale</u>

Parliamo ancora una volta del ruolo che l'IA può avere nell'ambito del monitoraggio ambientale, che è uno dei fattori cruciali per affrontare la crisi climatica. L'IA gioca un ruolo essenziale nel comprendere i cambiamenti ambientali e nel creare soluzioni efficaci. Utilizzando dati da varie fonti come satelliti e sensori, l'IA ci aiuterà a rilevare e analizzare informazioni nascoste sull'ambiente.

Un grande vantaggio dell'IA è la sua capacità di fornire aggiornamenti in tempo reale sullo stato dell'ambiente. Questo significa che potremmo rispondere rapidamente alle emergenze, come per esempio i livelli di inquinamento pericolosi, proteggendo così la salute pubblica e gli ecosistemi.

Inoltre, l'IA può individuare i pattern di inquinamento e i trend nel tempo, aiutandoci a comprendere le cause sottostanti e ad adottare misure preventive. Questo è importante per affrontare le radici della crisi ambientale e per proteggere gli ecosistemi.

Un'altra area in cui l'IA può fare la differenza è nella valutazione della salute degli ecosistemi. Utilizzando algoritmi di apprendimento automatico, può analizzare dati complessi come la biodiversità e la qualità dell'acqua, aiutandoci a proteggere la diversità biologica e le risorse naturali.

I droni sono un esempio tangibile di come l'IA può essere utilizzata nel monitoraggio ambientale. Dotati di sensori avanzati e telecamere, possono raccogliere dati dettagliati su vaste aree geografiche in breve tempo, identificando deforestazione illegale o perdita di habitat.

Inoltre, l'IA può integrare dati da diverse fonti per creare modelli predittivi. Questi modelli possono prevedere gli impatti ambientali di attività umane o eventi naturali, aiutandoci a pianificare e gestire in modo sostenibile le risorse naturali. Tuttavia, ci sono sfide da affrontare. La qualità dei dati è importante, e dobbiamo affrontare questioni etiche e legali legate alla raccolta e all'uso dei dati ambientali da parte dell'IA.

In conclusione, l'IA ci aiuta a capire meglio l'ambiente e ad adottare misure per proteggerlo. Investire in queste tecnologie è fondamentale per prendere decisioni efficaci per proteggere il nostro pianeta.

Previsione e Modellizzazione

Pensa all'Intelligenza Artificiale come a un grande cervello che ci aiuta a capire meglio cosa potrebbe succedere nell'ambiente. Utilizzando dati passati e algoritmi di *machine learning*, può fare previsioni sul futuro. Per esempio, può aiutarci a capire come le azioni umane, come l'industria o l'agricoltura, influenzino il clima e l'ambiente. Così, possiamo sapere in anticipo cosa potrebbe accadere e prepararci di conseguenza.

Immagina di avere una mappa del futuro che ti dice quali azioni possono portare a cosa: se usiamo troppo carburante fossile, il clima potrebbe diventare più caldo, oppure se tagliamo troppi alberi, gli animali potrebbero perdere il loro habitat. Questi esempi chiariscono il legame diretto tra causa ed effetto, ma non sempre è così semplice. In molte situazioni reali, le relazioni sono complesse e richiedono un approccio sofisticato, supportato dall'IA, per gestire efficacemente la complessità. L'IA si basa su dati reali per fare previsioni, è come avere una sfera di cristallo basata sulla scienza, non sulla magia.

Ecco come possiamo usare queste informazioni. Attualmente, i governi cercano di proteggere l'ambiente, ma spesso le politiche sono basate su analisi non sufficientemente profonde dei fenomeni generali, e pertanto non sono sempre efficaci. Con l'IA, possiamo comprendere meglio le correlazioni tra cause ed effetti, sviluppando politiche più mirate. Per esempio, possiamo identificare azioni dannose per il pianeta e promuovere soluzioni sostenibili, considerando l'impatto economico. Questo ci permette di prevenire problemi futuri in modo più efficiente.

Pensa alla previsione del tempo: quando sappiamo che ci sarà una tempesta, ci prepariamo. Con le previsioni ambientali dell'IA, possiamo fare lo stesso per proteggere il pianeta. Inoltre, l'IA può creare modelli che mostrano come l'ambiente cambierà nel tempo, aiutandoci a pianificare la gestione delle risorse naturali e adattarci ai cambiamenti climatici.

A esempio, se sappiamo che ci saranno inondazioni più frequenti, possiamo costruire sistemi di drenaggio migliori. In sintesi, l'IA ci aiuta a guardare avanti e fare scelte migliori per proteggere il futuro. Con l'IA al nostro fianco possiamo gestire il nostro mondo in modo più intelligente e preservarlo per le generazioni future.

Conservazione della Biodiversità

Parliamo di biodiversità, una questione cruciale che abbiamo già toccato parlando della "Crisi Climatica". È vitale capire perché conservare la biodiversità sia una delle priorità più importanti per l'umanità. Guardando intorno, vediamo molte piante, animali e luoghi diversi. Questa varietà di vita è ciò che chiamiamo biodiversità, ed è fondamentale per tutti, inclusi noi umani. Perché? Perché la biodiversità mantiene in equilibrio l'ambiente, garantendo che gli ecosistemi siano forti e sani. Questo equilibrio è fondamentale per il benessere del nostro pianeta e quindi anche per il nostro.

Immagina se ci fossero solo poche specie di piante e animali. Gli ecosistemi diventerebbero fragili e vulnerabili ai cambiamenti. Le piante non pulirebbero più l'aria, i fiumi diventerebbero sporchi e gli animali non avrebbero abbastanza cibo. Tutto questo avrebbe un impatto enorme sulla nostra vita quotidiana. Ma la biodiversità non è importante solo per noi. Gli animali dipendono anche da essa per sopravvivere.

Se molte specie scompaiono, gli animali non avrebbero più habitat o cibo a sufficienza. Immagina se non ci fossero più alberi per gli uccelli o piante per le api. La catena alimentare si spezzerebbe, e tutti ne soffrirebbero.

Inoltre, la biodiversità aiuta a proteggere il nostro pianeta dai cambiamenti climatici. A esempio, gli alberi assorbono il carbonio dall'aria, aiutando a mantenere il clima stabile. Se il numero di alberi diminuisce, il rischio di cambiamenti climatici aumenterebbe. Ecco perché proteggere la biodiversità è cruciale. È come proteggere la nostra casa.

Ora, immagina l'Intelligenza Artificiale come un detective che lavora per proteggere la nostra natura. Usando la sua enorme potenza di calcolo, l'IA può aiutarci a capire meglio cosa sta succedendo nel mondo animale e vegetale. Ecco come funziona: innanzitutto, l'IA può individuare le specie in pericolo; con l'aiuto di "fototrappole" posizionate nelle foreste, può analizzare automaticamente le foto per identificare gli animali; se vede una specie rara o minacciata, ci avvisa; in questo modo, possiamo intervenire per proteggerla.

Ma l'IA va oltre. Può seguire gli animali nei loro spostamenti grazie a dati GPS o sensori. Questo ci aiuta a capire meglio quali sono le zone importanti per gli animali. Inoltre, l'IA può identificare le zone più importanti per la biodiversità. Analizzando i dati, individua le aree con molte specie diverse. Questi luoghi preziosi vanno protetti.

Infine, l'IA ci aiuta a prevedere il futuro, stimando come cambieranno gli ecosistemi nel tempo. Queste previsioni ci consentono di prepararci e prendere precauzioni.

In breve, l'IA è come un supereroe della natura, che ci aiuta a proteggere le specie minacciate, a comprendere i movimenti degli animali e a individuare le aree più importanti da preservare. Grazie a questa tecnologia, possiamo fare progressi nella conservazione della biodiversità e nella lotta alla crisi ambientale.

Gestione delle Risorse Naturali

L'Intelligenza Artificiale può giocare un ruolo fondamentale nella gestione delle risorse naturali, fornendo soluzioni innovative per affrontare la crisi ambientale. Un'area in cui l'IA può fare la differenza è nell'ottimizzazione dell'uso di risorse come acqua e suolo, soprattutto in settori chiave come l'agricoltura. Utilizzando algoritmi avanzati, l'IA può prevedere con precisione le necessità idriche delle colture, permettendo ai coltivatori di irrigare in modo mirato e ridurre gli sprechi. Questo non solo aiuterebbe a conservare le risorse idriche sempre più scarse, ma migliorerebbe anche l'efficienza delle coltivazioni.

Un'altra area in cui l'IA può apportare un grande contributo è nella gestione sostenibile delle foreste. Potrebbe essere utilizzata per monitorare la deforestazione, individuare modelli di disboscamento e aree a rischio, e avvisare le autorità di attività illegali o non sostenibili. Inoltre, l'IA potrebbe identificare pratiche di gestione forestale più efficaci, ottimizzare la pianificazione delle operazioni di riforestazione e prevedere i risultati a lungo termine.

Per esempio, sensori e dispositivi "IoT" (Internet delle cose) potrebbero monitorare l'umidità del suolo e la crescita delle piante in un'area forestale, i cui dati sarebbero analizzati da algoritmi di IA per identificare le aree che necessitano di interventi di riforestazione e per pianificare la distribuzione ottimale delle piante da mettere a dimora, tenendo conto delle condizioni ambientali e delle specie vegetali più adatte a prosperare in quel determinato ambiente.

Inoltre, l'IA potrebbe ottimizzare l'allocazione delle risorse finanziarie per la gestione delle risorse naturali, analizzando i costi e i benefici delle diverse strategie di gestione ambientale. Questo potrebbe aiutare i leader politici e gli operatori del settore a prendere decisioni informate sull'allocazione delle risorse finanziarie, massimizzando l'impatto positivo delle azioni di conservazione e ripristino ambientale.

Infine, l'IA potrebbe coinvolgere attivamente la comunità nella gestione delle risorse naturali, consentendo una partecipazione più ampia e inclusiva nelle decisioni ambientali. Attraverso piattaforme digitali e applicazioni mobili basate sull'IA, le persone potrebbero contribuire alla raccolta di dati ambientali, al monitoraggio delle risorse naturali e alla segnalazione di attività illegali o dannose per l'ambiente.

In sintesi, l'IA offre un enorme potenziale nella gestione delle risorse naturali, contribuendo alla sostenibilità ambientale e alla conservazione della biodiversità attraverso l'ottimizzazione delle risorse, il monitoraggio ambientale, l'identificazione dei rischi e la partecipazione della comunità.

Inquinamento Ambientale

L'Intelligenza Artificiale può giocare un ruolo fondamentale nella lotta contro l'inquinamento ambientale, offrendo soluzioni innovative per monitorare e prevenire il deterioramento dell'aria e dell'acqua. Una delle sfide principali è individuare le fonti di inquinamento e intervenire rapidamente per ridurne gli effetti negativi sull'ambiente e sulla salute umana.

Un'applicazione cruciale dell'IA riguarda il monitoraggio dell'aria. Utilizzando sensori intelligenti e tecnologie di rilevamento remoto, l'IA potrebbe raccogliere dati sulla qualità dell'aria, inclusi inquinanti come particolato fine, ossidi di azoto e diossido di zolfo. Questi dati verrebbero analizzati da algoritmi di apprendimento automatico per identificare le fonti di inquinamento e prevedere le tendenze future, permettendo alle autorità di adottare misure correttive tempestive e politiche di controllo più mirate.

Per esempio, immaginiamo un sistema di monitoraggio dell'aria basato sull'IA installato in una città. Questo sistema potrebbe utilizzare una rete di sensori distribuiti in vari punti strategici per raccogliere dati sulla qualità dell'aria e trasmetterli a un centro di controllo centrale. Gli algoritmi di IA potrebbero analizzare questi dati in tempo reale, identificare le fonti di inquinamento, come traffico veicolare, industrie o incendi, e generare avvisi automatici alle autorità competenti e ai cittadini in caso di superamento dei limiti di sicurezza per la salute.

L'IA può anche essere impiegata per monitorare e gestire l'inquinamento dell'acqua; tramite l'analisi dei dati provenienti da sensori subacquei e stazioni di monitoraggio adatti a individuare contaminanti come metalli pesanti o agenti inquinanti, sarebbe in grado di valutare l'impatto sull'ecosistema e sulla salute umana. Questo consentirebbe alle autorità di intervenire tempestivamente per limitare i danni e proteggere le risorse idriche.

Inoltre, droni dotati di sensori avanzati potrebbero sorvolare fiumi e laghi e raccogliere campioni d'acqua per l'analisi. Questi droni possono essere programmati con algoritmi di IA per individuare segnali di inquinamento, come variazioni di colore o presenza di schiuma, e fornire dati dettagliati agli operatori umani per un intervento rapido ed efficace.

Inoltre, l'IA può sviluppare sistemi di gestione dei rifiuti più efficienti e sostenibili, identificando strategie per la riduzione, il riciclo e il trattamento dei rifiuti. L'IA potrebbe promuovere anche la sensibilizzazione e l'educazione ambientale attraverso piattaforme digitali e applicazioni mobili, offrendo consigli personalizzati sulla riduzione dell'inquinamento e incoraggiando comportamenti sostenibili.

In sintesi, l'Intelligenza Artificiale offre molteplici opportunità per affrontare l'inquinamento ambientale in modo efficace ed efficiente. Utilizzando tecnologie avanzate di monitoraggio, analisi dei dati e intervento rapido, l'IA è in grado di contribuire significativamente a proteggere l'ambiente e la salute umana, promuovendo uno sviluppo sostenibile e un futuro migliore per il nostro pianeta.

Risposta alle Catastrofi Naturali

L'Intelligenza Artificiale potrebbe svolgere un ruolo essenziale nell'affrontare le catastrofi naturali, come terremoti, uragani e inondazioni, fornendo soluzioni innovative per rispondere in modo più rapido ed efficace a queste emergenze. Immagina quanto sarebbe utile poter prevedere con maggiore precisione quando e dove si verificheranno tali eventi, coordinando le operazioni di soccorso per salvare vite umane e ridurre i danni. L'IA potrebbe rendere tutto ciò possibile.

Una delle principali difficoltà nelle situazioni di emergenza è quella di poter disporre di informazioni tempestive e accurate per prendere decisioni informate. Qui entra in gioco l'IA, che potrebbe analizzare enormi quantità di dati da sensori, satelliti e altre fonti per individuare segnali precoci di un'emergenza imminente e prevederne intensità e localizzazione. Per esempio, algoritmi avanzati potrebbero monitorare costantemente modelli meteorologici e sismici per identificare segni premonitori di un uragano o di un terremoto e avvertire in anticipo le autorità competenti e le comunità interessate.

Dopo una catastrofe, l'IA potrebbe coordinare le operazioni di soccorso e ottimizzare l'allocazione delle risorse disponibili. Algoritmi di ottimizzazione potrebbero pianificare rotte di evacuazione efficienti, posizionare centri di distribuzione delle forniture e coordinare attività di ricerca e soccorso. Inoltre, droni avanzati potrebbero essere impiegati per valutare i danni e individuare persone in difficoltà nelle aree colpite, fornendo assistenza immediata e salvando vite umane.

Un'altra area in cui l'IA potrebbe aiutare è l'identificazione delle aree pericolose e la pianificazione di interventi di mitigazione del rischio. Utilizzando modelli di apprendimento automatico e analisi dei dati geospaziali, l'IA potrebbe valutare la vulnerabilità delle comunità e delle infrastrutture alle catastrofi naturali e suggerire interventi per ridurre il rischio di danni futuri. Per esempio, potrebbe essere utilizzata per identificare le zone soggette a inondazioni ricorrenti e proporre interventi di ingegneria idraulica o migliorie infrastrutturali per proteggere le comunità.

Inoltre, l'IA potrebbe migliorare la comunicazione durante le emergenze. Sistemi di IA potrebbero analizzare e filtrare automaticamente informazioni da fonti multiple, come social media, notizie online e rapporti di soccorso, per identificare segnalazioni rilevanti e diffondere aggiornamenti tempestivi alle persone interessate, riducendo la diffusione di informazioni errate.

È essenziale sottolineare come l'Intelligenza Artificiale offra un potenziale significativo per migliorare la risposta alle catastrofi naturali, consentendo una previsione più accurata e tempestiva, un coordinamento più efficiente delle operazioni di soccorso e la pianificazione di interventi di mitigazione del rischio. Sfruttare appieno questo potenziale richiederà sforzi collaborativi tra ricercatori, sviluppatori di tecnologie e autorità pubbliche, ma i benefici potenziali per la sicurezza e il benessere delle comunità colpite saranno enormi.

In conclusione, l'Intelligenza Artificiale offre strumenti potenti e innovativi per affrontare le crisi ambientali, fornendo soluzioni basate sui dati e contribuendo a una gestione più efficace delle risorse naturali e degli ecosistemi. Tuttavia, è importante utilizzare l'IA in modo responsabile ed etico, garantendo che le decisioni e le azioni basate sull'IA siano orientate alla sostenibilità e al benessere dell'ambiente e della società nel suo complesso.

5. Fame e sicurezza alimentare

La fame e la sicurezza alimentare rappresentano problemi cruciali che colpiscono l'umanità, mettendo a rischio il benessere di milioni di persone in tutto il mondo, soprattutto nelle regioni storicamente più svantaggiate. Tuttavia, l'Intelligenza Artificiale offre un potenziale significativo per affrontare questi problemi, fornendo soluzioni innovative e strumenti avanzati per migliorare la produzione agricola, ottimizzare la distribuzione dei prodotti alimentari e prevenire le crisi alimentari. In questa descrizione dettagliata, esploreremo come l'IA può aiutare l'uomo nella gestione futura di questa importante sfida.

Agricoltura di Precisione

L'Intelligenza Artificiale ha il potenziale di trasformare radicalmente l'agricoltura, offrendo soluzioni innovative per combattere la fame e garantire la sicurezza alimentare attraverso l'Agricoltura di Precisione. Questo metodo all'avanguardia sfrutta tecnologie avanzate per migliorare le pratiche agricole, aumentare i raccolti e ridurre gli sprechi, assicurando un approvvigionamento alimentare sostenibile per la popolazione in crescita.

Con l'installazione di sensori nel terreno e l'utilizzo di droni e satelliti per raccogliere dati, l'IA fornisce informazioni dettagliate sulle condizioni del suolo, le esigenze idriche delle colture e la presenza di malattie o parassiti. Questi dati, analizzati da algoritmi intelligenti, guidano pratiche agricole ottimizzate, come l'irrigazione mirata e l'applicazione di pesticidi specifici, riducendo sprechi e impatto ambientale.

Un'altra funzione cruciale dell'IA nell'agricoltura di precisione è la capacità di monitorare le condizioni meteorologiche in tempo reale e prevedere eventi climatici avversi. Ciò consente agli agricoltori di prendere precauzioni, come proteggere le colture durante tempeste o periodi di siccità, minimizzando i danni e mantenendo i raccolti.

Inoltre, l'IA può ottimizzare l'intera catena di produzione alimentare, dalla semina alla distribuzione. Utilizzando l'analisi dei dati storici sulle condizioni meteorologiche e le rese delle colture, l'IA può aiutare i produttori a pianificare la semina in modo ottimale, garantendo una distribuzione uniforme delle risorse e massimizzando i raccolti.

Un aspetto significativo dell'agricoltura di precisione basata sull'IA è la sua capacità di migliorare nel tempo. Con l'apprendimento automatico e l'analisi dei dati in continuo aggiornamento, i sistemi di IA possono affinare costantemente le loro previsioni e raccomandazioni, adattandosi alle mutevoli condizioni ambientali e alle esigenze delle colture.

In conclusione, l'Intelligenza Artificiale offre un'enorme opportunità per affrontare questa sfida del futuro, consentendo agli agricoltori di ottimizzare le pratiche agricole, riducendo gli sprechi, migliorando i rendimenti e garantendo un approvvigionamento alimentare sostenibile per tutti. Questa innovazione è essenziale per affrontare questa sfida e garantire un futuro alimentare sicuro per le generazioni a venire.

Previsioni di Raccolto

L'Intelligenza Artificiale svolge un ruolo cruciale nell'incrementare la sicurezza alimentare e combattere la fame tramite le previsioni di raccolto. Questo metodo innovativo utilizza algoritmi di *machine learning* per analizzare un vasto insieme di dati storici e parametri ambientali, permettendo di prevedere in modo accurato la resa delle colture e di individuare potenziali rischi per la produzione agricola. Le previsioni fornite dall'IA forniscono informazioni cruciali ai coltivatori, permettendo loro di prendere decisioni informate sulla pianificazione delle coltivazioni e sull'allocazione delle risorse, aiutando a mitigare gli impatti delle crisi alimentari.

Immagina di essere un agricoltore che adotta un sistema di previsione di raccolto basato sull'IA. Questo sistema analizza una vasta gamma di dati, inclusi dati storici sulle rese delle coltivazioni, informazioni meteorologiche, condizioni del terreno e altri fattori ambientali. Grazie agli algoritmi di *machine learning*, l'IA è in grado di identificare modelli e correlazioni nei dati, consentendo di prevedere con precisione la quantità di raccolto attesa in una specifica area e periodo.

Per esempio, se il sistema di IA rileva una tendenza storica di bassi rendimenti delle coltivazioni in certe condizioni meteorologiche, può avvertire gli agricoltori di un potenziale rischio di scarsa produzione. In risposta a queste previsioni, gli agricoltori possono prendere misure preventive, come l'irrigazione supplementare o l'applicazione mirata di fertilizzanti, per garantire una crescita ottimale delle coltivazioni nonostante le sfide ambientali.

Inoltre, l'IA può essere impiegata per identificare e prevedere la diffusione di malattie delle piante e parassiti che potrebbero minacciare le coltivazioni. Analizzando i dati storici sulla diffusione di tali malattie e i fattori ambientali correlati, l'IA può avvisare i coltivatori dei potenziali rischi e suggerire interventi preventivi, come trattamenti fitosanitari mirati o modifiche nelle pratiche agricole, per proteggere le coltivazioni e massimizzare i rendimenti.

Un altro vantaggio delle previsioni di raccolto basate sull'IA è la capacità di adattarsi e migliorare nel tempo. Con l'aumentare dei dati raccolti e il miglioramento degli algoritmi di *machine learning*, le previsioni diventano sempre più precise e affidabili. Ciò consente ai coltivatori di prendere decisioni più efficaci e tempestive per gestire la produzione agricola in modo ottimale.

Inoltre, le previsioni di raccolto basate sull'IA possono essere utilizzate per pianificare la distribuzione e l'allocazione delle risorse alimentari su scala globale. Organizzazioni umanitarie e governi possono fare uso di queste previsioni per prevedere e prepararsi a eventuali crisi alimentari, garantendo una distribuzione equa e tempestiva degli alimenti nei luoghi colpiti.

In conclusione, l'Intelligenza Artificiale offre approccio innovativo per affrontare la sfida della fame e garantire un approvvigionamento alimentare sicuro e sostenibile per tutti.

Rilevamento e Controllo delle Malattie delle Piante

L'Intelligenza Artificiale ha un ruolo vitale nel rilevare e controllare le malattie delle piante, contribuendo notevolmente alla sicurezza alimentare. Grazie alla sua capacità di analizzare grandi quantità di dati in modo rapido ed efficiente, l'IA permette di individuare tempestivamente e con precisione le malattie delle piante e i parassiti, aiutando i coltivatori a intervenire prontamente per prevenire la diffusione delle malattie e ridurre i danni alle colture.

Immagina di essere un agricoltore che fa uso di un sistema di IA per individuare le malattie delle piante. Questo sistema si basa sull'analisi di immagini digitali delle piante, ottenute tramite droni, telecamere ad alta risoluzione o altri dispositivi. Le immagini vengono poi elaborate da algoritmi intelligenti, che individuano segni precoci di stress vegetale e segnalano le aree colpite.

A esempio, il sistema di IA potrebbe esaminare le immagini delle foglie delle piante per individuare segni di malattie fungine o danni da insetti. Grazie alla sua capacità di riconoscere pattern e anomalie, l'IA può individuare anche segni più sottili di malattie o infestazioni che potrebbero sfuggire all'occhio umano non addestrato.

Una volta individuati i segni di malattia o danneggiamento, il sistema di IA può fornire ai coltivatori indicazioni sulle aree colpite e raccomandazioni specifiche su come intervenire. Queste raccomandazioni possono includere l'uso di trattamenti fitosanitari mirati, l'adattamento delle pratiche colturali o l'isolamento delle piante infette per prevenire la diffusione della malattia. Inoltre, l'IA può monitorare costantemente l'efficacia delle misure adottate e adattare le raccomandazioni di conseguenza.

Ancora una volta, si evidenzia l'efficacia strategica dell'IA nel rilevare e controllare le malattie delle piante grazie alla sua capacità di apprendimento continuo. Con il progressivo trattamento dei dati e l'esperienza accumulata, il sistema diventa sempre più preciso nell'identificare e diagnosticare le malattie delle piante. Questo significa che nel tempo, l'IA diventa sempre più efficiente nella prevenzione e gestione delle malattie delle colture.

Inoltre, l'IA può essere utilizzata per monitorare costantemente le condizioni ambientali che favoriscono lo sviluppo delle malattie delle piante. Analizzando i dati meteorologici, le informazioni sul suolo e altri parametri ambientali, l'IA può prevedere le condizioni che favoriscono la diffusione di determinate malattie e fornire ai coltivatori avvisi preventivi. Ciò consente loro di adottare misure preventive in anticipo, riducendo il rischio di danni alle colture.

Un esempio pratico di come l'IA possa contribuire al controllo delle malattie delle piante è l'uso di droni dotati di telecamere multispettrali. Questi droni possono sorvolare i campi coltivati e scattare immagini ad alta risoluzione delle piante, individuando rapidamente le aree colpite da malattie o parassiti. I dati raccolti vengono poi elaborati da algoritmi di IA che forniscono indicazioni dettagliate sui passi da seguire per mitigare i danni.

In conclusione, l'Intelligenza Artificiale fornisce un potente strumento per il rilevamento e il controllo delle malattie delle piante, consentendo ai coltivatori di intervenire prontamente ed efficacemente per proteggere le loro colture e garantire una produzione alimentare sicura e sostenibile per tutti.

<u>Ottimizzazione della Catena di Approvvigionamento Alimentare</u>

L'Intelligenza Artificiale anche in questo caso è in grado di svolgere un ruolo chiave nell'ottimizzazione della catena di approvvigionamento alimentare, rivoluzionando la gestione della produzione, distribuzione e consumo di cibo.

Per esempio, può migliorare la logistica: usando algoritmi avanzati e dati storici, l'IA trova le rotte più efficienti per consegnare cibo fresco, tagliando i tempi di trasporto e riducendo gli sprechi. Può analizzare traffico e condizioni meteorologiche per scegliere i percorsi migliori.

Inoltre, l'IA può ridurre gli sprechi lungo la catena di approvvigionamento alimentare, identificando le aree in cui si verificano perdite e sprechi e suggerire soluzioni per ridurli. Per esempio, l'IA potrebbe monitorare da vicino le scorte nei magazzini e nei punti vendita, segnalando eventuali eccessi di inventario o prodotti vicini alla scadenza e suggerendo azioni correttive per ridurre le perdite.

L'IA potrebbe anche migliorare la gestione della qualità e della sicurezza alimentare lungo tutta la catena di approvvigionamento; utilizzando sensori intelligenti e sistemi di monitoraggio automatizzato, potrebbe rilevare tempestivamente eventuali anomalie o contaminazioni nei prodotti e avviare provvedimenti immediati per prevenire la diffusione di malattie o avvelenamenti. L'IA potrebbe anche essere impiegata per garantire la rintracciabilità e la trasparenza degli alimenti, consentendo ai consumatori di conoscere l'origine e la storia di ogni prodotto acquistato.

In conclusione, l'Intelligenza Artificiale offre molti strumenti per contribuire in modo significativo a risolvere il problema della fame e della sicurezza alimentare, garantendo che tutti abbiano accesso a cibo sicuro, nutriente e sostenibile.

<u>Sviluppo di Alimenti Sostenibili e Nutritivi</u>

Grazie alla sua capacità di elaborazione dei dati e di apprendimento automatico, l'IA potrebbe svolgere un ruolo chiave anche nell'identificare le migliori combinazioni di ingredienti e formulazioni per sviluppare alimenti innovativi che siano sia salutari sia rispettosi dell'ambiente.

Per esempio, immagina i ricercatori che tentano di creare un sostituto della carne a base vegetale con lo stesso sapore e valore nutrizionale, ma con un minor impatto sull'ambiente. Un sistema di IA potrebbe aiutarli in questa sfida. Utilizzando algoritmi sofisticati, potrebbe analizzare una vasta gamma di ingredienti vegetali, valutando le loro proprietà nutritive, sensoriali e il loro impatto ambientale. Questo processo consentirebbe di identificare le combinazioni ottimali di ingredienti e le relative proporzioni per ottenere un prodotto che non solo soddisfi i requisiti dietetici, ma riduca anche l'impatto ambientale associato alla sua produzione.

Un altro esempio potrebbe essere lo sviluppo di alimenti funzionali arricchiti con sostanze nutritive essenziali, come vitamine, minerali o antiossidanti. L'IA potrebbe analizzare la composizione chimica di vari alimenti e identificare le combinazioni ottimali per arricchire gli alimenti esistenti con nutrienti aggiuntivi, senza comprometterne il gusto o la consistenza. Questo potrebbe contribuire a migliorare la qualità nutrizionale degli alimenti disponibili sul mercato, fornendo opzioni più salutari per i consumatori.

Questo approccio non solo aiuta a sviluppare alimenti alternativi salutari e sostenibili, ma può anche superare le resistenze culturali legate al passaggio a alimenti "sintetici". L'IA può ottimizzare il processo di produzione, rendendo questi alimenti più convenienti per una vasta gamma di consumatori.

Sebbene sia comprensibile che alcuni potrebbero essere riluttanti ad abbandonare i cibi tradizionali, l'IA offre un'opportunità unica per sviluppare alternative che garantiscano la sicurezza alimentare e la sostenibilità ambientale.

Inoltre, l'IA può ottimizzare i processi di produzione alimentare, riducendo gli sprechi e migliorando l'efficienza complessiva della catena di approvvigionamento alimentare. Ciò include l'analisi dei dati relativi alla produzione agricola e alimentare, insieme alle condizioni meteorologiche e alla domanda dei consumatori, per pianificare la produzione e la distribuzione in modo ottimale.

Infine, l'IA può contribuire a migliorare l'accesso agli alimenti sani, specialmente nelle comunità svantaggiate. Analizzando dati socio-economici, può identificare aree con scarsa accessibilità agli alimenti sani e promuovere iniziative per migliorare l'equità nell'accesso ai servizi alimentari.

In conclusione, l'IA può rivoluzionare lo sviluppo di alimenti sostenibili e nutrizionalmente equilibrati, contribuendo a garantire la sicurezza alimentare per tutti e riducendo l'impatto ambientale complessivo del settore alimentare.

Riassumendo, l'Intelligenza Artificiale offre il suo enorme potenziale per affrontare il problema della fame e della sicurezza alimentare, fornendo soluzioni innovative e avanzate. Tuttavia, è importante utilizzare l'IA in modo responsabile ed etico, garantendo che le decisioni e le azioni basate sull'IA siano orientate alla sostenibilità e al benessere delle comunità agricole e dei consumatori.

6. Tecnologie dirompenti

I concetti di *Disruptive Technology* e *Disruptive Innovation* possono essere tradotti come "tecnologia dirompente" o "innovazione dirompente". Questi concetti si riferiscono a nuove idee o approcci che rivoluzionano completamente il funzionamento di un mercato o di un'azienda. In pratica, queste innovazioni sovvertono gli *status quo* consolidati, riscrivendo il modo in cui le persone conducono affari o gestiscono la propria vita.

Le tecnologie dirompenti, tra cui l'Intelligenza Artificiale, l'automazione, la robotica e altre tecnologie avanzate, stanno rivoluzionando il modo in cui lavoriamo, viviamo e interagiamo con il mondo intorno a noi. Queste nuove tecnologie offrono vantaggi ma anche rischi per lavoro, privacy e sicurezza, creando instabilità sociale ed economica. Esploriamo come l'Intelligenza Artificiale possa guidarci nella gestione di questa sfida globale, aiutandoci a gestirla meglio.

Curiosamente, se l'IA è causa di parte del problema, vediamo come l'IA stessa potrebbe contribuire ad esserne la soluzione.

<u>Automazione e Cambiamenti nel Mercato del Lavoro</u>

L'Intelligenza Artificiale e l'automazione stanno cambiando radicalmente il modo in cui lavoriamo, influenzando il mercato del lavoro. Queste nuove tecnologie possono automatizzare compiti ripetitivi e rendere alcune competenze umane obsolete. Come abbiamo più volte sottolineato, se da un lato l'automazione può aumentare l'efficienza e ridurre i costi per le aziende, dall'altro potrebbe portare alla perdita di posti di lavoro in settori tradizionali come la produzione e il trasporto.

Per esempio, i robot possono sostituire gli operai nelle fabbriche e i veicoli autonomi possono rimpiazzare i conducenti nei trasporti. Questo può portare a un aumento della disoccupazione in certi settori e a una ristrutturazione del mercato del lavoro in cui alcune competenze diventano obsolete mentre altre diventano più richieste.

È determinante affrontare questa sfida in modo proattivo, adattando l'istruzione e la formazione per preparare i lavoratori alle nuove esigenze del mercato del lavoro. Ciò potrebbe includere l'apprendimento di competenze digitali, di programmazione e di gestione dei dati, nonché lo sviluppo di abilità umane come la creatività, la risoluzione dei problemi e la collaborazione. Inoltre, è importante considerare politiche pubbliche che favoriscano la riconversione professionale e l'inclusione sociale dei lavoratori colpiti dalla disoccupazione tecnologica.

Per affrontare la disoccupazione causata dalle nuove tecnologie, serve un approccio olistico, che coinvolga istruzione, formazione e politiche pubbliche. In questo contesto, l'Intelligenza Artificiale può essere parte della soluzione. Può aiutare i lavoratori ad adattare le loro competenze alle nuove richieste del mercato. Utilizzando algoritmi avanzati, può analizzare i trend del mercato del lavoro e individuare le competenze richieste nei settori in crescita. Queste informazioni possono essere utilizzate per creare programmi di formazione su misura che preparano i lavoratori per le professioni del futuro. A esempio, può analizzare le competenze richieste per i lavori nel settore dell'Intelligenza Artificiale e sviluppare corsi che aiutino i lavoratori ad acquisire le competenze necessarie.

Per facilitare questo adattamento delle competenze, attraverso la creazione di piattaforme di *matching* lavoro-candidati basate sull'IA, algoritmi avanzati possono analizzare i profili dei lavoratori, le loro competenze e le esigenze del mercato del lavoro per trovare le migliori opportunità di lavoro per ogni individuo. Per esempio, un'IA potrebbe analizzare il profilo di un lavoratore che ha perso il lavoro in un settore in declino e suggerire opportunità di lavoro in settori in crescita che corrispondono alle sue competenze e interessi. Queste informazioni possono essere utilizzate per sviluppare programmi di formazione personalizzati per preparare i lavoratori alle professioni del futuro.

Inoltre, l'IA può migliorare l'efficacia dei programmi di riqualificazione professionale, analizzando i dati sulle esperienze lavorative passate dei lavoratori e creando, in maniera puntuale, percorsi di formazione personalizzati.

L'IA stessa è una fonte di lavoro in continua crescita, con sempre più aziende che cercano esperti di Intelligenza Artificiale per sviluppare e implementare soluzioni basate sull'IA nei loro prodotti e servizi. Inoltre, l'IA può essere utilizzata per creare nuove imprese e settori attraverso l'automazione di processi, l'analisi dei dati e lo sviluppo di nuove tecnologie. Per esempio, l'IA potrebbe essere utilizzata per sviluppare sistemi di diagnosi medica avanzati, creando nuove opportunità di lavoro per medici e professionisti sanitari specializzati nell'analisi e nell'interpretazione dei dati.

In conclusione, l'Intelligenza Artificiale può svolgere un ruolo cruciale nel mitigare gli impatti negativi dell'automazione e dell'IA stessa sul mercato del lavoro, facilitando l'adattamento delle competenze dei lavoratori alle nuove esigenze del mercato, migliorando l'efficacia dei programmi di riqualificazione professionale, facilitando la transizione verso nuove opportunità di lavoro e creando nuove opportunità di lavoro attraverso l'innovazione e lo sviluppo di nuove tecnologie e settori. Tuttavia, è importante che ciò avvenga in modo responsabile e inclusivo.

Protezione della Privacy e Sicurezza dei Dati

La Protezione della Privacy e la Sicurezza dei Dati sono temi di crescente importanza in un mondo in cui l'Intelligenza Artificiale sta assumendo un ruolo sempre più centrale. L'IA, con la sua capacità di analizzare enormi quantità di dati in modo rapido ed efficiente, presenta sfide significative in termini di protezione della privacy e sicurezza dei dati personali. Tuttavia, paradossalmente, anche in questo caso l'IA può offrire soluzioni innovative per affrontare gli stessi problemi che essa stessa ha contribuito a creare.

Una delle principali preoccupazioni riguarda il pericolo che le informazioni personali e sensibili degli individui vengano utilizzate in modo improprio o violino i loro diritti e la loro privacy. L'IA, attraverso algoritmi sempre più sofisticati, può analizzare i dati personali per estrarre informazioni dettagliate sulle persone, come le loro abitudini di consumo, le preferenze politiche, o lo stato di salute. Queste informazioni possono essere utilizzate per scopi non autorizzati, come la pubblicità mirata, la profilazione degli utenti o la manipolazione delle opinioni pubbliche.

Un esempio è il riconoscimento facciale basato sull'IA, che può essere invasivo per la privacy quando utilizzato senza consenso. Inoltre, gli algoritmi di selezione del personale possono favorire certi gruppi demografici, alimentando disuguaglianze nel lavoro.

Tuttavia, nonostante questi problemi, l'IA può anche offrire soluzioni innovative per affrontare la questione della protezione della privacy e della sicurezza dei dati. Una possibile applicazione è rappresentata dall'uso di algoritmi di crittografia avanzati, che consentono di proteggere i dati sensibili rendendoli inaccessibili a persone non autorizzate, anche se venissero compromessi i sistemi di sicurezza.

Inoltre, l'IA può essere impiegata per sviluppare sistemi di sicurezza informatica più sofisticati, in grado di rilevare e prevenire attacchi informatici e violazioni dei dati in tempo reale. Utilizzando tecniche di *machine learning*, questi sistemi possono analizzare i modelli di traffico di rete per individuare comportamenti sospetti e intrusivi e attivare immediatamente le contromisure appropriate.

Un altro approccio innovativo è quello dell'IA "federata", che consente di addestrare modelli di Intelligenza Artificiale senza la necessità di condividere i dati sensibili. In questo modo, le informazioni personali rimangono protette, mentre i modelli di IA possono continuare a migliorare e adattarsi utilizzando dati anonimizzati o aggregati.

Ma per garantire la protezione della privacy e della sicurezza dei dati, sono necessarie normative rigorose che affrontino la raccolta e l'uso dei dati, il consenso degli utenti e la trasparenza nell'uso dell'IA. In conclusione, nonostante le sfide, l'IA offre anche soluzioni innovative, ma è essenziale sviluppare normative adeguate per un utilizzo responsabile e equo.

Instabilità Economica e Sociale

L'Instabilità Economica e Sociale è una crescente preoccupazione, specialmente con la diffusione dell'Intelligenza Artificiale e di altre tecnologie avanzate. Sebbene l'IA porti innovazione ed efficienza, il suo impatto sulla forza lavoro, sull'economia e sulla coesione sociale è ancora oggetto di dibattito.

Ironicamente, l'IA potrebbe anche offrire soluzioni per i problemi che essa stessa crea.

Un punto cruciale da considerare è che l'adozione massiccia dell'IA potrebbe ampliare le disuguaglianze economiche e sociali. L'automazione dei lavori a bassa qualifica potrebbe ampliare il divario tra coloro con competenze digitali avanzate e chi non le possiede, aumentando la disoccupazione e l'insicurezza economica per questi ultimi.

Tuttavia, nonostante queste sfide, l'IA apre anche opportunità per migliorare l'istruzione, la formazione e la mobilità economica. Abbiamo già più volte parlato delle piattaforme di apprendimento online basate sull'IA, che possono offrire corsi personalizzati e risorse di apprendimento adattate alle esigenze degli studenti. I sistemi di raccomandazione basati sull'IA possono aiutare le persone a trovare lavoro e formazione in linea con le loro competenze e interessi, riducendo le disuguaglianze nell'accesso alle opportunità economiche.

Inoltre, l'IA può aiutare a sviluppare politiche per ridurre l'instabilità economica e sociale. Modelli di previsione basati sull'IA possono aiutare i governi e le organizzazioni a identificare i settori e le comunità più vulnerabili agli impatti dell'automazione e a sviluppare strategie per mitigare questi effetti. Inoltre, l'IA può essere utilizzata per monitorare e valutare l'efficacia delle politiche pubbliche volte a ridurre le disuguaglianze economiche e sociali, consentendo un intervento più tempestivo e mirato.

Un altro impatto positivo dell'IA è la creazione di nuove opportunità economiche attraverso l'innovazione e l'imprenditorialità. Gli imprenditori possono utilizzare l'IA per identificare nuovi mercati, ottimizzare processi aziendali e sviluppare prodotti innovativi. Inoltre, l'IA aiuta le piccole imprese a competere con le grandi, offrendo accesso a tecnologie precedentemente riservate a queste ultime.

Infine, la collaborazione tra settori pubblici, privati e non profit è fondamentale per garantire che l'IA contribuisca alla stabilità economica e sociale. Attraverso partenariati strategici e iniziative congiunte, queste diverse entità possono collaborare per sviluppare politiche e interventi efficaci, garantire una distribuzione equa dei benefici dell'IA e affrontare le sfide emergenti legate alla sua adozione.

Gestione dei Rischi e Regolamentazione

Nel contesto dell'adozione sempre più diffusa di tecnologie dirompenti, tra cui l'Intelligenza Artificiale stessa, l'automazione, la robotica e altre tecnologie avanzate, la "gestione dei rischi" e la "regolamentazione" emergono come aspetti vitali da affrontare. È cruciale una stretta collaborazione tra governi, industrie e organizzazioni internazionali per sviluppare politiche e regolamenti che tutelino i diritti e il benessere degli individui. In questa cornice, l'IA stessa può svolgere un ruolo chiave nel mitigare i rischi e garantire un utilizzo responsabile delle tecnologie emergenti.

Un passo fondamentale nella gestione dei rischi è garantire la trasparenza e l'accessibilità delle informazioni sull'IA. Le aziende devono essere chiare riguardo ai dati che raccolgono, come vengono utilizzati e quali algoritmi sono impiegati per analizzarli.

Per farlo potrebbero utilizzare l'IA stessa, applicandola nello sviluppo di funzionalità improntate sulla trasparenza aziendale, fornendo analisi dei processi, etichettatura automatica dei dati, creazione di report personalizzati, sviluppo di interfacce utente intuitive e tracciamento delle modifiche, permettendo alle aziende di chiarire quali dati vengono raccolti, come vengono usati e quali algoritmi sono impiegati per analizzarli. Questo consentirebbe alle aziende a essere trasparenti riguardo ai dati che raccolgono e come vengono utilizzati, fornendo agli individui le informazioni necessarie per prendere decisioni informate sulla loro interazione con i sistemi basati sull'IA.

Inoltre, è essenziale stabilire la responsabilità nell'uso dell'IA, sia a livello individuale che organizzativo. Le aziende devono adottare politiche interne che chiariscano le responsabilità per l'uso e la gestione dell'IA e stabiliscano procedure per monitorare e rispondere a eventuali abusi o violazioni delle normative. L'IA può contribuire a sviluppare strumenti di monitoraggio e analisi che identificano e segnalano comportamenti non conformi o potenzialmente dannosi.

La protezione dei dati personali e della privacy è un'altra sfida critica da affrontare. Con la crescente raccolta e analisi dei dati nell'era dell'IA, è essenziale introdurre e rispettare normative rigorose sulla protezione dei dati. Gli algoritmi utilizzati nell'IA devono essere progettati con meccanismi di sicurezza e privacy integrati, per garantire la protezione dei dati sensibili da accessi non autorizzati o utilizzazioni improprie.

Inoltre, c'è il rischio di discriminazione e bias negli algoritmi utilizzati nell'IA, che possono portare a decisioni ingiuste o discriminatorie. È importante sviluppare e utilizzare tecniche di mitigazione del bias nell'IA, che identificano e correggono i pregiudizi nei dati e negli algoritmi. Le organizzazioni devono adottare pratiche di auditing e revisione per valutare l'impatto sociale ed etico dei loro sistemi basati sull'IA.

Infine, l'IA può svolgere un ruolo essenziale nella regolamentazione e nell'applicazione delle normative relative all'IA stessa. Gli algoritmi di *compliance* possono valutare e garantire la conformità delle pratiche aziendali e dei sistemi tecnologicamente avanzati, alle leggi e ai regolamenti. Utilizzando l'IA per garantire la trasparenza, la responsabilità, la protezione dei dati e la mitigazione dei bias, è possibile promuovere un utilizzo responsabile ed equo delle tecnologie AI, portando benefici tangibili alla società.

In conclusione, l'IA e altre tecnologie dirompenti presentano opportunità straordinarie per migliorare le nostre vite e risolvere sfide complesse, ma richiedono un approccio ponderato e responsabile per gestire i rischi associati. Attraverso una leadership informata, la collaborazione internazionale e una forte regolamentazione, possiamo massimizzare i benefici delle nuove tecnologie dirompenti, tra cui l'Intelligenza Artificiale stessa, l'automazione, la robotica e altre tecnologie avanzate, e mitigare gli impatti negativi sull'occupazione, la privacy e la sicurezza, contribuendo a costruire un futuro più equo, sostenibile e inclusivo per tutti.

7. Migrazioni forzate

Le migrazioni forzate rappresentano un'altra tra le sfide più pressanti che l'umanità deve affrontare nel mondo contemporaneo. Le persone sono costrette a lasciare le proprie case a causa di una serie di fattori tra cui crisi umanitarie, conflitti armati, disastri naturali e impatti del cambiamento climatico. Questo fenomeno non solo mette a dura prova le risorse delle nazioni ospitanti, ma porta anche a una serie di problemi socio-economici e politici sia per i paesi di origine che per quelli di destinazione.

L'Intelligenza Artificiale offre un enorme potenziale nel gestire le migrazioni forzate in modi innovativi ed efficaci. Vediamo come l'IA potrebbe essere impiegata per affrontare questa sfida in diverse aree cruciali.

<u>Monitoraggio e analisi dei flussi migratori</u>

Nella risoluzione del problema delle migrazioni forzate, l'Intelligenza Artificiale gioca un ruolo fondamentale nel monitoraggio e nell'analisi dei flussi migratori. Questo significa che l'IA può aiutare a comprendere meglio chi sono le persone in movimento, da dove vengono, dove vanno e perché si spostano.

Vediamo come l'IA potrebbe contribuire in modo significativo.

Innanzitutto, l'IA può essere impiegata per monitorare i movimenti delle persone in tempo reale, utilizzando una vasta gamma di dati provenienti da diverse fonti. Per esempio, qualora fossero disponibili, l'IA può analizzare dati provenienti da sensori di sorveglianza, satelliti, social media e telefoni cellulari per tracciare i flussi migratori in tempo reale. Gli algoritmi di *machine learning* possono elaborare questi dati per identificare modelli e tendenze nei movimenti delle persone, fornendo ai governi e alle organizzazioni umanitarie una visione più accurata delle rotte migratorie e delle destinazioni finali.

In secondo luogo, l'IA può aiutare a prevedere i flussi migratori futuri, consentendo alle autorità di pianificare e rispondere in modo proattivo alle emergenze umanitarie. Analizzando i dati storici e correnti dei flussi migratori insieme a fattori come conflitti, disastri naturali e cambiamenti ambientali, l'IA può identificare potenziali *hotspot* di migrazione e aree a rischio di crisi umanitarie. Queste informazioni possono essere utilizzate per anticipare le esigenze delle persone in fuga e per pianificare interventi di soccorso e assistenza.

Inoltre, l'IA può svolgere un ruolo importante nell'identificare i bisogni e le vulnerabilità delle persone in movimento, consentendo risposte più mirate ed efficaci. Utilizzando algoritmi avanzati, l'IA può analizzare i dati demografici, socio-economici e sanitari per identificare gruppi vulnerabili, come donne, bambini, anziani e persone con disabilità, che potrebbero avere bisogno di assistenza aggiuntiva durante il loro viaggio. Queste informazioni possono essere utilizzate per pianificare e fornire servizi di protezione, assistenza sanitaria e supporto psicologico alle persone più vulnerabili lungo le rotte migratorie.

L'IA offre, quindi, strumenti potenti per monitorare e analizzare i flussi migratori, consentendo una migliore comprensione delle dinamiche migratorie e una risposta più efficace alle esigenze delle persone in movimento. L'IA può pertanto aiutare i governi e le organizzazioni umanitarie a pianificare e rispondere in modo più tempestivo ed efficace alle emergenze umanitarie e alle crisi migratorie.

<ins>Elaborazione delle richieste di asilo</ins>

Nel complesso panorama delle migrazioni forzate, l'Intelligenza Artificiale può giocare un ruolo fondamentale nella gestione delle richieste di asilo e nell'analisi dei casi dei rifugiati. Immagina di essere costretto a lasciare il tuo paese a causa di conflitti, persecuzioni o violenze: in questi momenti critici, l'IA può diventare un prezioso alleato nel garantire un processo di asilo più efficiente, equo e imparziale.

Uno degli utilizzi più promettenti dell'IA riguarda l'analisi del linguaggio naturale. Questi algoritmi possono essere adoperati per esaminare e comprendere le testimonianze dei richiedenti asilo, che spesso raccontano esperienze traumatiche e dettagliate dei motivi che li hanno spinti a cercare protezione internazionale. L'IA può aiutare ad analizzare e valutare queste testimonianze in modo rapido ed efficiente, identificando i casi che soddisfano i requisiti per ottenere lo status di rifugiato. Ciò non solo accelera i tempi di elaborazione delle richieste, ma contribuisce anche a garantire, in modo tempestivo, la giusta protezione internazionale a coloro che ne hanno davvero necessità.

Inoltre, l'IA può essere impiegata per ridurre i *bias* e le discriminazioni nei processi decisionali relativi alle richieste di asilo. Spesso, i funzionari preposti all'esame delle richieste possono essere influenzati da pregiudizi o opinioni personali, portando a decisioni non del tutto imparziali. L'IA, al contrario, opera sulla base di algoritmi e dati, riducendo il rischio di parzialità e garantendo un trattamento equo per tutti i richiedenti asilo. Questo è particolarmente importante considerando le differenze culturali, linguistiche e sociali che possono influenzare le decisioni umane.

Oltre all'analisi del linguaggio naturale, l'IA può essere impiegata per ottimizzare l'intero processo di gestione delle richieste di asilo. I sistemi di IA possono automatizzare molte delle fasi del processo, riducendo i tempi e i costi associati all'esame delle domande. Per esempio, possono gestire la raccolta e l'organizzazione dei documenti e delle prove fornite dai richiedenti, facilitando il lavoro dei funzionari preposti. Ciò consente loro di concentrarsi su compiti più complessi e decisioni cruciali, mentre i sistemi di IA si occupano dei compiti più ripetitivi e routinari.

Inoltre, l'IA può essere utilizzata per migliorare la gestione dei dati relativi ai rifugiati e ai richiedenti asilo. Durante il processo di asilo, vengono raccolte enormi quantità di informazioni personali, documenti e prove che devono essere gestite in modo sicuro ed efficiente. I sistemi di IA possono aiutare a organizzare e analizzare questi dati in modo da facilitare la ricerca e l'accesso alle informazioni rilevanti. Ciò non solo migliora l'efficienza del processo, ma consente anche una migliore condivisione delle informazioni tra le agenzie e gli enti coinvolti nella gestione dei rifugiati.

In conclusione, l'Intelligenza Artificiale ha il potenziale per trasformare radicalmente il modo in cui vengono gestite le richieste di asilo e i casi dei rifugiati. Utilizzando l'IA in modo responsabile e etico, possiamo migliorare notevolmente la vita di coloro che cercano protezione internazionale e promuovere una risposta umanitaria più efficace e compassionevole alle migrazioni forzate.

<ins>Integrazione e inclusione</ins>

Nel complesso contesto delle migrazioni forzate, l'Intelligenza Artificiale può giocare un ruolo fondamentale nell'integrare e includere i migranti nelle società di accoglienza. Questo è cruciale poiché l'integrazione efficace non solo favorisce il benessere dei migranti, ma arricchisce anche le comunità ospitanti e promuove la coesione sociale. Vediamo come l'IA potrebbe contribuire a questo processo di integrazione e inclusione.

Immagina un mondo in cui i migranti hanno accesso immediato a informazioni chiare e supporto su questioni cruciali come l'istruzione, l'occupazione, l'assistenza sanitaria e i diritti legali. Qui entra in gioco l'IA. I *chatbot* e gli assistenti virtuali alimentati dall'IA possono fornire un canale di comunicazione accessibile e disponibile 24 ore su 24 per rispondere alle domande dei migranti e guidarli attraverso il complesso labirinto delle procedure burocratiche e dei servizi disponibili. Questi assistenti virtuali possono essere personalizzati per rispondere alle esigenze specifiche dei migranti, offrendo informazioni nelle loro lingue native e adattandosi alle loro circostanze individuali.

Ma l'AI può fare molto di più di semplici *chatbot*. Gli algoritmi avanzati possono essere impiegati per analizzare i profili dei migranti, valutare le loro competenze, esperienze e aspirazioni, e quindi abbinarli a opportunità di lavoro, disponibilità di alloggi e servizi sociali che corrispondono alle loro caratteristiche e necessità. Questo non solo aiuta i migranti a integrarsi meglio nella società di accoglienza, ma può anche aumentare l'efficienza dei programmi di accoglienza, riducendo il rischio di sottoutilizzo delle competenze dei migranti.

Inoltre, l'IA può svolgere un ruolo cruciale nel favorire l'inclusione sociale dei migranti. Gli algoritmi di corrispondenza possono essere utilizzati non solo per trovare lavoro e alloggio, ma anche per identificare opportunità di partecipazione attiva nella comunità locale. Per esempio, possono suggerire attività di volontariato, corsi di lingua, programmi culturali e sportivi che favoriscono l'incontro e lo scambio tra migranti e residenti locali. In questo modo, l'IA non solo facilita l'accesso ai servizi, ma promuove anche l'interazione sociale e la costruzione di legami positivi tra migranti e comunità ospitanti.

Un altro campo in cui l'IA può fare la differenza è nell'ambito dell'istruzione. I sistemi di apprendimento automatico possono essere utilizzati per valutare le esigenze educative dei migranti e offrire percorsi formativi personalizzati che tengano conto delle loro conoscenze, abilità e *background* culturali. Inoltre, le piattaforme di *e-learning* alimentate dall'IA possono offrire corsi di lingua, formazione professionale e risorse didattiche accessibili da qualsiasi luogo e in qualsiasi momento, consentendo ai migranti di acquisire competenze utili per l'integrazione e l'inclusione nella società di accoglienza.

È fondamentale attivare azioni orientate a promuovere la consapevolezza interculturale. Con questo obiettivo, l'IA può essere impiegata per sviluppare piattaforme educative e strumenti di sensibilizzazione interculturale che aiutano sia i migranti che le popolazioni ospitanti a comprendere e apprezzare le diverse culture, tradizioni e religioni. Questi strumenti potrebbero includere giochi educativi, risorse multimediali interattive e piattaforme di apprendimento basate sull'IA.

Indubbiamente il gap culturale e religioso tra i migranti e le popolazioni ospitanti richiede un attento intervento orientato alla mediazione degli eventuali conflitti culturali. L'utilizzo dell'IA per analizzare i dati sui potenziali conflitti culturali e religiosi nelle comunità ospitanti, rende possibile identificare le cause sottostanti e sviluppare strategie di mediazione e risoluzione dei conflitti. Gli algoritmi di apprendimento automatico potrebbero individuare i modelli nei comportamenti e nelle interazioni tra i diversi gruppi e suggerire interventi mirati per promuovere la comprensione reciproca e prevenire tensioni interculturali.

Infine, l'IA può essere utilizzata per monitorare e valutare l'efficacia dei programmi di integrazione e inclusione dei migranti. Gli algoritmi di analisi dei dati possono essere impiegati per raccogliere *feedback* dai migranti e dalle comunità ospitanti, valutare l'impatto delle politiche e delle iniziative di integrazione, e identificare aree in cui è necessario intervenire per migliorare il processo. Questo *feedback* in tempo reale consente un adattamento continuo delle strategie e delle politiche, assicurando che siano allineate alle esigenze e alle aspettative delle persone coinvolte.

L'Intelligenza Artificiale offre pertanto strumenti e risorse preziose per facilitare l'integrazione e l'inclusione dei migranti nelle società di accoglienza. Attraverso *chatbot*, algoritmi di corrispondenza, sistemi di apprendimento automatico e analisi dei dati, l'IA può aiutare i migranti a superare le complesse sfide dell'adattamento a una nuova realtà e favorire la costruzione di comunità più inclusive e solidali. Utilizzando l'IA in modo etico e responsabile, possiamo fare passi significativi verso la creazione di società più aperte, accoglienti e resilienti, dove tutti hanno la possibilità di realizzare il proprio potenziale e contribuire al benessere collettivo.

<u>Previsione e prevenzione dei conflitti</u>

In questo vasto panorama l'Intelligenza Artificiale può svolgere un ruolo importante nell'identificare e prevedere crisi migratorie. Analizzando i dati storici e attuali sui flussi migratori e sulla situazione socio-politica in diversi paesi, l'IA può aiutare a identificare le aree a rischio, in base alla persistenza di conflitti armati, povertà estrema, cambiamenti climatici o violazioni dei diritti umani.

Questo consentirebbe ai governi e alle organizzazioni internazionali di adottare misure preventive, come programmi di sviluppo economico, diplomazia preventiva o interventi umanitari tempestivi, per mitigare le cause alla radice prima che si trasformino in crisi migratorie. È infatti fondamentale essere in grado di affrontare le cause alla radice delle migrazioni forzate, lavorando per promuovere la pace, lo sviluppo e i diritti umani in tutto il mondo.

Vediamo come l'IA potrebbe contribuire a individuare precocemente i segnali di tensione e a intervenire efficacemente per evitare situazioni che possano portare a ingenerare flussi migratori.

Immagina di avere un sistema in grado di scrutare attraverso una moltitudine di dati provenienti da varie fonti, come notizie, social media, dati economici e politici, per individuare segnali precoci di potenziali conflitti. Qui entra in gioco l'IA. Gli algoritmi di analisi dei dati possono esaminare i modelli e le tendenze emergenti, identificando correlazioni tra fattori socio-economici, politici ed etnici che potrebbero portare a situazioni di tensione e conflitto. Per esempio, possono rilevare un aumento delle tensioni etniche in determinate regioni, un deterioramento delle condizioni economiche o un incremento della retorica politica aggressiva.

Una volta individuati questi segnali, l'IA può contribuire a informare i rappresentanti politici e gli operatori umanitari, consentendo loro di adottare misure preventive e di mitigazione per evitare che la situazione sfoci in un conflitto aperto. Per esempio, possono essere avviate iniziative di mediazione e dialogo per risolvere le dispute in modo pacifico, oppure possono essere rafforzate le misure di sicurezza per proteggere le comunità vulnerabili.

Inoltre, l'IA può essere utilizzata per valutare l'efficacia delle politiche e degli interventi di prevenzione dei conflitti. Gli algoritmi di analisi dei dati possono monitorare l'evoluzione della situazione e valutare l'impatto delle misure adottate, consentendo un adattamento continuo delle strategie in base alle esigenze e alle circostanze in evoluzione. Questo *feedback* in tempo reale permette un'azione più tempestiva ed efficace, riducendo il rischio di escalation del conflitto e le conseguenti migrazioni forzate.

Inoltre, l'IA può contribuire a migliorare la comprensione delle cause profonde dei conflitti e delle crisi umanitarie, consentendo una risposta più mirata e sostenibile. Gli algoritmi di analisi dei dati possono esaminare i fattori socio-economici, politici e ambientali che alimentano i conflitti, identificando le vulnerabilità e i punti critici che devono essere affrontati per prevenire future crisi. Questa conoscenza approfondita può contribuire alla progettazione di politiche e interventi più efficaci, che affrontano le cause sottostanti dei conflitti anziché solo i loro sintomi.

Infine, l'IA può essere utilizzata per sviluppare modelli predittivi che consentono di prevedere con maggiore precisione l'evoluzione dei conflitti e le relative conseguenze, inclusi i flussi migratori. Gli algoritmi di *machine learning* possono analizzare dati storici sui conflitti e le migrazioni, identificando *pattern* e tendenze che possono essere utilizzati per anticipare futuri scenari e adottare misure preventive. Fruttare questa capacità predittiva consentirebbe una pianificazione più efficace e una risposta più tempestiva, riducendo l'impatto umanitario e sociale dei conflitti e delle crisi migratorie.

Sebbene l'IA offra un potenziale significativo per prevedere e prevenire i conflitti armati e le crisi umanitarie che spesso sono alla radice delle migrazioni forzate, è importante utilizzare l'IA in modo etico e responsabile, garantendo la trasparenza, l'equità e il rispetto dei diritti umani nelle decisioni e negli interventi basati sull'IA. Solo così possiamo sfruttarne appieno il potenziale, per costruire un mondo più pacifico, inclusivo e sostenibile, in cui le migrazioni forzate diventano sempre più rare e evitabili.

Facilitazione dell'integrazione socio-economica

Nell'affrontare il complesso problema delle migrazioni forzate, l'Intelligenza Artificiale emerge come un'importante risorsa per agevolare l'integrazione socio-economica dei migranti nelle comunità di accoglienza. Con l'aiuto dell'IA, è possibile sviluppare strumenti digitali progettati per connettere i migranti con risorse, opportunità e reti di supporto. Attraverso forum online, gruppi di discussione e app di social networking, i migranti possono entrare in contatto con persone che condividono le loro esperienze, creando un senso di appartenenza e solidarietà.

Inoltre, l'IA può essere sfruttata per identificare le specifiche esigenze dei migranti e sviluppare programmi formativi su misura per aiutarli ad acquisire le competenze necessarie per il mercato del lavoro locale. Gli algoritmi di analisi dei dati possono individuare le competenze dei migranti e le aree in cui potrebbero aver bisogno di supporto aggiuntivo, consentendo lo sviluppo di corsi di formazione personalizzati.

L'IA può anche migliorare l'accesso dei migranti ai servizi pubblici e alle risorse sociali, tramite l'integrazione di *chatbot* nei siti web delle organizzazioni, fornendo assistenza e informazioni su questioni come assistenza sanitaria, istruzione e alloggio. Questi assistenti virtuali possono migliorare l'efficienza e l'accessibilità dei servizi di supporto.

Inoltre, l'IA può identificare e promuovere opportunità imprenditoriali tra i migranti, analizzando le tendenze del mercato locale e identificando settori in cui potrebbero avere un vantaggio competitivo. Programmi di sostegno imprenditoriale possono fornire formazione, *mentorship* e accesso al finanziamento per aiutare i migranti ad avviare e gestire le proprie attività.

Infine, l'IA può essere utilizzata per valutare l'impatto delle politiche di integrazione socio-economica dei migranti, analizzando indicatori come tassi di occupazione e partecipazione alla vita comunitaria. Grazie all'analisi dei dati, è possibile identificare le sfide e le opportunità per migliorare ulteriormente il processo di integrazione.

Riassumendo, l'IA può contribuire a creare un ambiente più inclusivo e solidale per i migranti, facilitando il loro ingresso e successo nelle comunità di accoglienza.

In conclusione, quindi, l'IA offre una vasta gamma di strumenti e soluzioni innovative per affrontare le problematiche derivanti dalle migrazioni forzate in modo efficace ed efficiente. Utilizzando l'IA in modo responsabile e orientato all'obiettivo, è possibile migliorare la capacità delle società di gestire e rispondere alle crisi umanitarie e alle migrazioni forzate, garantendo nel contempo il rispetto dei diritti umani e la dignità delle persone coinvolte.

8. Diritti Umani, Giustizia Sociale e Crisi delle Democrazie

L'Intelligenza Artificiale ha il potenziale per rivoluzionare il modo in cui affrontiamo le violazioni dei diritti umani, la giustizia sociale e le sfide della democrazia. Grazie alle sue capacità di analisi dei dati, apprendimento automatico e automazione, l'IA può svolgere un ruolo chiave nel garantire la tutela dei diritti fondamentali, promuovere l'equità sociale e rafforzare le istituzioni democratiche. Esaminiamo come l'IA può intervenire in ciascuno di questi ambiti.

Rilevamento e prevenzione delle violazioni dei diritti umani

Nel contesto dei diritti umani, della giustizia sociale e della crisi delle democrazie, l'Intelligenza Artificiale si presenta come una risorsa fondamentale nel rilevare e prevenire le violazioni dei diritti umani in tutto il mondo. Vediamo come l'IA potrebbe rivoluzionare il monitoraggio delle violazioni dei diritti umani, contribuendo a garantire un maggiore rispetto dei diritti fondamentali e una maggiore giustizia sociale.

Immagina un sistema sofisticato di analisi dei dati, in grado di scrutare attraverso una vasta gamma di fonti aperte, come i social media, i rapporti dei media e le registrazioni video, per individuare segnali di abusi, violenze o discriminazioni. Questa tecnologia avanzata potrebbe permettere un monitoraggio continuo e automatizzato delle violazioni dei diritti umani in diversi contesti, consentendo alle organizzazioni per i diritti umani di intervenire tempestivamente e di raccogliere prove concrete per condurre azioni legali contro i responsabili.

Per esempio, algoritmi di analisi del linguaggio naturale potrebbero essere utilizzati per esaminare e interpretare il contenuto dei post sui social media e dei rapporti dei media, individuando discorsi di odio, minacce o violazioni dei diritti umani. Inoltre, l'IA potrebbe essere impiegata per analizzare le immagini e i video caricati online, individuando segni di violenza, discriminazione o abusi e identificando potenziali vittime o testimoni che potrebbero avere bisogno di assistenza.

Inoltre, l'IA potrebbe contribuire alla creazione di sistemi di monitoraggio e segnalazione automatizzati, che consentono alle persone di segnalare violazioni dei diritti umani in modo rapido e anonimo. Questi sistemi potrebbero utilizzare algoritmi avanzati per analizzare e valutare le segnalazioni ricevute, identificando quelle più rilevanti e prioritarie per l'intervento delle autorità competenti o delle organizzazioni per i diritti umani.

Un'altra applicazione potenziale dell'IA nel campo dei diritti umani potrebbe essere l'analisi dei dati geospaziali e la mappatura delle violazioni dei diritti umani su scala globale. Gli algoritmi di *machine learning* potrebbero elaborare dati geografici e demografici per identificare aree ad alto rischio di violazioni dei diritti umani e individuare *pattern* e tendenze nel tempo e nello spazio. Questa mappatura potrebbe consentire alle organizzazioni per i diritti umani di concentrare le loro risorse e le loro azioni nelle aree più colpite e vulnerabili.

Tuttavia, è importante sottolineare che l'uso dell'IA nel monitoraggio delle violazioni dei diritti umani solleva anche importanti questioni etiche e di privacy. È fondamentale garantire che i dati utilizzati per l'analisi siano raccolti e utilizzati nel rispetto dei principi etici e legali, proteggendo la privacy e i diritti delle persone coinvolte. Inoltre, è essenziale che l'IA venga utilizzata in modo trasparente e responsabile, garantendo la supervisione umana e il controllo democratico sui processi decisionali e sulle azioni intraprese sulla base delle analisi dell'IA.

In conclusione, l'IA offre un enorme potenziale nel rilevare e prevenire le violazioni dei diritti umani in tutto il mondo, consentendo alle organizzazioni per i diritti umani e alle autorità competenti di intervenire tempestivamente e efficacemente per proteggere i diritti fondamentali delle persone. Tuttavia, è importante utilizzare l'IA in modo etico e responsabile, garantendo il rispetto dei principi di privacy, trasparenza e giustizia sociale, al fine di promuovere una maggiore giustizia e uguaglianza nelle società globali.

<u>Riduzione della discriminazione nei processi decisionali</u>

L'Intelligenza Artificiale ha un ruolo fondamentale nel promuovere i diritti umani, la giustizia sociale e nel contrastare le crisi democratiche, soprattutto quando si tratta di ridurre la discriminazione nei processi decisionali. Questo può sembrare un concetto complesso, ma in realtà è molto importante e significativo per la vita quotidiana delle persone in tutto il mondo.

Immagina questa situazione: quando richiedi un prestito in banca o ti candidi per un lavoro, le tue possibilità potrebbero essere influenzate da fattori come l'età, il genere o l'origine etnica. Questi fattori non dovrebbero essere determinanti per il tuo accesso a servizi e opportunità, ma purtroppo spesso lo sono a causa di pregiudizi impliciti o sistematici.

Ecco dove entra in gioco l'Intelligenza Artificiale. Utilizzando algoritmi sofisticati di apprendimento automatico, l'IA può analizzare grandi quantità di dati e prendere decisioni basate su criteri oggettivi e neutrali, riducendo al minimo il rischio di discriminazione. Per esempio, un algoritmo può valutare i candidati per un lavoro basandosi esclusivamente sulle loro competenze ed esperienze, senza considerare fattori come il nome o il genere.

Ma come funziona esattamente? L'IA può essere addestrata su dataset diversificati e rappresentativi che includono informazioni su persone di varie età, generi, etnie e background socio-economici. Questo addestramento consente all'algoritmo di riconoscere *pattern* e tendenze senza essere influenzato da pregiudizi.

Quindi, quando una decisione deve essere presa, l'IA valuta in modo imparziale tutti i dati disponibili e produce un risultato basato esclusivamente sulle informazioni pertinenti al caso, senza lasciarsi influenzare da fattori discriminatori. Questo processo non solo favorisce la giustizia sociale, ma contribuisce anche a creare un ambiente più equo e inclusivo per tutti.

Tuttavia, è importante notare che l'IA non è immune da errori o *bias*. Gli algoritmi possono riflettere le discriminazioni presenti nei dati con cui vengono addestrati, portando a risultati ingiusti. Pertanto, è essenziale monitorare e regolare attentamente l'uso dell'IA nei processi decisionali per garantire che sia veramente equa e inclusiva.

Inoltre, l'IA può svolgere un ruolo importante nel rilevare e correggere la discriminazione nei sistemi esistenti. Per esempio, può essere utilizzata per analizzare i dati relativi alle pratiche di assunzione o di concessione di prestiti e identificare eventuali disparità nel trattamento delle persone appartenenti a diversi gruppi demografici. Una volta individuati questi problemi, è possibile intervenire per correggerli e garantire un trattamento più equo per tutti.

In sintesi, l'Intelligenza Artificiale ha il potenziale per ridurre significativamente la discriminazione nei processi decisionali, contribuendo così a promuovere i diritti umani e la giustizia sociale. Tuttavia, è importante utilizzarla in modo responsabile e vigilare affinché non perpetui o amplifichi le disparità esistenti. Solo attraverso un impegno continuo per un utilizzo equo e inclusivo dell'IA possiamo sperare di costruire un mondo più giusto per tutti.

Accesso alla giustizia

L'Intelligenza Artificiale svolge un ruolo cruciale nell'assicurare che tutti abbiano accesso alla giustizia, soprattutto quelle comunità che possono essere svantaggiate o non rappresentate adeguatamente. Immagina di avere bisogno di assistenza legale ma non puoi permetterti di assumere un avvocato. In questo caso, l'IA può offrire un supporto prezioso attraverso l'uso di *chatbot* che, alimentati dall'IA, possono fornire informazioni legali di base, rispondere a domande comuni e guidare le persone.

Questi strumenti possono essere particolarmente utili per coloro che si trovano in situazioni di disagio economico o che vivono in zone remote dove potrebbe essere difficile ricevere l'aiuto diretto di un avvocato. Con un semplice accesso a Internet, le persone possono interagire con questi *chatbot* e ottenere una guida legale di base per affrontare i loro problemi.

Inoltre, l'IA può semplificare il processo di ricerca di informazioni giuridiche e la compilazione di documenti legali attraverso sistemi di elaborazione del linguaggio naturale. Come abbiamo già spiegato, questi sistemi sono in grado di comprendere e analizzare il linguaggio umano in modo simile a come lo farebbe una persona. Possono aiutare le persone a trovare risposte a semplici domande legali, spiegare concetti giuridici complessi in modo comprensibile e persino assistere nella compilazione di moduli e documenti legali.

Per esempio, se una persona ha bisogno di compilare un modulo di divorzio o di presentare una petizione per la custodia dei figli, ma non sa da dove iniziare, può utilizzare un sistema basato sull'IA per guidarla passo dopo passo attraverso il processo. Questo non solo rende il sistema legale più accessibile, ma può anche aiutare a ridurre gli errori e le omissioni nei documenti presentati, migliorando complessivamente l'efficienza del sistema giudiziario.

Inoltre, l'IA può essere impiegata per identificare casi di ingiustizia o discriminazione nel sistema legale. Attraverso l'analisi di grandi quantità di dati, l'IA può individuare *pattern* e tendenze che potrebbero indicare disparità nel trattamento delle persone sulla base di fattori come la razza, il genere o lo status socio-economico. Questo può essere utile per evidenziare problemi strutturali nel sistema legale e guidare gli sforzi per riformarlo in modo che sia più equo e inclusivo per tutti.

Tuttavia, è importante notare che l'IA non sostituirà mai il ruolo degli avvocati e dei professionisti legali umani. L'assistenza fornita dall'IA può essere un utile complemento al lavoro degli esperti legali, ma ci sono situazioni complesse che richiedono la comprensione e l'esperienza umana. Inoltre, è essenziale garantire che l'uso dell'IA nel settore legale sia regolamentato adeguatamente per garantire la protezione dei diritti e della privacy delle persone coinvolte.

In questo contesto, quindi, l'IA ha il potenziale per migliorare notevolmente l'accesso alla giustizia per tutti, riducendo le barriere economiche e geografiche e semplificando i processi legali complessi. Tuttavia, è importante utilizzarla in modo responsabile e complementare al lavoro degli esperti legali umani, garantendo che il sistema legale rimanga equo, inclusivo e rispettoso dei diritti di tutti i cittadini.

Miglioramento della trasparenza e della responsabilità

L'Intelligenza Artificiale può giocare un ruolo fondamentale nel promuovere la trasparenza e la responsabilità in varie sfere della società, inclusi ambiti politici, aziendali, contabili e istituzionali. Ma cosa significa davvero questo? Significa che l'IA può aiutare a fare in modo che le azioni siano chiare e visibili, e che coloro che le compiono siano chiamati a rispondere delle loro conseguenze. Vediamo come.

Prima di tutto, parliamo di analisi dei dati. Grazie all'IA, è possibile analizzare grandi quantità di dati finanziari e governativi in modo automatico e rapido. Questo permette di individuare comportamenti sospetti o segnali di corruzione, come transazioni finanziarie anomale o uso improprio di fondi pubblici, segnalando poi queste irregolarità alle autorità per ulteriori indagini.

Un altro strumento importante è la *blockchain*, un registro digitale che traccia le transazioni in modo permanente e inalterabile. Questo garantisce un alto livello di integrità e trasparenza, ad esempio nel tracciare l'uso dei fondi pubblici da parte di organizzazioni.

Inoltre, l'IA può migliorare la trasparenza nelle istituzioni governative e non governative. *Chatbot* basati sull'IA possono fornire informazioni ai cittadini sulle questioni politiche, mentre sistemi di gestione documentale basati sull'IA possono rendere facilmente accessibili i documenti governativi.

Un'altra strategia efficace può consistere nell'utilizzo di modelli predittivi, capaci di anticipare comportamenti futuri e rilevare tendenze emergenti. A esempio, questi modelli possono prevedere comportamenti illegali, consentendo così l'attivazione tempestiva di misure preventive per contrastarli.

Va sottolineato che queste "capacità predittive" sono soggette a nuove normative in via di definizione, che ne regolamenteranno l'utilizzo, nella direzione della salvaguardia dei diritti e delle libertà personali.

Infine, l'IA può monitorare in tempo reale le attività e i processi aziendali, governativi e istituzionali per identificare tempestivamente irregolarità o violazioni. Per esempio, può controllare l'accesso ai dati sensibili e rilevare tentativi di accesso non autorizzato.

In conclusione, l'IA offre una vasta gamma di strumenti che possono promuovere una maggiore trasparenza e responsabilità nella società. Tuttavia, è fondamentale chiedersi se governi, aziende e istituzioni sosterranno questa trasparenza o useranno il diritto alla privacy come scusa per mantenere uno *status quo* e un'attività meno trasparente.

<u>Monitoraggio e prevenzione della manipolazione elettorale</u>

L'Intelligenza Artificiale può svolgere un ruolo cruciale nel garantire elezioni libere e trasparenti, proteggendo l'integrità dei processi elettorali. Vediamo come l'IA può essere un prezioso alleato nel monitorare e prevenire la manipolazione elettorale, inclusa la diffusione di disinformazione e la falsificazione dei risultati.

Innanzitutto, concentriamoci sull'analisi dei modelli comportamentali online. L'IA può esaminare grandi quantità di dati dai social media e altri siti web per rilevare comportamenti sospetti. A esempio, può individuare rapidamente notizie false o manipolate che cercano di influenzare l'opinione pubblica prima delle elezioni e identificare account falsi o bot che diffondono messaggi ingannevoli.

Un'altra area di utilità è l'analisi delle reti sociali e delle relazioni online. Utilizzando algoritmi avanzati, l'IA può individuare i legami tra diversi attori coinvolti nella diffusione della disinformazione o nella manipolazione elettorale, permettendo di individuare e contrastare tali campagne.

Inoltre, l'IA può vigilare sull'integrità dei sistemi elettorali. Può rilevare e prevenire tentativi di *hacking* o manipolazione dei sistemi di voto elettronico, segnalando tempestivamente eventuali minacce alla sicurezza elettorale.

Un altro contributo importante è la verifica dei risultati elettorali. L'IA, tramite algoritmi di analisi dei dati, può esaminare i risultati e individuare eventuali anomalie o irregolarità. In caso di discrepanze, può segnalare automaticamente alle autorità competenti per un'indagine più approfondita.

Infine, l'IA può sensibilizzare e educare gli elettori, fornendo loro informazioni accurate e affidabili sulle elezioni e sui candidati. Può anche aiutare a identificare e contrastare l'attività di hacking e manipolazione online, educando gli utenti su come riconoscere ed evitare la disinformazione.

In conclusione, l'Intelligenza Artificiale ha il potenziale per rafforzare la democrazia e proteggere i diritti umani attraverso il monitoraggio e la prevenzione della manipolazione elettorale, contribuendo a garantire elezioni libere, eque e trasparenti.

<u>Rafforzamento della partecipazione civica</u>

L'Intelligenza Artificiale offre un grande potenziale nel rafforzare la partecipazione civica e l'impegno politico, contribuendo così a promuovere i diritti umani, la giustizia sociale e la democrazia. Vediamo come l'IA può svolgere un ruolo chiave in questo ambito, promuovendo una società più inclusiva e partecipativa.

Una delle principali modalità attraverso cui l'IA può favorire la partecipazione civica è tramite l'uso di piattaforme digitali interattive. Come abbiamo già avuto modo di vedere, queste piattaforme coinvolgono i cittadini nei processi decisionali, permettendo loro di esprimere opinioni e partecipare a discussioni su questioni politiche e sociali. Per esempio, possono esserci app mobili che consentono ai cittadini di votare su proposte di legge o di dare il loro parere su iniziative locali.

Inoltre, l'IA può analizzare grandi quantità di dati dalle interazioni dei cittadini con queste piattaforme per identificare tendenze e opinioni prevalenti. Queste informazioni aiutano i rappresentanti politici a prendere decisioni più informate e rappresentative della volontà della popolazione.

Un altro modo in cui l'IA può migliorare la partecipazione civica è analizzando i dati dai social media e dalle reti online. Questi algoritmi possono monitorare le discussioni online per identificare argomenti di interesse pubblico e opinioni contrastanti, informando così le politiche pubbliche e promuovendo un dialogo costruttivo tra cittadini e istituzioni.

L'IA può anche personalizzare l'esperienza dei cittadini nelle piattaforme digitali di partecipazione civica, fornendo loro contenuti personalizzati in base ai loro interessi e preferenze. Ciò rende l'esperienza di partecipazione più coinvolgente per ciascun individuo.

Inoltre, anche in questo contesto, l'IA può migliorare la trasparenza e l'accessibilità delle informazioni pubbliche, semplificando la comprensione delle leggi e dei documenti governativi e traducendo automaticamente documenti in diverse lingue.

Infine, l'IA può svolgere un ruolo importante nella promozione della partecipazione civica tra i gruppi marginalizzati e sottorappresentati. Gli algoritmi di apprendimento automatico possono essere utilizzati per identificare e rimediare ai bias nei processi decisionali e nelle politiche pubbliche, garantendo così che le esigenze e i diritti di tutti i cittadini siano adeguatamente rappresentati e considerati.

In conclusione, l'IA offre numerose opportunità per rafforzare la partecipazione civica e l'impegno politico, migliorando la trasparenza e promuovendo la partecipazione dei gruppi marginalizzati. Questo contribuisce a costruire una società più inclusiva, informata e democratica.

<u>Analisi dei rischi e anticipazione delle crisi democratiche</u>

L'Intelligenza Artificiale offre un potenziale significativo nel prevenire le crisi democratiche e proteggere i diritti umani, promuovendo così una società più giusta e inclusiva. Vediamo come l'IA può essere un'importante risorsa per individuare segnali precoci di tensioni sociali o politiche che potrebbero minare la stabilità democratica.

Per cominciare, l'IA può analizzare una vasta gamma di dati provenienti da diverse fonti, come i social media, i rapporti dei media e i dati economici. Gli algoritmi di apprendimento automatico possono esaminare questi dati per individuare *pattern* e *trend* che potrebbero indicare un aumento delle tensioni sociali o politiche. A esempio, possono rilevare cambiamenti nei sentimenti pubblici o aumenti di attività di protesta.

Inoltre, l'IA può analizzare il linguaggio utilizzato nei discorsi politici e nei media per individuare segnali di retorica divisiva o manipolazione dell'opinione pubblica. Questo può includere discorsi d'odio o campagne di disinformazione che minano la fiducia nei processi democratici.

Un altro modo in cui l'IA può aiutare è attraverso la modellazione e la simulazione dei processi politici e sociali. Utilizzando modelli predittivi basati sull'IA, è possibile simulare diverse situazioni politiche per valutare il loro impatto sulla stabilità democratica e identificare le azioni preventive più efficaci.

Inoltre, l'IA può monitorare l'accesso alle informazioni e la libertà di espressione online per individuare tentativi di limitare l'accesso a informazioni critiche o tentativi nel soffocare il dibattito pubblico.

Ancora, l'IA può identificare e analizzare le disuguaglianze sociali ed economiche che possono alimentare le tensioni politiche e sociali, consentendo l'adozione di politiche mirate per ridurle e promuovere una società più equa.

Infine, l'IA può migliorare la trasparenza e l'*accountability* delle istituzioni democratiche identificando segnali di corruzione o abusi di potere. Questo monitoraggio automatizzato può garantire che le istituzioni democratiche siano responsabili nei confronti dei cittadini.

In conclusione, l'IA offre numerose opportunità nel prevenire le crisi democratiche e proteggere i diritti umani e la giustizia sociale, contribuendo così a rafforzare la stabilità democratica e promuovere una società più giusta, inclusiva e democratica.

In definitiva, l'IA offre un vasto potenziale per affrontare le violazioni dei diritti umani, promuovere la giustizia sociale e rafforzare la democrazia. Tuttavia, anche in questo contesto, è essenziale adottare un approccio responsabile ed etico nell'implementazione di queste tecnologie, garantendo che siano utilizzate per il bene comune e nel rispetto dei principi democratici e dei diritti umani fondamentali.

Conclusione

Il destino dei nostri sforzi per affrontare i grandi problemi dell'umanità, come il cambiamento climatico, la povertà, la salute, la crisi ambientale e altri, giace nelle mani di coloro che detengono il potere decisionale. Sono i leader dei governi, le istituzioni internazionali, le aziende e altri attori influenti che devono decidere se e come utilizzare le enormi potenzialità offerte dalle nuove tecnologie basate sull'IA. La scelta di indirizzare la ricerca e gli investimenti verso la risoluzione di questi temi cruciali non è solo un'opportunità, ma una responsabilità imperativa. Solo attraverso una leadership illuminata e una volontà politica concreta possiamo sperare di affrontare efficacemente queste sfide globali e creare un futuro più sicuro, giusto e sostenibile per le generazioni presenti e future. Pertanto, la decisione di abbracciare l'innovazione tecnologica e utilizzarla per il bene comune è una decisione che spetta a coloro che hanno il potere di plasmare il corso della storia, e su di loro ricade la responsabilità di agire con saggezza, lungimiranza e compassione.

CAPITOLO 16 – AI ACT: SFIDE E OPPORTUNITÀ PER L'EUROPA

Il 13 Marzo 2024 il Parlamento Europeo ha finalmente approvato l'AI Act, il regolamento Europeo sull'Intelligenza Artificiale

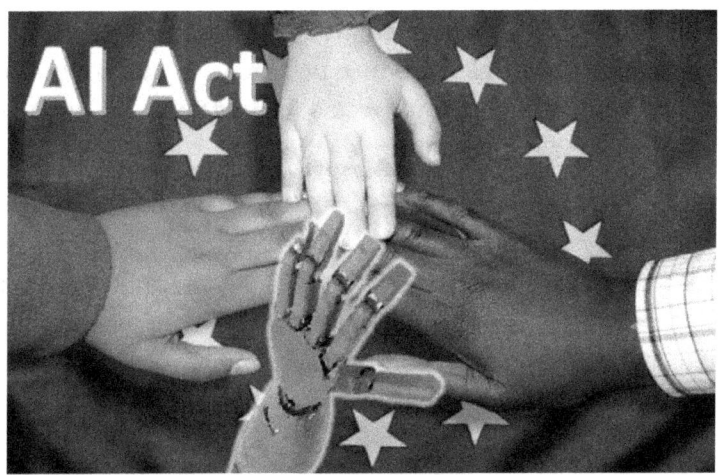

Era ancora in corso la prima fase di editing di questo libro quando è accaduto, finalmente, un evento di grande importanza che segnerà il futuro percorso dell'evoluzione dell'Intelligenza Artificiale in Europa, e spero anche nel resto del mondo. Questo evento si chiama "**AI Act**".

L'Unione Europea ha riconosciuto l'importanza di questa nuova tecnologia emergente e, finalmente dopo un lungo parto, il 13 marzo 2024 ha adottato l'**AI Act** (*Artificial Intelligent Tech*), il primo regolamento europeo sull'Intelligenza Artificiale. Si tratta di un quadro normativo solido, basato sui principi dei diritti umani e dei valori fondamentali dell'Unione Europea che mira a garantire che l'IA sia sviluppata e utilizzata in modo sicuro e responsabile, per il beneficio dei cittadini, delle imprese e dei governi dell'Unione Europea.

C'è da dire che, sebbene vi siano già stati fuori dall'Europa blandi tentativi di disciplinare questa materia, l'AI Act è il primo regolamento al mondo a disciplinare l'utilizzo dell'IA, promuovendo un approccio coordinato allo sviluppo e all'utilizzo dell'IA, con l'obiettivo di creare un ambiente in cui questa tecnologia possa svilupparsi e prosperare.

I Requisiti

L'intento dell'Unione Europea è far sì che l'IA sia una forza positiva per tutti. A tale scopo, ha stabilito requisiti riguardanti sicurezza ed etica che i sistemi di IA devono rispettare prima di essere messi sul mercato europeo. Questi requisiti includono:

Intervento e sorveglianza umani

L'uomo deve sempre mantenere il controllo sui sistemi di IA, soprattutto in situazioni delicate o critiche. Per esempio un sistema di IA che aiuta i chirurghi durante gli interventi deve essere progettato in modo che il chirurgo mantenga sempre il controllo finale sull'operazione.

Robustezza tecnica e sicurezza

I sistemi di IA devono essere progettati e sviluppati in modo da essere sicuri e affidabili per proteggere da potenziali rischi e vulnerabilità. Per esempio un sistema di IA che guida un'auto autonoma deve essere progettato in modo da poter gestire in modo sicuro situazioni impreviste, come un ostacolo improvviso sulla carreggiata.

Riservatezza e governance dei dati

L'utilizzo dei dati per l'IA deve avvenire nel rispetto della privacy e dei principi di governance dei dati. Per esempio un sistema di IA che analizza i dati sanitari dei pazienti deve essere progettato in modo da proteggere la privacy dei pazienti e da garantire che i dati siano utilizzati solo per scopi legittimi.

Trasparenza

I cittadini devono essere informati quando sono utilizzati sistemi di IA e devono poter comprendere come funzionano. Per esempio un sistema di IA, che viene utilizzato per determinare l'ammissibilità di un candidato a un lavoro, deve essere trasparente in modo che il candidato possa comprendere i criteri utilizzati per la valutazione.

Diversità, non discriminazione ed equità

I sistemi di IA non devono discriminare nessuno e devono essere sviluppati in modo inclusivo. Per esempio un sistema di IA che viene utilizzato per la selezione del personale deve essere progettato in modo da non discriminare i candidati in base al sesso, alla razza, alla religione o ad altri fattori.

Benessere sociale e ambientale
L'IA deve essere utilizzata per il benessere della società evitando impatti negativi sulla collettività e sull'ambiente. Per esempio un sistema di IA che viene utilizzato per la gestione delle risorse idriche deve essere progettato in modo da garantire un uso sostenibile dell'acqua.

Accountability (responsabilizzazione)
I sistemi di IA devono essere progettati in modo da consentire di poter individuare responsabili in caso di danni. Per esempio se un sistema di IA causa un danno a una persona, il fornitore del sistema deve poter essere ritenuto responsabile.

Aver adottato questo approccio è stato molto importante. L'UE ha compreso che l'IA ha un enorme potenziale per migliorare la nostra vita, in molti settori come la salute, la sicurezza, l'ambiente e l'economia. Tuttavia, questa tecnologia può anche essere usata in modo improprio, con conseguenze negative per la società.

Livelli di Rischio

L'AI Act segue un approccio basato sul rischio, classificando gli utilizzi dell'IA in base al "livello di rischio" associato. Ciò ha consentito di sviluppare una normativa molto ben articolata che consente di differenziare tra i diversi utilizzi dell'IA che presentano un rischio inaccettabile, alto o basso/minimo.
Immagina di avere a che fare con tre tipi di animali: leoni feroci, gatti selvatici e pesci tropicali. Come li gestiresti? Ecco come funziona.

Rischio Inaccettabile

Le applicazioni IA che rientrano in questa classificazione sono come i leoni feroci, troppo pericolose per essere lasciate libere. Sono vietate perché possono minacciare i diritti e la sicurezza delle persone. Per esempio, sistemi di IA che manipolano segretamente le persone o approfittano delle vulnerabilità dei bambini o dei disabili.

Rischio Alto

Queste IA sono come i gatti selvatici. Hanno bisogno di attenzione e regole precise per evitare problemi. Per esempio, sistemi di IA per la sorveglianza o per valutare il credito. Devono essere sicuri, affidabili e rispettosi della privacy.

Rischio Basso o Minimo

Queste IA sono come i tranquilli pesci tropicali. Sono generalmente sicure e possono essere usate con poche precauzioni. Per esempio, sistemi di IA per la musica o per tradurre le lingue. Questo perché il sistema non ha un impatto significativo sulla vita delle persone e non presenta rischi per i loro diritti o la loro sicurezza.

La nuova legge europea sull'IA segue quindi questo approccio: più rischiosa è l'IA, più regole severe deve seguire. Meno è rischiosa, più flessibilità c'è. L'obiettivo è promuovere l'innovazione responsabile dell'IA, proteggendo al contempo i diritti e la sicurezza di tutti.

È importante precisare che la classificazione di un sistema di IA non dipende solo dalla funzione svolta dal sistema di IA, ma anche dalle finalità e modalità specifiche di utilizzo di tale sistema. Questo apre a scenari complessi, che non sarà sempre semplice gestire, dove il ruolo e la responsabilità dei realizzatori si confonde con quello degli utilizzatori.

Divieti e Direttive

La normativa, in base alla classificazione del rischio, introduce delle direttive e dei divieti sull'utilizzo dell'IA.

Divieti

1. Sistemi di IA che violano i valori dell'Unione

Manipolazione subliminale: vietato l'utilizzo di IA per manipolare le persone senza che ne siano consapevoli. Per esempio, è vietato un sistema che sfrutti immagini o suoni subliminali per influenzare le preferenze di acquisto di persone senza che se ne rendano conto.

Sfruttamento di vulnerabilità: vietato sfruttare le vulnerabilità di specifici gruppi (minori, disabili) per distorcere il loro comportamento.

Per esempio, è vietato l'utilizzo di IA per inviare messaggi subliminali a bambini per indurli ad acquistare determinati prodotti.

2. Attribuzione di punteggio sociale

Divieto di sistemi di punteggio sociale generalizzati: vietato l'utilizzo di IA per assegnare un punteggio sociale generale alle persone da parte di autorità pubbliche.
Per esempio, l'utilizzo di IA per assegnare un punteggio ai cittadini in base al loro comportamento online è vietato.

3. Identificazione biometrica remota

Divieto di identificazione biometrica in tempo reale in spazi pubblici: vietato l'utilizzo di IA per l'identificazione biometrica in tempo reale di persone in spazi pubblici, con alcune eccezioni limitate.

L'identificazione biometrica è un modo per riconoscere le persone basandosi sulle loro caratteristiche uniche del corpo. Queste caratteristiche possono essere parti del corpo come le impronte digitali, la forma del viso, l'iride degli occhi o persino il modo in cui una persona cammina.

È oggi possibile analizzare le immagini di un dispositivo speciale come uno scanner o una telecamera per catturare queste caratteristiche e confrontarle con quelle memorizzate in un database. Se le caratteristiche corrispondono, la persona viene identificata correttamente. Un esempio di questa tecnologia è quando per sbloccare il telefono facciamo uso del riconoscimento facciale o delle impronte digitali; in questo caso stiamo facendo un uso, privato (quindi consentito), dell'identificazione biometrica.

Direttive

1. Obblighi di trasparenza

I sistemi di IA devono essere "trasparenti" e le persone devono essere informate quando sono a contatto con un sistema di IA. Le informazioni fornite devono essere chiare, accessibili e comprensibili.
Per esempio, un sito web che utilizza un sistema di IA per consigliare prodotti ai suoi utenti deve informare gli utenti che stanno interagendo con un sistema di IA.

2. Sistemi di IA a basso rischio
I fornitori di sistemi di IA a basso rischio possono creare e attuare codici di condotta autonomamente. Questi codici possono includere impegni su sostenibilità ambientale, accessibilità, partecipazione dei portatori di interessi e diversità.
Per esempio, un'azienda che sviluppa un sistema di IA per la traduzione di testi può scegliere di adottare un codice di condotta che si impegna a utilizzare solo dati che rispettano in principi etici e a rendere il sistema accessibile alle persone con disabilità.

3. Sistemi di IA ad alto rischio
I sistemi di IA ad alto rischio devono essere conformi a requisiti rigorosi in materia di sicurezza, privacy e governance dei dati.
Devono essere sottoposti a valutazione e verifica da parte di un organismo indipendente.
Per esempio, un sistema di IA utilizzato per la valutazione del credito deve essere conforme a requisiti rigorosi in materia di sicurezza e privacy dei dati.

Potenzialità e Sviluppo

L'Unione Europea ha tutte le potenzialità per diventare il leader mondiale in materia di Intelligenza Artificiale sicura. L'AI Act non è solo una serie di regole rigide per l'Intelligenza Artificiale, ma rappresenta anche il piano per portare l'Europa a essere all'avanguardia in questo campo. L'Unione Europea vuole essere il leader nello sviluppo di un'IA "responsabile", cioè "sicura", "affidabile" e "rispettosa dei diritti di tutti".

L'UE investirà in ricerca e innovazione, mettendo a disposizione fondi per finanziare progetti che si occupano di sistemi di IA sicuri e utili. Inoltre, sosterrà le imprese che vogliono innovare nel settore dell'IA, creando un ambiente favorevole alla crescita e allo sviluppo di nuove tecnologie. Questo porterà alla creazione di nuovi posti di lavoro e all'acquisizione di nuove competenze nel campo dell'IA.

Inoltre, l'Unione Europea intende massimizzare le potenzialità dei computer quantistici, una tecnologia innovativa che vede gli europei in prima linea nella ricerca e nello sviluppo. Come abbiamo già visto in uno dei precedenti capitoli, questa tecnologia promette di compiere azioni finora ritenute impossibili.

Grazie alla posizione di leadership europea in questo settore, l'AI Act favorirà lo sfruttamento ottimale di questa opportunità. Analizzare ulteriormente il tema dei computer quantistici può risultare complesso; per ora, è sufficiente sapere che l'Europa potrà capitalizzare al meglio questa occasione grazie all'AI Act, mantenendo una posizione di forza nel settore.

Ma cosa significa tutto ciò per noi europei?

Significa che l'Europa sta investendo nel futuro dell'IA, offrendo più opportunità di lavorare con questa tecnologia, utilizzandola per migliorare la tua vita e contribuendo allo sviluppo di un settore rivoluzionario.

L'AI Act rappresenta, dunque, un'opportunità per l'Europa per diventare leader mondiale nel dominio dell'IA responsabile. Grazie a investimenti mirati in ricerca e innovazione, l'UE punta a creare un futuro migliore per tutti, promuovendo la ricerca e l'innovazione in settori cruciali come la sicurezza informatica, la gestione delle risorse ambientali, la sanità e l'istruzione.

Fuori dall'Unione Europea

Ma come si sta organizzando il resto del mondo rispetto alla produzione di norme efficaci per regolamentare la produzione, la diffusione e l'utilizzo di soluzioni basate sull'Intelligenza Artificiale?

Attualmente, diversi paesi in tutto il mondo stanno affrontando la questione della regolamentazione, con vari gradi di progresso e approcci differenziati.

Negli **Stati Uniti**, a esempio, non esiste ancora una legge federale completa sull'IA, ma diverse agenzie governative hanno emesso linee guida e regolamenti propri, mentre il Congresso sta ancora discutendo diverse proposte di legge sull'argomento.

Nel **Regno Unito**, non esiste ancora una legge federale completa sull'IA, ma il governo ha pubblicato un White Paper nel 2021 che propone un approccio basato su principi per la regolamentazione dell'IA.

Il **Canada** ha implementato una direttiva sui processi decisionali automatizzati nel 2020, che regola l'uso dell'IA da parte del governo e include disposizioni su trasparenza, equità e non discriminazione.

In **Cina**, è stata introdotta una legge nazionale sull'IA nel 2021, con l'obiettivo di promuovere lo sviluppo responsabile dell'IA e di includere disposizioni su sicurezza, etica e trasparenza.

Anche il **Giappone** ha una strategia nazionale sull'IA in vigore dal 2017, con l'obiettivo di diventare un leader globale nell'IA e di includere disposizioni su etica, sicurezza e sviluppo umano.

Oltre a queste normative che hanno un perimetro di azione nazionale, esistono anche iniziative internazionali per l'IA. Per esempio, i "Principi AI dell'UNESCO", adottati nel 2019, offrono una guida globale per lo sviluppo e l'utilizzo dell'IA, mentre le Linee Guida sull'Etica dell'IA del G7, adottate nel 2020, forniscono principi per lo sviluppo e l'utilizzo etico dell'IA.

Sebbene ciascuna di queste iniziative rifletta la percezione di vari governi internazionali sull'importanza crescente di affrontare le sfide etiche e di sicurezza associate all'IA, l'AI Act Europea è la prima normativa completa e dettagliata a livello globale. Copre un'ampia gamma di sistemi di IA e stabilisce requisiti rigorosi per garantirne la sicurezza, l'etica e la trasparenza.

A differenza delle altre normative, che spesso sono meno complete e dettagliate, l'AI Act Europea offre una visione più ampia e inclusiva della regolamentazione dell'IA. Mentre le normative esterne possono concentrarsi su specifici aspetti dell'IA, come la sicurezza o l'etica, l'AI Act Europea fornisce un quadro completo che affronta molteplici dimensioni dell'IA. Questo la rende un importante punto di riferimento per gli sforzi globali di regolamentazione dell'IA e dimostra l'impegno dell'Unione Europea nel guidare il progresso in questo settore in modo responsabile e sostenibile.

Promuove l'innovazione, la sicurezza e il rispetto dei diritti umani, pone l'UE sulla buona strada per diventare un leader mondiale per un'IA sicura e sostenibile.

Resterà da vedere come le altre normative si evolveranno in futuro e come saranno implementate.

Il correlatore della commissione per le libertà civili, *Dragons Tudorache*, ha affermato che l'Unione Europea ha mantenuto la sua promessa di associare l'intelligenza artificiale ai valori fondamentali che costituiscono le nostre società. Ha inoltre sottolineato che *"ci attende molto un lavoro che va oltre la legge sull'AI"*, poiché ciò ci costringerà a *"ripensare il patto sociale alla base delle nostre democrazie"*. Infine, conclude: *"La legge sull'IA non è la fine del viaggio, ma piuttosto il punto di partenza di un nuovo modello di governance basato sulla tecnologia. Ora dobbiamo concentrarci per trasformarla da legge sui libri a realtà sul campo."*

CAPITOLO 17 - L'INTELLIGENZA ARTIFICIALE SALVERÀ L'UMANITÀ O LA PORTERÀ ANCOR PIÙ VICINO ALL'ESTINZIONE?

In conclusione affrontiamo la domanda che molti, prima di leggere questo libro, si saranno fatti e alla quale, forse, non siamo ancora riusciti a dare una risposta

L'Intelligenza Artificiale, con il suo potenziale rivoluzionario, sta plasmando il futuro dell'umanità in modi che solo pochi anni fa sembravano fantascienza. Se da un lato ci troviamo di fronte a sfide e incertezze, dall'altro abbiamo di fronte a noi un orizzonte ricco di opportunità e scoperte sorprendenti.

Guardando al futuro, dobbiamo affrontare le sfide con ottimismo e determinazione. Sì, ci sono preoccupazioni riguardo all'automazione dei posti di lavoro e all'impatto sociale ed etico dell'IA, ma dobbiamo anche riconoscere i vantaggi e le opportunità che essa ci offre.

L'IA potrebbe trasformare radicalmente settori come la medicina, l'agricoltura, l'istruzione e molti altri, migliorando la nostra qualità di vita e risolvendo problemi complessi che sembravano insormontabili. La diagnosi precoce delle malattie, la produzione alimentare sostenibile, l'apprendimento personalizzato e molto altro ancora sono solo alcune delle possibilità che si aprono di fronte a noi.

Tuttavia, per sfruttare appieno il potenziale dell'IA, dobbiamo farlo in modo responsabile. Dobbiamo garantire che venga utilizzata per il bene comune e che sia inclusiva, equa e rispettosa dei diritti umani. Abbiamo ormai compreso come questo richieda una regolamentazione adeguata, trasparenza nei processi decisionali e consapevolezza dell'impatto sociale delle tecnologie che sviluppiamo.

Allo stesso tempo, dobbiamo continuare a investire nella ricerca e nello sviluppo dell'IA, incoraggiando l'innovazione e la collaborazione tra settori e paesi. Solo attraverso uno sforzo globale possiamo affrontare le sfide più urgenti, come il cambiamento climatico, la povertà e le malattie.

In questo viaggio verso il futuro, dobbiamo anche guardare al passato per trarre insegnamenti preziosi. Dobbiamo imparare dagli errori del passato e assicurarci di non ripeterli nell'era dell'IA. L'umanità ha dimostrato una straordinaria capacità di adattamento e innovazione nel corso della storia, e possiamo portare questa stessa determinazione nel nostro approccio all'IA.

Quindi, mentre ci prepariamo ad affrontare le sfide e le opportunità che l'IA ci riserva, facciamolo con fiducia e ottimismo. Abbiamo il potenziale per creare un futuro migliore per tutti, e l'Intelligenza Artificiale sarà una parte fondamentale di questo viaggio.

Guardiamo al futuro con speranza e determinazione, pronti ad abbracciare le infinite possibilità che l'IA ci offre. Abbiamo il dovere morale di costruire un mondo più equo, sostenibile e inclusivo per le generazioni future.

Ma la domanda che in molti si sono posti è: sarà proprio l'Intelligenza Artificiale che riuscirà ad aiutare l'umanità a salvarsi dall'estinzione?

Da un lato, l'Intelligenza Artificiale promette di aiutare l'uomo a risolvere molte delle sfide che l'umanità sta affrontando e dovrà affrontare in modo sempre più efficace nei prossimi anni, dall'altro, si temono gli effetti negativi che potrebbe portare con sé.

Per affrontare queste sfide e massimizzare i benefici dell'IA, è fondamentale adottare un approccio responsabile e inclusivo. Come abbiamo già compreso ciò significa sviluppare e implementare politiche e regolamentazioni adeguate per garantire l'equità, la trasparenza e la sicurezza nell'uso dell'IA. È importante anche promuovere la ricerca e lo sviluppo dell'IA in modo etico e sostenibile, garantendo che vengano considerati gli impatti sociali, ambientali ed economici delle tecnologie che sviluppiamo.

In definitiva, l'IA potrebbe avere un ruolo significativo nel plasmare il futuro dell'umanità, ma questo dipenderà da come sceglieremo di utilizzarla. Solo adottando un approccio responsabile e collaborativo potremo trovare soluzioni innovative ai problemi più urgenti e creare un mondo migliore per tutti. Tuttavia, senza affrontare le sfide etiche, sociali ed economiche associate all'IA, potremmo correre il rischio di amplificare le disuguaglianze esistenti e creare nuovi problemi mettendo ancora di più a rischio la sopravvivenza della nostra specie.

L'avanzamento verso modelli di IA capaci di ragionare, pianificare e ricordare segna un passaggio cruciale nell'evoluzione di questa tecnologia. Come evidenziato da *Joelle Pineau* di Meta e *Brad Lightcap* di OpenAI, l'obiettivo non è solo quello di creare conversazioni più fluide, ma di dotare tali sistemi di una vera e propria capacità di pensiero. Questo significa che i prossimi sviluppi, come quelli attesi nella prossima versione di GPT di OpenAI, promettono di affrontare richieste complesse attraverso il ragionamento. Tale progresso non può che alimentare una competizione sempre più accesa nel settore. A ciò si aggiunge l'interesse di attori come Google con il suo progetto Gemini, il che testimonia l'attenzione e gli sforzi dedicati a questa direzione. L'avvento di modelli di intelligenza artificiale con capacità simili a quelle umane rappresenta senza dubbio un'opportunità straordinaria, ma comporta anche sfide e responsabilità, soprattutto in un contesto normativo come quello europeo, dove fortunatamente sono state introdotte le prime leggi per regolare l'uso di tali tecnologie.

Arrivati alla conclusione di questo libro, ci troviamo di fronte a un ultimo interrogativo: decenni fa si affermava che il computer fosse "una meravigliosa invenzione che risolveva problemi che prima non avevamo". Sarà la stessa cosa per l'IA?

Speriamo che non sarà così, e che l'umanità riesca a superare le attuali sfide, risolvendo i conflitti e le guerre, concentrandosi sugli obiettivi concreti che promuovono il benessere di tutta la società, sia per il nostro presente che per il futuro delle generazioni successive. Nel frattempo, è importante adottare un approccio flessibile per essere pronti ad adattarci ai cambiamenti che si presenteranno.

Attraverso l'incalzante avanzare dell'era digitale, siamo testimoni di un'esplosione di conoscenze e di un potere senza precedenti a portata di mano. Tuttavia, in questo affollato panorama di informazioni, è facile smarrirsi. Mettiamoci allora alla ricerca del delicato equilibrio tra il "possedere le informazioni" e il "comprenderne il significato", tra il "dominio della tecnologia" e la "capacità di applicarla" per il bene comune.

"Nell'era digitale, il sapere è potere, ma la saggezza è libertà."

CONCLUSIONE - SINGOLARITÀ TECNOLOGICA

Intelligenza Artificiale e Singolarità Tecnologica

Concludiamo questo percorso affrontando un ultimo tema: la "**Singolarità Tecnologica**".

La "Singolarità Tecnologica" rappresenta un ipotetico punto di svolta nella storia umana, un momento in cui il progresso tecnologico diviene incontrollabile e irreversibile, innescando trasformazioni radicali e imprevedibili per la nostra civiltà.

Questo concetto fu introdotto dal matematico e futurologo *Vernor Vinge* negli anni '90; la "Singolarità" viene descritta come un evento che "*sorpasserebbe la capacità umana di comprendere e prevedere*". Da allora, il concetto ha avviato un acceso dibattito tra scienziati, filosofi, futuristi e scrittori di fantascienza, alimentando una ricca letteratura di ipotesi e speculazioni.

Immaginiamo un futuro in cui le frontiere tra l'uomo e la macchina si sfumano, aprendo le porte a possibilità straordinarie ma anche a sfide senza precedenti. Uno dei possibili scenari ci porta verso lo sviluppo di un'**Intelligenza Artificiale "super-intelligente"**, in grado di superare le capacità umane e auto-migliorarsi a un ritmo esponenziale.

Per capirci: in natura, l'evoluzione impiega forse qualche milione di anni per apportare miglioramenti tramite un processo cieco e stupido di replicazione con errori che si basa sulla generazione di varianti casuali e la selezione naturale di quelle che funzionano, mentre un programmatore umano può realizzare cambiamenti funzionali in un software in un solo giorno. Invece un'Intelligenza Artificiale, capace di apprendere e auto-migliorarsi a un ritmo esponenziale, potrebbe farlo in pochi secondi. Questo concetto ci pone di fronte a interrogativi cruciali sul controllo e sull'interazione con una forma di intelligenza così avanzata.

Un altro scenario, spesso trattato in opere di fantascienza, apre prospettive sulla **fusione uomo-macchina**, dove tecnologie avanzate integrate nel corpo umano ne potenziano le capacità fisiche e cognitive, dando vita a una nuova specie ibrida. Questo scenario, ci spinge a riflettere profondamente sull'essenza dell'identità umana e sulle implicazioni etiche e sociali di un tale cambiamento.

Infine, le nanotecnologie ci aprono le porte a un mondo di possibilità incredibili, consentendoci di manipolare la materia a livello atomico e molecolare, creando nuovi materiali con proprietà straordinarie. Potremmo costruire dispositivi incredibilmente piccoli e potenti, rivoluzionando la medicina, la produzione e l'energia. Ma la nanotecnologia potrebbe anche portare a rischi imprevedibili, come la creazione di "*nanobot*" (minuscoli robot invisibili a occhio nudo) dannosi o la manipolazione incontrollata della materia a livello atomico.

In questo intricato mosaico di ipotesi e prospettive, ci troviamo di fronte a un bivio cruciale: possiamo abbracciare l'innovazione con ottimismo e cautela, cercando di guidare il futuro verso un destino più luminoso e sostenibile, oppure possiamo resistere al cambiamento, rischiando di rimanere intrappolati nel passato.

Oltre a questi scenari tra i più noti, la "Singolarità Tecnologica" potrebbe manifestarsi in forme diverse e imprevedibili. Per esempio, potrebbe emergere da progressi in campi come la biotecnologia, la robotica avanzata o l'interfaccia uomo-macchina, o da una combinazione di questi e altri settori.

Tutto questo non è solo un'idea scientifica, perché solleva anche profonde questioni etiche e filosofiche di grande portata. Se dovesse verificarsi, come dovremmo gestire lo sviluppo di tecnologie sempre più potenti e intelligenti? Conoscendo l'indole umana al profitto e alla guerra, come possiamo garantire che queste tecnologie siano utilizzate a beneficio dell'umanità intera e non a suo detrimento? Quali implicazioni avrebbe la "Singolarità" per il nostro concetto di umanità, identità e libero arbitrio?

Queste domande sfidano le nostre attuali strutture concettuali e ci spingono a riconsiderare il nostro rapporto con la tecnologia e il nostro posto nel mondo.

La "Singolarità Tecnologica", pur essendo un'idea ipotetica e speculativa, ci invita a riflettere sul futuro dell'umanità e sul ruolo che la tecnologia avrà in esso. Non si tratta di un destino inevitabile, ma di un insieme di possibilità che dipendono dalle nostre scelte e dal nostro impegno per un futuro migliore.

Dobbiamo iniziare a discutere ora di come vogliamo plasmare questo futuro, garantendo che la tecnologia sia usata per il bene comune, promuovendo l'equità e la giustizia, e preservando ciò che rende l'umanità unica e preziosa. La Singolarità, se gestita con saggezza, potrebbe rappresentare un'opportunità straordinaria per l'umanità di progredire e risolvere i grandi problemi del mondo.

È importante sottolineare che la "Singolarità Tecnologica" non è una profezia. Il futuro è incerto e il modo in cui la tecnologia si evolverà dipenderà dalle scelte e dalle azioni che faremo oggi.

La stessa IA può aiutarci a comprenderne le potenziali implicazioni per prendere decisioni più consapevoli sul nostro futuro e plasmare un mondo in cui l'innovazione tecnologica sia guidata da principi etici e da una visione responsabile del progresso.

POSTFAZIONE

A cura dell'autore

In questo viaggio attraverso le pagine del libro, abbiamo esplorato insieme una delle frontiere più affascinanti e stimolanti del nostro tempo: l'Intelligenza Artificiale. Ci siamo trovati di fronte a un nuovo capitolo della storia umana, in cui l'IA emerge come una forza trasformativa destinata a plasmare le nostre vite e le nostre società in modi mai visti prima.

Dall'introduzione dei concetti di base fino alla comprensione delle sue applicazioni più avanzate, abbiamo percorso un cammino di scoperta e apprendimento. Abbiamo esplorato il passato, il presente e il futuro dell'IA, analizzando le sue implicazioni etiche, sociali e filosofiche. Abbiamo osservato come l'IA stia già influenzando la nostra vita quotidiana, plasmando le nostre interazioni e aprendo nuove opportunità di esplorazioni e scoperte.

Ci siamo confrontati con le sfide e le potenzialità che l'IA porta con sé, dal cambiamento dei mestieri tradizionali alla stimolazione della creatività umana, fino alle grandi sfide del futuro che potrebbero essere affrontate anche grazie all'IA.

Viviamo in un'epoca in cui una parte del mondo è immersa in una corsa frenetica verso un futuro sempre più dominato dall'IA. Ogni giorno, nuove scoperte e innovazioni nel campo dell'Intelligenza Artificiale ci sorprendono, con il lancio continuo di nuove e affascinanti applicazioni. Tuttavia, la maggioranza delle persone non ha familiarità con l'IA o non ne comprende appieno la sua portata rivoluzionaria.

Come possiamo ridurre questo divario? Sebbene siano stati scritti numerosi libri sull'IA e molti altri ne verranno pubblicati, pochi di questi sono accessibili al grande pubblico, spesso privo delle necessarie competenze tecniche. Questo libro, nato dalla collaborazione tra il genio creativo umano e la potenza interpretativa dell'Intelligenza Artificiale Generativa, si propone di colmare questa lacuna, offrendosi come strumento di divulgazione efficace che possa essere compreso dalla maggior parte delle persone, per diffondere la conoscenza su questo fenomeno rivoluzionario destinato a cambiare radicalmente il nostro mondo.

Con questo obiettivo, "L'Intelligenza Artificiale Spiegata alle Nonne", è una guida per tutti, un modo per illustrare concetti complessi usando un linguaggio semplice ed esempi pratici. Le nonne, con la loro saggezza e rappresentanza iconica, sono simboli di un pubblico che vuole capire e imparare, e questo libro è qui per chiunque lo desideri, ad accompagnarlo in questo viaggio di conoscenza.

È necessario che tutti diventino partecipanti attivi di questa trasformazione anziché restare passivamente vittime degli effetti del cambiamento che l'IA porta con sé.

Mi preme far soffermare la tua attenzione, sulle immagini iconiche che accompagnano l'apertura di ogni capitolo di questo libro: sono piccole opere d'arte nate talvolta dalla fusione tra la creatività umana e quella dell'IA Generativa. Ogni immagine sintetizza il concetto che verrà esplorato e approfondito nel corso della narrazione di ciascun capitolo, offrendo un'anteprima visiva del viaggio che il lettore sta per intraprendere. Anche la piccola forma d'arte racconta e insegna!

Spero che questo viaggio abbia stimolato la tua curiosità e ti abbia condotto verso una maggiore comprensione dell'IA, preparandoti a navigare con serenità in un mondo in cui l'IA sarà sempre più presente nella nostra vita quotidiana. Che questo libro possa essere un punto di partenza per ulteriori esplorazioni e riflessioni, e che accompagni noi tutti nella scoperta di un futuro in cui l'IA sarà al servizio dell'umanità, portando con sé sfide e opportunità senza precedenti.

Grazie per essere stato con me in questo viaggio.

Valerio La Scalia

APPENDICE

Domande Frequenti (FAQ)

Nell'elenco che segue, diamo risposte a domande comuni sulla natura, il funzionamento e le implicazioni dell'intelligenza artificiale. Attraverso brevi risposte, sintetizzeremo i concetti fondamentali e le curiosità, fornendo un utile riepilogo per comprendere meglio questa straordinaria tecnologia.

Cos'è esattamente l'intelligenza artificiale?
L'intelligenza artificiale è la capacità di una macchina di imitare il pensiero e le azioni umane.

Qual è la differenza tra "Intelligenza Artificiale" (IA) e "Intelligenza Artificiale Generativa" (IAG)?
L'Intelligenza Artificiale (IA) si riferisce alla capacità di una macchina di imitare il comportamento umano, come l'apprendimento, il ragionamento e la risoluzione di problemi. L'Intelligenza Artificiale Generativa (IAG) è un tipo specifico di IA che si concentra sulla capacità di generare nuovi contenuti, come immagini, testo o suoni, che possono essere difficili da distinguere da quelli creati da esseri umani. In breve, l'IAG è un sottoinsieme dell'IA che si concentra sulla creazione di contenuti originali.

Quali sono alcuni esempi di applicazioni pratiche dell'intelligenza artificiale?
Ci sono molte applicazioni pratiche dell'intelligenza artificiale che possono essere trovate in diversi settori. Per esempio, nell'assistenza sanitaria, l'IA viene

utilizzata per la diagnosi medica assistita, nella scoperta di farmaci e nel monitoraggio dei pazienti. Nel settore dei trasporti, l'IA è alla base dei sistemi di guida autonoma e della gestione del traffico. Nel campo dell'e-commerce, l'IA alimenta motori di raccomandazione per suggerire prodotti personalizzati agli utenti. Altri esempi includono la *cybersecurity*, il riconoscimento vocale e facciale, la traduzione automatica e molto altro ancora.

Come funziona l'intelligenza artificiale?
L'intelligenza artificiale utilizza algoritmi e dati per apprendere dai modelli e prendere decisioni senza essere esplicitamente programmati.

Qual è la differenza tra intelligenza artificiale e intelligenza umana?
L'intelligenza artificiale è basata su algoritmi e dati, mentre l'intelligenza umana è il risultato di processi biologici complessi nel cervello umano.

Quali sono i principali tipi di intelligenza artificiale?
Ci sono due tipi principali di intelligenza artificiale: specializzata e generalista. L'IA specializzata è progettata per svolgere compiti specifici, come riconoscere immagini o tradurre lingue. L'IA generalista, invece, è più versatile e può affrontare una vasta gamma di compiti, simile a una persona che ha diverse competenze. Mentre l'IA specializzata è come un esperto in un campo, l'IA generalista è più come un "tuttofare", in grado di imparare e adattarsi a situazioni diverse e complesse.

L'intelligenza artificiale ha sempre bisogno di essere addestrata?
Sì, di solito l'intelligenza artificiale ha bisogno di essere addestrata. Come un bambino che impara dalle esperienze, l'IA ha bisogno di dati e istruzioni per imparare e migliorare nel compiere compiti. L'addestramento coinvolge l'alimentazione di grandi quantità di dati all'IA e il suo utilizzo per insegnarle come riconoscere pattern, prendere decisioni o risolvere problemi. Senza addestramento, l'IA potrebbe non essere in grado di svolgere compiti in modo efficace.

Quali sono alcuni dei vantaggi dell'utilizzo dell'intelligenza artificiale?
Alcuni vantaggi includono l'automazione di compiti ripetitivi, l'analisi di grandi quantità di dati per identificare modelli e tendenze, e il miglioramento dell'efficienza e della precisione in vari settori.

Ci sono anche rischi associati all'intelligenza artificiale?
Sì, alcuni rischi includono il possibile impatto sull'occupazione umana, la perdita di privacy e sicurezza dei dati e la potenziale discriminazione nei confronti delle minoranze.

Quali sono alcune delle sfide etiche legate all'intelligenza artificiale?
Alcune sfide includono la "responsabilizzazione" (*"accountability"* nell'accezione inglese) dell'uso dell'intelligenza artificiale, l'impatto sulla privacy e la sicurezza dei dati, e l'equità nell'accesso alle tecnologie basate sull'IA.

Come l'intelligenza artificiale potrebbe migliorare la nostra vita quotidiana?
L'intelligenza artificiale potrebbe migliorare la nostra vita quotidiana in molti modi. Per esempio, potrebbe semplificare le attività domestiche attraverso elettrodomestici intelligenti che si adattano alle nostre routine. Nei trasporti, potrebbe rendere i viaggi più sicuri con sistemi di assistenza alla guida avanzati. Nell'assistenza sanitaria, potrebbe facilitare diagnosi più precise e tempestive. Inoltre, nell'intrattenimento, potrebbe personalizzare le raccomandazioni in base ai nostri gusti. Infine, nell'istruzione, potrebbe offrire un apprendimento personalizzato.

Qual è la differenza tra l'intelligenza artificiale e il machine learning?
Il *machine learning* è una sottocategoria dell'intelligenza artificiale che si concentra sull'addestramento dei computer a imparare dai dati e a migliorare con l'esperienza.

Come l'intelligenza artificiale viene utilizzata nei social media?
L'intelligenza artificiale viene ampiamente impiegata nei social media per migliorare l'esperienza degli utenti. Per esempio, ci sono programmi speciali che imparano cosa ti piace vedere e ti mostrano più cose simili. Questo rende il tuo feed di notizie più interessante. Inoltre, l'IA aiuta a proteggere gli utenti cercando e rimuovendo contenuti cattivi come i discorsi di odio o le notizie false. Alcune piattaforme usano anche l'IA per capire meglio come ti senti e mostrarti pubblicità che potrebbero interessarti di più.

L'intelligenza artificiale è in grado di prendere decisioni in maniera autonoma?
Sì, l'intelligenza artificiale può prendere decisioni in maniera autonoma fino a un certo punto. Tuttavia, la sua capacità dipende dall'algoritmo e dai dati su cui

è stata addestrata. In alcuni casi, può essere programmata per prendere decisioni senza intervento umano, come a esempio nel caso dei veicoli a guida autonoma. Tuttavia, queste decisioni autonome sono limitate dalla programmazione iniziale e possono non essere sempre ottimali o tenere conto di tutte le variabili del contesto. Pertanto, è importante supervisionare e regolare attentamente il funzionamento dell'intelligenza artificiale per garantire che le sue decisioni siano sempre sicure e appropriate.

Qual è il futuro dell'intelligenza artificiale?
Il futuro potrebbe vedere un aumento dell'integrazione dell'IA in varie industrie, dalla sanità alla mobilità, con una maggiore attenzione alla sicurezza, all'etica e alla responsabilità.

Come l'intelligenza artificiale può essere utilizzata nel settore della salute?
L'IA può essere utilizzata per diagnosticare malattie, personalizzare i trattamenti, analizzare dati medici e migliorare l'assistenza sanitaria generale.

L'intelligenza artificiale è sempre accurata?
No, l'intelligenza artificiale non è sempre accurata. Anche se può essere estremamente brava nell'analizzare dati e fare previsioni, può commettere errori. Questi errori possono essere causati da diversi fattori, come dati di addestramento incompleti o non rappresentativi, algoritmi complessi che interpretano male i dati o anche semplicemente perché non può comprendere completamente il contesto o l'ambiguità umana. È importante essere consapevoli di questa limitazione e fare sempre verifiche incrociate e controlli per garantire la precisione delle sue previsioni e decisioni.

Le risposte fornite da un Intelligenza Artificiale possono essere influenzate da forme di preconcetti, parzialità o altre forme di "bias"?
Sì, le risposte di un'intelligenza artificiale possono essere influenzate da forme di preconcetti, parzialità o altre forme di "*bias*". Questo può accadere perché l'IA impara dai dati forniti, e se questi dati sono incompleti o non rappresentativi, l'IA potrebbe sviluppare una visione distorta della realtà. Per esempio, se un algoritmo di assunzione è addestrato su dati che riflettono pregiudizi di genere, l'IA potrebbe favorire candidati maschi rispetto a quelli femminili. È importante riconoscere e mitigare questi bias nell'addestramento dell'IA per garantire risultati equi e accurati.

Come l'intelligenza artificiale può migliorare l'istruzione?
L'IA può personalizzare l'apprendimento degli studenti, automatizzare i compiti di valutazione e fornire supporto didattico personalizzato.

Quali sono le preoccupazioni riguardanti la sicurezza dei dati nell'utilizzo dell'intelligenza artificiale?
Le preoccupazioni sulla sicurezza dei dati nell'uso dell'intelligenza artificiale sono molteplici. Una delle principali è la violazione della privacy, poiché l'IA potrebbe accedere e utilizzare informazioni personali senza consenso. Inoltre, ci sono preoccupazioni riguardo alla sicurezza delle reti informatiche, poiché l'IA potrebbe essere vulnerabile ad attacchi informatici e hacking. C'è anche il rischio di bias nei dati, che potrebbe portare a decisioni discriminatorie o non accurate. Infine, c'è la minaccia di cyber-attacchi utilizzando algoritmi di IA per creare *malware* avanzati e minacciare la sicurezza informatica.

GLOSSARIO

Decifrando il linguaggio dell'IA

Benvenuti nel nostro glossario sull'intelligenza artificiale! In questo elenco, esploreremo insieme i termini chiave collegati ai concetti fondamentali connessi direttamente o indirettamente al mondo dell'Intelligenza Artificiale. Che tu sia nuovo all'argomento o desideri approfondire la tua comprensione, questo glossario ti fornirà le definizioni di base e ti aiuterà a navigare con serenità e comprensione tra gli argomenti sul vasto campo dell'IA, trattati in questo libro.

Algoritmi: serie di istruzioni o procedure logiche che vengono eseguite per risolvere un determinato problema o eseguire un'operazione. Sono fondamentali nell'informatica e nell'intelligenza artificiale per risolvere compiti e prendere decisioni.

Algoritmi di matchmaking: nel contesto della ricerca delle opportunità di lavoro sono strumenti informatici utilizzati per mettere in relazione i candidati alle posizioni lavorative disponibili in base alle loro competenze, esperienze e preferenze. Con questi algoritmi i modelli di IA possono analizzare i profili dei candidati e le descrizioni dei lavori per trovare corrispondenze ottimali, facilitando il processo di ricerca del lavoro sia per i candidati che per i datori di lavoro.

Antropomorfizzazione: processo mediante il quale attribuiamo caratteristiche umane o attributi umanizzanti a oggetti, animali o fenomeni non umani. In altre parole, è quando trattiamo qualcosa di non umano come se fosse umano, pensando che provi emozioni o agisca come farebbe una persona.

Allucinazioni: si riferisce alla produzione di risultati o informazioni non corrispondenti alla realtà o non basati sui dati forniti, ma piuttosto generati in modo erroneo dall'algoritmo.

Apprendimento on-the-job: significa imparare facendolo direttamente sul campo di lavoro anziché attraverso la formazione tradizionale in aula. In pratica, si tratta di acquisire competenze e conoscenze mentre si svolgono le proprie mansioni lavorative, ricevendo istruzioni pratiche e esperienza pratica sul campo.

Assistenti virtuali: sono programmi informatici che possono aiutarti con varie attività utilizzando comandi vocali o testuali. Sono come amici digitali che possono rispondere alle tue domande, eseguire compiti come inviare messaggi o fare ricerche su internet, e persino avere conversazioni semplici con te. Gli assistenti virtuali popolari includono Siri di Apple, Alexa di Amazon e Google Assistant.

Bias: si riferisce alla presenza di distorsioni o preferenze nei dati o negli algoritmi che possono influenzare le decisioni o i risultati dell'IA in modo non equo o inaccurato.

Bias mitigation: si riferisce al processo di riduzione o eliminazione dei bias, ovvero dei pregiudizi o delle distorsioni nei dati o negli algoritmi utilizzati nei sistemi di intelligenza artificiale. È un'importante area di ricerca e pratica nell'etica dell'intelligenza artificiale, poiché mira a garantire che i sistemi di IA siano giusti, equi e rispettosi dei diritti umani.

Big Data: si riferisce a grandi quantità di dati raccolti da varie fonti, come dispositivi digitali, sensori e internet. Questi dati sono così enormi e complessi che non possono essere gestiti con i tradizionali metodi di elaborazione dati. Il "Big Data" viene utilizzato per analizzare modelli, tendenze e informazioni utili che possono essere utilizzate per prendere decisioni migliori in vari settori, come il business, la scienza e la tecnologia.

Browser: applicazione software che consente agli utenti di visualizzare pagine web su Internet. Funziona come una finestra tramite la quale si può accedere e navigare in diversi siti web digitando gli indirizzi URL o facendo clic su collegamenti ipertestuali. I browser web interpretano il codice HTML, CSS e JavaScript delle pagine web e li mostrano in modo grafico agli utenti, consentendo loro di interagire con il contenuto online. Alcuni esempi di browser web popolari includono Google Chrome, Mozilla Firefox, Microsoft Edge, Safari e Opera.

Carico computazionale: è la quantità di lavoro che un computer deve svolgere in un dato momento. Indica la mole di attività che richiede risorse di calcolo e memoria per essere completata. Un carico computazionale più elevato significa che il computer sta affrontando più lavoro e può richiedere risorse aggiuntive e consumare più energia.

Chatbot: programma informatico progettato per simulare una conversazione umana, generalmente attraverso testo o voce. Viene utilizzato per interagire con le persone e rispondere alle loro domande, svolgere compiti specifici o fornire assistenza automatizzata in vari contesti, come servizi clienti online, siti web, app di messaggistica e molto altro ancora.

Chip: si riferisce a un piccolo pezzo di silicio su cui sono incisi circuiti elettronici miniaturizzati per eseguire funzioni specifiche all'interno di un dispositivo elettronico. Può essere utilizzato per scopi diversi, come l'elaborazione dei dati, la memorizzazione di informazioni o il controllo di sistemi.

Cluster: è un gruppo di dati simili che vengono raggruppati insieme per trovare pattern o strutture all'interno dei dati stessi. È come mettere insieme oggetti simili in una scatola, aiutando a organizzare e comprendere meglio le informazioni.

Computer quantistici: sono come computer tradizionali, ma usano principi della fisica quantistica per elaborare informazioni. Invece di usare i bit per memorizzare dati, usano i qubit, che possono rappresentare sia 0 sia 1 contemporaneamente grazie a un fenomeno chiamato sovrapposizione. Questo permette ai computer quantistici di risolvere alcuni problemi molto complessi molto più velocemente dei computer classici. Sono ancora in fase di sviluppo, ma potrebbero portare a importanti avanzamenti in campi come la crittografia, la simulazione di molecole e la ricerca scientifica.

CPU: è l'acronimo di "Central Processing Unit" o "Unità di Elaborazione Centrale". È il componente principale di un computer o di un dispositivo elettronico e si occupa di eseguire istruzioni e elaborare dati. In sostanza, è il cervello del dispositivo, responsabile di eseguire tutte le operazioni e le funzioni necessarie per far funzionare il sistema.

Color grading: è il processo di regolazione e modifica dei colori di un film o di un'immagine per ottenere l'aspetto desiderato. Questa tecnica permette di creare atmosfere specifiche, migliorare l'estetica visiva e mantenere una coerenza nel colore tra le diverse scene di un film.

Deepfake: termine utilizzato per descrivere l'uso di tecnologie di intelligenza artificiale per creare o modificare video e audio in modo tale che sembrino autentici, ma in realtà sono falsi o manipolati.

Deep learning: è una branca del *machine learning* che si basa su reti neurali artificiali per imitare il modo in cui il cervello umano elabora e apprende informazioni. Utilizza molteplici strati di neuroni artificiali per estrarre automaticamente le caratteristiche dai dati, consentendo la creazione di modelli di apprendimento complessi e altamente performanti.

Embodiment: nell'ambito dell'Intelligenza Artificiale significa dare all'IA una presenza fisica o una forma, come un robot o un avatar virtuale, che le permetta di interagire con l'ambiente circostante in modo simile agli esseri umani.

Feedback: è un tipo di ritorno o risposta che ricevi quando fai qualcosa. Può essere positivo, come quando ti dicono che hai fatto bene, o negativo, quando ti dicono che c'è qualcosa da migliorare. Nell'ambito dell'addestramento di un modello di Intelligenza Artificiale, il feedback è importante perché consente al modello di imparare dall'errore e migliorare le sue risposte in futuro.

Gigabyte: un'unità di misura della capacità di memoria dei computer e altri dispositivi digitali. Corrisponde a circa un miliardo di byte di dati.

Hardware: è la parte fisica di un computer o di qualsiasi dispositivo elettronico. Questo include tutte le componenti tangibili, come il processore, la memoria, la scheda madre, il monitor, la tastiera e il mouse. In sostanza, è tutto ciò che puoi toccare e che costituisce il "corpo" di un dispositivo, che lavora insieme al software per far funzionare il computer o il dispositivo.

Hacking: è quando una persona accede illegalmente a un sistema informatico, come un computer o una rete, per ottenere informazioni riservate o causare danni. Questa azione può essere fatta per vari motivi, come rubare dati personali, interrompere il funzionamento di un sito web o un servizio online, o diffondere virus informatici. Il hacking è considerato illegale e può causare gravi danni sia alle persone che alle aziende.

IA: è l'acronimo di "Intelligenza Artificiale".

IAG: è l'acronimo di "Intelligenza Artificiale Generativa", un sottoinsieme dell'IA che si concentra sulla creazione di contenuti originali.

InSight: nel contesto dei big data si riferisce alla comprensione profonda e significativa che emerge dall'analisi dei dati. È una sorta di intuizione o conoscenza acquisita attraverso l'analisi dei dati che può portare a scoperte e identificare tendenze o fornire informazioni utili per prendere decisioni.

IoT: riferito ai dispositivi IoT (ovvero Internet delle cose); sono oggetti comuni, come luci, termostati, frigoriferi, o qualsiasi altra cosa che può essere connessa a Internet e controllata o monitorata da remoto. Questi dispositivi raccolgono dati e possono comunicare tra loro e con le persone attraverso Internet. Per esempio, un termostato IoT può essere controllato tramite un'app sul telefono o può inviare notifiche quando la temperatura in casa cambia. In sostanza, rendono gli oggetti quotidiani più intelligenti e connessi, migliorando la nostra vita quotidiana in vari modi.

Gaming: è il termine usato per descrivere l'attività di giocare con i videogiochi. Consiste nell'utilizzare dispositivi come console, computer o dispositivi mobili per interagire con giochi che possono essere di vario genere, come azione, avventura, sport o strategia.

Language model: Tradotto in italiano come "modello di lingua" è un sistema computazionale che può comprendere e generare testo in un determinato linguaggio naturale, come l'italiano o l'inglese. Il termine viene utilizzato per descrivere un'ampia gamma di approcci e tecnologie nell'ambito dell'elaborazione del linguaggio naturale e dell'intelligenza artificiale.

Machine Learning: È un campo dell'intelligenza artificiale che si occupa di sviluppare algoritmi e modelli che consentono ai computer di imparare dai dati, senza essere esplicitamente programmati per compiti specifici. L'obiettivo è quello di permettere ai computer di migliorare le prestazioni in base all'esperienza accumulata.

Mentorship: è quando una persona più esperta e più anziana aiuta e guida una persona meno esperta o più giovane nel raggiungimento dei propri obiettivi. Il mentore offre consigli, condivide le proprie esperienze e offre sostegno emotivo e professionale per aiutare l'altro a crescere e a svilupparsi.

MIT: acronimo di *Massachusetts Institute of Technology*, è un'istituzione accademica rinomata, situata a Cambridge, Massachusetts, negli Stati Uniti. È una delle principali università al mondo, riconosciuta per la sua eccellenza nella ricerca e nell'istruzione in campi come la scienza, l'ingegneria, la tecnologia e la gestione.

Nanobot: sono piccoli robot, così minuscoli che non li possiamo vedere a occhio nudo. Sono così piccoli che possono muoversi nel nostro corpo per fare cose come curare malattie o riparare danni.

Open source: si riferisce al software il cui codice sorgente è reso pubblico e accessibile a tutti. Questo significa che chiunque può vedere, modificare e distribuire il codice sorgente senza dover pagare alcuna tassa o ottenere autorizzazioni speciali. In poche parole, è come una "ricetta" di cucina che può essere condivisa liberamente e migliorata da chiunque abbia le competenze necessarie.

Pattern: caratteristiche ricorrenti o strutture visive rilevanti presenti nell'immagine che possono includere forme, colori, texture, disposizioni spaziali e altre proprietà visive che il software identifica e utilizza per comprendere e interpretare l'immagine

Prompt: si riferisce a istruzioni, domande o comandi dati al sistema per guidare la sua generazione di output. Queste istruzioni possono essere testuali o visive e influenzano ciò che l'IA produce come risposta.

Prompt engineering: è l'arte e la pratica di formulare *prompt* o istruzioni in modo intelligente e strategico per ottenere risultati desiderati dall'Intelligenza Artificiale.

Qubit: contrazione di "quantum bit", è il termine coniato da *Benjamin Schumacher* per indicare il bit quantistico ovvero l'unità di informazione quantistica usata nei computer quantistici.

Realtà Aumentata: è una tecnologia che combina elementi digitali con il mondo reale. Con la Realtà Aumentata, puoi vedere oggetti virtuali sovrapposti alla tua visione del mondo reale attraverso uno smartphone, un visore o altri dispositivi, aggiungendo informazioni digitali al tuo ambiente fisico.

Realtà Virtuale: è una simulazione computerizzata di un ambiente che ti permette di interagire con esso come se fossi realmente presente. Indossando un visore o utilizzando altre apparecchiature speciali, ti immergi in un ambiente virtuale tridimensionale, creando un'esperienza coinvolgente e totalmente immersiva.

Rendering: nell'ambito della computer grafica riguarda la trasformazione di un'immagine bidimensionale in una rappresentazione tridimensionale realistica. Questo processo coinvolge algoritmi che calcolano la prospettiva, aggiungendo dettagli come colori, luci e ombre per creare un'immagine che sembra tridimensionale.

Reinforcement Learning: è un tipo di apprendimento automatico in cui un agente apprende a compiere azioni in un ambiente per massimizzare una ricompensa. L'agente prende decisioni in base alle esperienze passate e alle ricompense ricevute, cercando di imparare quali azioni portano a risultati migliori nel lungo termine.

Reti Neurli: modelli matematici ispirati al funzionamento del cervello umano; sono come mappe digitali ispirate al cervello umano, progettate per aiutare i computer a imparare dai dati. Funzionano collegando insieme nodi, o "neuroni", in strati. I dati entrano nel primo strato, vengono elaborati attraverso i vari strati e alla fine il risultato esce dall'ultimo strato. Queste reti possono riconoscere modelli nei dati, come immagini o testo, e prendere decisioni basate su quei modelli. Sono ampiamente usate nell'intelligenza artificiale per compiti come il riconoscimento facciale, la traduzione automatica e il riconoscimento vocale.

Reti Semantiche: sono un tipo di sistema che aiuta a organizzare e a comprendere le informazioni in modo simile al modo in cui funziona il nostro cervello. Piuttosto che solo associare informazioni, le reti semantiche cercano di rappresentare le relazioni tra concetti in modo più strutturato e significativo. Questo aiuta a dare un senso alle informazioni e a comprenderle meglio. Le reti semantiche sono utilizzate in molti campi, incluso l'intelligenza artificiale, per migliorare la comprensione del linguaggio naturale e per organizzare grandi quantità di dati in modo più efficace.

Robotica: si tratta dello studio, progettazione e creazione di robot. Un robot è una macchina programmabile che può svolgere compiti nello spazio reale, autonomamente o con un certo grado di autonomia. La robotica combina informatica, ingegneria e altre discipline per creare macchine in grado di eseguire una varietà di compiti.

Software: è un insieme di istruzioni che danno i comandi al computer su cosa fare. È la parte non fisica del computer che include programmi, applicazioni e dati. Il software consente al computer di eseguire una vasta gamma di funzioni, dall'elaborazione di testi al gioco, dalla navigazione su Internet alla creazione di grafica.

Sentiment analysis: è un processo che consiste nel valutare e comprendere i sentimenti espressi in testi scritti, come recensioni, commenti sui social media o articoli di giornale. Utilizzando algoritmi e tecniche di intelligenza artificiale, la sentiment analysis analizza il testo per determinare se esprime emozioni positive, negative o neutre. Questo aiuta a capire il sentimento generale delle persone su un determinato argomento o prodotto, fornendo preziose informazioni per decisioni aziendali, analisi di mercato e monitoraggio dell'opinione pubblica.

Slideshow: è una presentazione visuale composta da una serie di immagini, di solito accompagnate da testo o audio, che vengono mostrate in sequenza su uno schermo, solitamente a scopo informativo o di intrattenimento.

Smart home: una "smart home" è una casa che usa tecnologie intelligenti per automatizzare e controllare le funzioni domestiche. Queste tecnologie consentono di gestire luci, riscaldamento, sicurezza e altri dispositivi tramite smartphone o comandi vocali. Una smart home rende la vita più comoda, sicura ed efficiente, offrendo anche risparmi energetici.

Stampa 3D: è una tecnologia che permette di creare oggetti tridimensionali strato dopo strato, partendo da un modello digitale. Utilizza materiali come plastica, metallo o resina e può essere impiegata in diversi settori, dalla produzione industriale alla prototipazione rapida e alla creazione casalinga di oggetti personalizzati.

Supervised Learning: è un tipo di apprendimento automatico in cui il modello riceve input e output etichettati durante la fase di addestramento. Il modello impara dalle coppie input-output fornite, cercando di creare una mappatura tra gli input e gli output desiderati, consentendo di fare previsioni o classificazioni su nuovi dati.

Taggare: è il processo di associare un'etichetta o una parola chiave a un elemento, come una foto, un post su social media o un file, per identificarlo o categorizzarlo in modo più facile da ricercare o trovare.

Test di Turing: proposto da Alan Turing nel suo articolo del 1950 "Computing Machinery and Intelligence", è un criterio per determinare se una macchina sia in grado di esibire un comportamento intelligente equivalente o indistinguibile da quello di un essere umano.

Texture: caratteristica visiva o tattile di una superficie, che può essere liscia, ruvida, a grana fine o grossolana, tra le altre. Quando un software analizza un'immagine, valuta la *texture* per comprendere la struttura e il dettaglio della superficie rappresentata nell'immagine stessa. La texture può essere utile per identificare oggetti, individuare *pattern* o riconoscere determinati elementi all'interno dell'immagine.

Trappolamento fotografico: è una tecnica usata per catturare immagini di animali selvatici senza ferirli o disturbarli. Consiste nel posizionare una fotocamera automatica, spesso chiamata "fototrappola", in luoghi dove si pensa che gli animali passino. Quando un animale attraversa l'area, la fototrappola scatta una foto o registra un video dell'animale. Questo aiuta i ricercatori a studiare il comportamento degli animali selvatici, monitorare le popolazioni e proteggere le specie in pericolo senza recare loro danno.

Unsupervised Learning: È un tipo di apprendimento automatico in cui il modello riceve solo input non etichettati durante la fase di addestramento. Il modello cerca di trovare modelli o strutture nascoste nei dati senza la guida di output etichettati, identificando relazioni o raggruppamenti tra i dati.

Voice-over: è una tecnica utilizzata nei media audiovisivi in cui si sente la voce di una persona che parla o recita mentre si vedono altre immagini o si svolge un'altra azione. È spesso usato nei documentari, nelle pubblicità e nelle narrazioni video per fornire informazioni o commenti.

Watermark: è un tipo di segno distintivo o codice nascosto che viene aggiunto a un'immagine, un video o altri tipi di contenuti digitali. Serve a identificare il creatore o il proprietario del contenuto e a proteggerlo dal furto o dall'uso non autorizzato.

WWW (**World Wide Web**): è un sistema di informazione su Internet che permette di accedere a siti web e di navigare tra di essi tramite collegamenti ipertestuali. In altre parole, è un'enorme collezione di pagine web e risorse online interconnesse, accessibili attraverso un browser web. Il WWW è stato creato da Tim Berners-Lee nel 1989 ed è diventato uno degli strumenti più utilizzati per condividere informazioni e comunicare su Internet.

ALTRI LIBRI DELL'AUTORE

LED Penultima frontiera - PilloLED per Acquariofili

Il libro offre un viaggio illuminante nel mondo dei LED dedicato agli appassionati di acquariologia. Attraverso una rigorosa ricerca, esplora la sfida di trovare la soluzione LED ottimale per l'illuminazione degli acquari, bilanciando tecnologia, prestazioni e costi. Partendo dalle potenzialità dei LED, l'autore esamina sperimentazioni chiave condotte tra il 2010 e il 2012 per definire i criteri alla base della messa a punto di un sistema per l'illuminazione LED ideale.

(Giugno 2016 – Edizioni eBook e Kindle, 331 pagine)

https://www.amazon.it/dp/B07BDFX9ZT

Cuori Criptati: Intrigo d'amore sotto copertura

Questo avvincente romanzo unisce azione, suspense e sentimenti in un intreccio avventuroso. L'autore ha creato questa storia guidando il software di intelligenza artificiale ChatGPT 3.5 (di OpenAI) con il quale ha sviluppato i dettagli dell'intricata trama e dei personaggi, superando i limiti di creatività e imprevedibilità dell'attuale livello di evoluzione dei software di Intelligenza Artificiale. La storia segue le avventure di un team d'élite, un gruppo di agenti speciali reclutati da una fantomatica 'Agenzia' impegnata a preservare il bene dell'umanità, mentre si confrontano con un'organizzazione criminale internazionale che minaccia l'equilibrio globale.

(Agosto 2023 – Edizioni Kindle e libro cartaceo 264 pagine)

https://www.amazon.it/dp/B0CGMPVQTJ

CUORI CRIPTATI 2: Oltre i Confini della Redenzione

È l'avvincente sequel di "Cuori Criptati - Intrigo d'amore sotto copertura". In questa nuova appassionante avventura, che unisce azione, suspense e sentimenti in un entusiasmante intreccio avventuroso, i lettori verranno catapultati in una vertiginosa corsa contro il tempo, tra tecnologia avanzata, segreti oscuri e alleanze inaspettate.

Scritta con il supporto funzionale di risorse d'Intelligenza Artificiale, la narrazione si dipana in un mondo in cui la lotta tra il bene e il male si svolge anche su un terreno digitale, in un rocambolesco giro per il mondo. Il nostro team di eroi deve fronteggiare nuove minacce, manipolazioni informatiche e intricati complotti per preservare il futuro dell'umanità.

Questa opera incarna la sinergia armoniosa tra la creatività umana e l'equilibrato sfruttamento del potenziale dell'Intelligenza Artificiale Generativa. Qui, l'atto creativo emerge come risultato di una collaborazione bilanciata tra l'ingegno umano e l'assistenza di un avanzato sistema tecnologico, nel ruolo di un prezioso 'copilota'.

(Gennaio 2024 – Edizioni Kindle e libro cartaceo: 368 pagine)

https://www.amazon.it/gp/product/B0CQRL81Y9

www.ingramcontent.com/pod-product-compliance
Lightning Source LLC
Chambersburg PA
CBHW050048230526
45470CB00004B/1445